国家重点基础研究发展计划（973计划）项目（2006CB403403）资助

"十二五"国家重点图书出版规划项目

海河流域水循环演变机理与水资源高效利用丛书

海河流域水环境安全问题与对策

赵高峰 毛战坡 周洋 等著

科学出版社

北京

内 容 简 介

海河流域自然资源禀赋不足，加上流域跨越式经济发展、人类高强度活动下水资源的长期过度开发利用，导致海河流域水资源供需矛盾异常突出、水污染加剧和水生态严重退化。本书基于海河流域水污染严重、水资源短缺和水生态系统退化的相互作用机制，明晰了流域污染源空间特征、水环境响应过程、水生态演替特征，阐明流域水资源不足、水污染严重制约下的河流生态响应过程，并以白洋淀、北运河等为例进行湿地、河流案例分析，探讨了湿地、河流水生态演替的主要驱动机制，提出海河流域河流水环境保护整体战略对策和建议，对于保障流域水环境安全具有重要作用。

本书可供水资源保护、生态学、环境科学、水生态等领域的生产、科研及管理者使用和参考，也可供高等院校相关专业的师生参考。

图书在版编目（CIP）数据

海河流域水环境安全问题与对策 / 赵高峰等著. —北京：科学出版社，2013.9

（海河流域水循环演变机理与水资源高效利用丛书）

"十二五"国家重点图书出版规划项目

ISBN 978-7-03-038728-8

Ⅰ. 海… Ⅱ. 赵… Ⅲ. 海河–流域–区域水环境–研究 Ⅳ. X143

中国版本图书馆 CIP 数据核字（2013）第 230389 号

责任编辑：李 敏 张 震／责任校对：鲁 素
责任印制：徐晓晨／封面设计：王 浩

科 学 出 版 社 出版
北京东黄城根北街 16 号
邮政编码：100717
http://www.sciencep.com

北京京华虎彩印刷有限公司 印刷
科学出版社发行 各地新华书店经销
*

2013 年 9 月第 一 版　开本：787×1092 1/16
2017 年 3 月第二次印刷　印张：13 1/4 插页：2
字数：410 000

定价：88.00 元
（如有印装质量问题，我社负责调换）

总　　序

　　流域水循环是水资源形成、演化的客观基础，也是水环境与生态系统演化的主导驱动因子。水资源问题不论其表现形式如何，都可以归结为流域水循环分项过程或其伴生过程演变导致的失衡问题；为解决水资源问题开展的各类水事活动，本质上均是针对流域"自然-社会"二元水循环分项或其伴生过程实施的基于目标导向的人工调控行为。现代环境下，受人类活动和气候变化的综合作用与影响，流域水循环朝着更加剧烈和复杂的方向演变，致使许多国家和地区面临着更加突出的水短缺、水污染和生态退化问题。揭示变化环境下的流域水循环演变机理并发现演变规律，寻找以水资源高效利用为核心的水循环多维均衡调控路径，是解决复杂水资源问题的科学基础，也是当前水文、水资源领域重大的前沿基础科学命题。

　　受人口规模、经济社会发展压力和水资源本底条件的影响，中国是世界上水循环演变最剧烈、水资源问题最突出的国家之一，其中又以海河流域最为严重和典型。海河流域人均径流性水资源居全国十大一级流域之末，流域内人口稠密、生产发达，经济社会需水模数居全国前列，流域水资源衰减问题十分突出，不同行业用水竞争激烈，环境容量与排污量矛盾尖锐，水资源短缺、水环境污染和水生态退化问题极其严重。为建立人类活动干扰下的流域水循环演化基础认知模式，揭示流域水循环及其伴生过程演变机理与规律，从而为流域治水和生态环境保护实践提供基础科技支撑，2006 年科学技术部批准设立了国家重点基础研究发展计划（973 计划）项目"海河流域水循环演变机理与水资源高效利用"（编号：2006CB403400）。项目下设 8 个课题，力图建立起人类活动密集缺水区流域二元水循环演化的基础理论，认知流域水循环及其伴生的水化学、水生态过程演化的机理，构建流域水循环及其伴生过程的综合模型系统，揭示流域水资源、水生态与水环境演变的客观规律，继而在科学评价流域资源利用效率的基础上，提出城市和农业水资源高效利用与流域水循环整体调控的标准与模式，为强人类活动严重缺水流域的水循环演变认知与调控奠定科学基础，增强中国缺水地区水安全保障的基础科学支持能力。

　　通过 5 年的联合攻关，项目取得了 6 方面的主要成果：一是揭示了强人类活动影响下的流域水循环与水资源演变机理；二是辨析了与水循环伴生的流域水化学与生态过程演化的原理和驱动机制；三是创新形成了流域"自然-社会"二元水循环及其伴生过程的综合模拟与预测技术；四是发现了变化环境下的海河流域水资源与生态环境演化规律；五是明晰了海河流域多尺度城市与农业高效用水的机理与路径；六是构建了海河流域水循环多维临界整体调控理论、阈值与模式。项目在 2010 年顺利通过科学技术部的验收，且在同批验收的资源环境领域 973 计划项目中位居前列。目前该项目的部分成果已获得了多项省部级科技进步奖一等奖。总体来看，在项目实施过程中和项目完成后的近一年时间内，许多成果已经在国家和地方重大治水实践中得到了很好的应用，为流域水资源管理与生态环境治理提供了基础支撑，所蕴藏的生态环境和经济社会效益开始逐步显露；同时项目的实施在促进中国水循环模拟与调控基础研究的发展以及提升中国水科学研究的国际地位等方面也发挥了重要的作用和积极的影响。

本项目部分研究成果已通过科技论文的形式进行了一定程度的传播，为将项目研究成果进行全面、系统和集中展示，项目专家组决定以各个课题为单元，将取得的主要成果集结成为丛书，陆续出版，以更好地实现研究成果和科学知识的社会共享，同时也期望能够得到来自各方的指正和交流。

最后特别要说的是，本项目从设立到实施，得到了科学技术部、水利部等有关部门以及众多不同领域专家的悉心关怀和大力支持，项目所取得的每一点进展、每一项成果与之都是密不可分的，借此机会向给予我们诸多帮助的部门和专家表达最诚挚的感谢。

是为序。

海河 973 计划项目首席科学家
流域水循环模拟与调控国家重点实验室主任
中国工程院院士

2011 年 10 月 10 日

前　言

海河流域是我国政治经济发展的中心区域之一，流域经济发达、人口密度大，由于资源禀赋条件的制约，人均水资源量远低于全国平均水平，是七大流域中水资源最匮乏的流域。由于经济跨越式发展和高强度的人类活动，大量生活污水、工业废水进入河流、湖泊，造成流域水污染严重。海河流域资源型缺水和水质型缺水并存，导致流域水环境问题复杂化。流域水资源总量少，且时空分布不均、开发利用程度过高、水质污染严重等问题长期存在，直接导致海河流域水生态退化。因此，全面研究流域水环境安全状况，分析流域水生态退化与水环境演变的耦合机制，提出相应的控制对策和建议，对于保障流域水环境安全具有重要作用。

本书在国家重点基础研究发展计划（973 计划）项目"海河流域水循环演变机理与水资源高效利用"之课题"海河流域水环境演化机理与水污染防治基础"（2006CB403403）的资助下，针对海河流域污染源（点源、面源）特征，分析流域水环境现状及演变态势，揭示流域污染影响下的水环境响应过程，包括水源地、水库、湿地等；剖析海河流域主要水环境问题，明晰了水污染、水资源匮乏下的主要河流、湖库、湿地水生态演变态势；以白洋淀、北运河等典型湖库、河流为例，系统研究流域水环境演变特征和水生态响应过程，结合流域社会经济发展态势，提出保障流域水环境安全的对策和建议。希望本书可以为海河流域水环境质量改善与生态恢复提供支撑。

全书共包括 6 章。第 1 章主要介绍海河流域自然、社会状况，阐明流域主要水系结构、湿地特征，为流域水环境安全研究提供基础。第 2 章针对流域污染源分布特征，揭示流域点源、面源的空间分布特征和主要构成，明晰了流域污染物排放时空格局。第 3 章基于流域主要湖库、湿地、水源地等水质评价，以及流域水生态演变特征，揭示水环境演变与水生态演替的耦合关系。第 4 章以白洋淀湿地为例，全面分析湿地水资源、水污染影响的水环境演变特征，揭示水资源不足、水污染严重制约下的湿地生态特征。第 5 章以城市化、半城市化的北运河流域为例，全面分析社会经济发展下的水资源开发、水污染对河流水环境的影响，揭示城市化、半城市化对河流水生态的胁迫机制。第 6 章基于流域社会经济发展态势和河流水环境保护的需求，提出流域分区特征的河流生态保护对策和建议。

本书写作分工如下：

第 1 章：毛战坡、周洋、王世岩、霍炜洁、张盼伟

第 2 章：毛战坡、程东升、周洋、万晓红

第 3 章：赵高峰、周洋、余丽琴、李昆、胡明明

第 4 章：王亮、毛战坡、刘畅、万晓红、文武

第 5 章：毛战坡、周洋、王亮、程东升

第 6 章：毛战坡、赵高峰、程东升、刘晓茹

全书由赵高峰、毛战坡和周洋统稿、校稿。

本书编写过程中得到中国水利水电科学研究院王浩院士、北京师范大学刘静玲教授等的无私帮助，在此表示感谢！

由于作者水平与时间有限，对有些问题的认识和研究还有待于进一步深入，不足之处恳请读者批评指正。

作 者

2013 年夏于北京

目 录

总序
序
前言
第1章 流域自然、社会状况 ··· 1
  1.1 自然环境 ·· 1
    1.1.1 地质、地貌 ·· 1
    1.1.2 土壤、植被 ·· 3
  1.2 河流水系 ·· 4
    1.2.1 海河流域水系 ·· 4
    1.2.2 滦河水系 ·· 6
    1.2.3 徒骇马颊河水系 ··· 6
    1.2.4 主要湖泊湿地 ·· 7
  1.3 水文地质 ·· 10
    1.3.1 地下水 ·· 10
    1.3.2 地下水资源 ·· 12
  1.4 社会经济发展 ··· 12
    1.4.1 行政区划 ·· 12
    1.4.2 社会经济发展状况 ·· 13
  1.5 小结 ··· 15
第2章 流域水污染源特征及演变态势 ·· 16
  2.1 流域污染源特征 ··· 16
    2.1.1 点源 ··· 16
    2.1.2 非点源 ·· 20
    2.1.3 重点城市 ·· 24
    2.1.4 流域污染负荷特征 ·· 36
  2.2 流域污染物负荷演变态势 ·· 48
    2.2.1 2000年、2010年污染负荷特征 ··· 48
    2.2.2 流域点源污染负荷特征 ·· 49
  2.3 流域污染源排放影响因素 ·· 50
    2.3.1 流域社会经济 ·· 50
    2.3.2 污染源产业结构调整 ··· 52

2.4 小结 ………………………………………………………………………… 53
第 3 章 流域水环境特征及演变态势 …………………………………………… 54
  3.1 流域水质监测 ……………………………………………………………… 54
    3.1.1 流域水功能区划 …………………………………………………… 54
    3.1.2 主要水环境监测点位 ……………………………………………… 59
    3.1.3 主要水质监测指标 ………………………………………………… 69
  3.2 重点水功能区水质现状及变化趋势分析 ………………………………… 70
    3.2.1 海河流域重点水功能区水质现状分析 …………………………… 70
    3.2.2 海河流域重点水功能区水质变化趋势分析 ……………………… 73
  3.3 海河流域重点河流水质现状及趋势分析 ………………………………… 75
    3.3.1 海河流域重点河流水质现状分析 ………………………………… 75
    3.3.2 海河流域重点河流水质变化趋势分析 …………………………… 76
  3.4 海河流域重点跨界河流水质现状及变化趋势分析 ……………………… 79
    3.4.1 海河流域重点跨界河流水质现状分析 …………………………… 79
    3.4.2 海河流域重点跨界河流水质变化趋势分析 ……………………… 79
  3.5 海河流域纳污现状及趋势分析 …………………………………………… 80
    3.5.1 海河流域污染物排放现状分析 …………………………………… 80
    3.5.2 海河流域纳污量趋势分析 ………………………………………… 82
    3.5.3 海河流域纳污量变化分析 ………………………………………… 83
  3.6 流域主要湿地水质现状及演变趋势 ……………………………………… 84
    3.6.1 白洋淀 ……………………………………………………………… 85
    3.6.2 衡水湖 ……………………………………………………………… 88
    3.6.3 南大港 ……………………………………………………………… 93
  3.7 流域主要水源地水环境现状及演变态势 ………………………………… 95
    3.7.1 供水水源地概况 …………………………………………………… 95
    3.7.2 供水水源地水质现状评价 ………………………………………… 98
    3.7.3 水源地水质变化趋势分析 ………………………………………… 103
    3.7.4 典型污染水源地的污染评价 ……………………………………… 106
  3.8 流域水生态现状及演变态势 ……………………………………………… 106
    3.8.1 流域浮游植物 ……………………………………………………… 107
    3.8.2 流域浮游动物 ……………………………………………………… 110
    3.8.3 流域底栖动物 ……………………………………………………… 111
    3.8.4 流域鱼类 …………………………………………………………… 113
  3.9 小结 ………………………………………………………………………… 117
第 4 章 典型湿地水环境特征及驱动因素 ……………………………………… 118
  4.1 白洋淀湿地概况 …………………………………………………………… 118
    4.1.1 地理位置 …………………………………………………………… 118

4.1.2 水系	118
4.1.3 气候与降水	119
4.1.4 水质	120
4.1.5 土壤	120
4.2 白洋淀湿地生物多样性及其特性	120
4.2.1 生物多样性特征	120
4.2.2 水陆交错带特征	121
4.2.3 白洋淀芦苇群落	122
4.3 白洋淀水环境现状	123
4.3.1 白洋淀水质年际变化特征	123
4.3.2 白洋淀水质变化规律	133
4.4 白洋淀水环境问题	133
4.4.1 水量不足	133
4.4.2 水污染严重	136
4.4.3 景观格局破坏	137
4.4.4 生物多样性减少	137
4.4.5 芦苇湿地的保护	138
4.4.6 小结	139
4.5 水环境主要影响因素	139
4.5.1 自然因素	139
4.5.2 人为活动	140
4.5.3 白洋淀湿地保护建议	140
第5章 典型河流水环境特征及驱动因素	**146**
5.1 流域环境概况	146
5.1.1 自然环境	146
5.1.2 社会环境	147
5.1.3 水文地质	148
5.1.4 主要水利工程	148
5.2 流域水环境现状及演变特征	150
5.2.1 污染源	150
5.2.2 河流水质	156
5.2.3 河流水生态	163
5.3 流域水环境主要驱动因素	168
5.3.1 不同水源补给影响	169
5.3.2 流域人口经济与水质响应	173
5.3.3 流域土地利用对水环境影响	175
5.3.4 小结	179

第6章 流域水环境保护整体战略及对策 ………………………………………… 181
6.1 流域污染源控制方案 ………………………………………………………… 181
6.2 流域水环境演变态势与流量保障方案 …………………………………… 181
6.2.1 海河流域水系结构演变 …………………………………………… 181
6.2.2 海河流域水资源演变态势 ………………………………………… 182
6.2.3 河流环境流量演变态势 …………………………………………… 183
6.2.4 流域环境流量保障方案 …………………………………………… 186
6.3 流域主要河流生态修复方案 ……………………………………………… 190
6.3.1 流域整体恢复布局 ………………………………………………… 190
6.3.2 典型河流恢复 ……………………………………………………… 190
6.4 流域水环境保护对策 ……………………………………………………… 193
参考文献 …………………………………………………………………………… 195
索引 ………………………………………………………………………………… 200

第 1 章 流域自然、社会状况

1.1 自然环境

1.1.1 地质、地貌

1.1.1.1 地质

海河流域经过多次地质构造运动，主要地质构造单元包括内蒙古台背斜、燕山沉降带、山西台背斜、河淮台背斜等。其中，内蒙古台背斜北面通过深太断裂与察哈尔槽横向斜接触，南边与大同、承德一线与山西台背斜和燕山沉降带相邻，背斜的核心是前震旦纪地层；燕山沉降带在大同、承德一线以南，涞源、北京、秦皇岛一线以北，主要是震旦纪的沉陷区；山西台背斜包括山西东部、河北西部和河南西北部，东以断裂带与河淮台斜接触，北与内蒙古台背斜相邻，东北与燕山沉降带毗连；河淮台背斜位于海河流域下游，地形上为华北大平原北部，吕梁运动后该区与山西台背斜一起全部下降，接收下生带沉积，大致以汤阴、内黄、阳谷一线为界，以北地区前震旦纪结晶基底之上为震旦纪、寒武纪及奥陶纪灰岩、页岩及陆海源相沉积。

1.1.1.2 地貌

海河流域西北高、东南低，总地势由西北向东南倾斜。平原、高原被燕山、军都山、太行山弧形山脉分割。高原山间盆地交错，地形复杂，有大同、洋河、涞源、灵邱、怀来、忻定、长治等盆地，主要位于太行山、军都山、燕山山脉背风坡。平原可分为：山前平原区，海拔 50~100m，呈带状分布；中部平原区，海拔 5~10m，位于山前平原以东，地势平缓，其中分布几个较大的洼淀，如白洋淀、东淀、文安洼、贾口洼、宁晋泊、永年洼等，这些洼淀都是调节山区洪水的天然水库；滨海平原区，位于渤海沿岸，地势低洼，最低处海拔仅 3m 左右，是海滦河、徒骇马颊河入海的尾闾。海河流域各地貌类型面积统计如表 1-1 所示。

海河流域分为内蒙古高原区、华北山地区和海河平原区。内蒙古高原区位于大同、阳高、张家口、崇礼等一线以北，海拔均在 1000m 以上，地势由东南向西北倾斜，地面相对高差 200m 左右，主要地貌单元包括坝上剥蚀堆积丘陵盆地亚区、坝缘剥蚀堆积丘陵台地亚区，其中坝缘剥蚀堆积丘陵台地亚区是内蒙古高原、黄土高原的东南边缘，洋河盆地的西北边缘，具有高原向山间盆地过渡的性质。

表 1-1 海河流域地貌类型面积统计

序号	地貌类型	面积/km²	比例/%	序号	地貌类型	面积/km²	比例/%
1	构造侵蚀高中山	14 214.7	4.47	14	决口扇高平地	2 957.7	0.94
2	剥蚀侵蚀高中山	1 275.6	0.40	15	古河道高平地	18 009.5	5.66
3	构造侵蚀中山	13 457.3	4.24	16	泛滥平地	159.5	0.05
4	剥蚀构造中山	23 247.4	7.32	17	古河间低平地	28 525.1	8.97
5	构造侵蚀中山	13 863.9	4.36	18	冲积谷地	18 248.7	5.74
6	剥蚀侵蚀中山	30 342.8	9.54	19	湖积冲积扇洼地	7 629.5	2.39
7	剥蚀侵蚀丘陵	50 591.2	16.02	20	风积沙丘地	167.4	0.05
8	堆积侵蚀台地	5 955.3	1.87	21	古三角洲平地	4 958.8	1.55
9	剥蚀侵蚀台地	2 614.9	0.84	22	海积冲积平地	4 998.7	1.57
10	堆积侵蚀台地	4 321.1	1.36	23	海积低平地	4 608.1	1.46
11	冲积扇状地	21 628.9	6.80	24	潟湖低洼地	422.5	0.13
12	洪积冲积扇状地	16 271.6	5.12	25	现代三角洲	1 985.1	0.62
13	冲积扇状地	27 201.7	8.55				

华北山地区位于大同、阳高、张家口、四岔口等一线以南，山海关、抚宁、滦县、唐山、丰润、玉田、蓟县、密云、昌平、房山、易县、满城、曲阳、内丘、邯郸、安阳、辉县、焦作一线以北，海拔100~3000m，地面起伏较大，相对高差500~2000m，地势自中部分别向西北和东南倾斜，主要包括冀北侵蚀剥蚀山地亚区、燕山侵蚀构造山地丘陵亚区、晋北冀西北侵蚀堆积构造山地盆地亚区、太行山侵蚀构造山地亚区，其中冀北侵蚀剥蚀山地亚区位于四岔口、御道口一线以南，张家口、延庆、滦平、承德、平泉一线以北，北半部多为中山，南半部多为低山，地势自西北向东南山势由高到低；燕山侵蚀构造山地丘陵亚区的山地多为海拔500~1000m、相对高差200~500m的低山，丘陵主要分布在兴隆、青龙一线以南，海拔多在500m以下，丘陵间有山间盆地，构成流域地形自北而南的第二梯级；晋北冀西北侵蚀堆积构造山地盆地亚区包括河北西北部和山西北部，主要由山地和盆地构成，山地主要为高中山和中山，盆地主要为台地、山麓洪积扇和谷地，构成山高谷平的特殊地貌景观；太行山侵蚀构造山地亚区包括河北西部、山西东部、河北北部，地势由西北向东南呈梯级下降，海拔3000~5000m，山地中点缀许多小型构造盆地（涞源、井陉、长治、武安、林县等）。

海河平原区位于山海关、抚宁、滦县、唐山、密云、昌平、房山、满城、赞皇、内丘、邯郸、安阳、辉县、焦作一线以东至渤海岸，主要包括山前洪积冲积平原亚区、中部湖积冲积泛滥平原亚区、滨海海积冲积三角洲平原亚区，其中山前洪积冲积平原亚区主要由河流洪积、冲积扇组成，其中滦河、潮白河、永定河、滹沱河、漳河等河流洪积冲积扇构成山前倾斜平原主体，而滦河在冲积扇以下由三角洲发育；中部湖积冲积泛滥平原亚区主要为河流洪积形成，古河道高地与古河间低地相间分布；滨海海积冲积三角洲平原亚区主要位于乐亭、丰南、三河、天津、黄骅、海兴、无棣一线以南，主要由河流冲积形成，在滨海地带和潟湖洼地为海基性质。

1.1.2 土壤、植被

1.1.2.1 土壤

海河流域土壤主要包括褐土、绵土、潮土、棕壤、栗钙土、沼泽土、盐土、风沙土等。

1）褐土主要分布在太行山南段和晋南地区的沁路高原，位于太行山、五台山、恒山海拔700～1400m和冀北山地海拔100～800m处。黄垆土主要分布在河谷阶地上（洋河、妫水河、滹沱河等），少数分布在山前平原地区（昌黎、滦县、灵寿、石家庄等）；潮黄垆土主要分布在山前平原地区（北京、沙河、保定、邢台、永年、淇县、辉县等），土壤有机质含量较高。

2）绵土主要分布在山间盆地、黄土丘陵、台地和阶地上，海河流域西北部的万全、兴和、丰镇一带，蔚县盆地和浑源、山阴、朔县一代的黄水河、桑干河两岸。

3）潮土主要包括淤黏土、两合土、淤沙土，土壤有机质含量在1%以下，全氮含量为0.05%～0.15%，磷含量为0.1%～0.2%。其中古河床和天然堤多为砂土（淤沙土），河漫滩多为轻壤土，河间洼地为黏土（淤黏土），如海河平原中部的广大冲积平原地区；冲积平原下游靠近滨海地区（沧州、盐山、无棣、沾化等）分布为盐化潮土；扇缘交接洼地区（白洋淀、大陆泽、宁晋洼、古滨海潟湖洼地等）是湿潮土在沼泽草甸土基础上经耕种熟化而成。

4）棕壤主要分布在流域北部、燕山低山丘陵区域，以及太行山、五台山、小五台山等山地垂直带上，有机质含量以腐殖质层最高，一般高于3%，最高可达10%以上。

5）栗钙土多分布在西北部的高原、丘陵和山间盆地区，其中栗钙土主要分布在崇礼、多伦一代的坝缘山地、丘陵山地和阳原、大同一带的山间盆地内；暗栗钙土主要分布在正蓝旗一代的丘陵阴坡和河滩地周围；草甸栗钙土主要分布在天镇一带的洋河河谷地区和高原的滩地上。

6）沼泽土主要分布在平原低洼地区，即扇缘交接洼地和滨海潟湖洼地周围，包括天津以北、宁河以西、宝坻以南，还乡河和蓟运河的汇口处以及白洋淀周围，腐殖质含量为5%～25%，全氮含量为1%～2%，全磷含量为0.3%～0.5%。

7）盐土包括滨海盐土和沼泽滨海盐土，其中滨海盐土主要分布在渤海湾沿岸，地表植被稀疏；沼泽滨海盐土主要分布在滨海湾沿岸的古三角洲，有耐盐性植物生长。土壤含盐量1%～3%。

8）风沙土包括半固定风沙土、固定风沙土，主要分布在流域北部的内蒙古高原地区，如正蓝旗北部的骆驼脖子、蔡木山一带。昌黎县东南沿海有半固定风沙土，含氮量最高可达0.03%～0.04%。

海河流域基带性土壤呈现东北—西南方向延伸，由棕壤—褐土—栗钙土依次更替。其中棕壤在流域内分布较少，主要靠近渤海湾北部的冀东低山、丘陵区；褐土在流域广泛分布，山地多是褐土，南界是宽城、遵化、昌平、房山、曲阳、内丘、岳城、汤阴、辉县、焦作，北界是御道口、四岔口、崇礼、阳原、浑源、朔县一带。在不同的地理纬度和基带土壤条件下，因海拔不同、气候和生物等成土因素不同，土壤类型随基带土壤变化呈现出有规律性的分布，即山地土壤的垂直分带性质，使得垂直地带谱式比较复杂。

1.1.2.2 植被

海河流域的植被区划主要包括内蒙古高原温带草原区、华北山地温暖带落叶阔叶林区、海滦河平原暖温带落叶阔叶林栽培作物区。其中，内蒙古高原温带草原区主要位于御道口、大滩、万全、丰镇一带，区域主要为草原植被，分为北部羊草丛生禾草草原亚区、南部针茅草丛生禾草草原亚区。华北山地温暖带落叶阔叶林区位于御道口、大滩、万全、丰镇一带以南和迁西、遵化、平谷、昌平、易县、满城、曲阳、获鹿、邢台、鹤壁、淇县、焦作等一线地区，主要分为冀北山地山杨林-羊草亚区、晋北冀西北间山盆地钱林-白羊草亚区、燕山山地油松林栎林亚区、太行山北段油松林栎林桦林亚区、太行山南段栎林侧柏林亚区。

1.2 河流水系

1.2.1 海河流域水系

海河流域水系主要包括海河水系、滦河水系和徒骇马颊河水系。

1.2.1.1 蓟运河

蓟运河是海河流域北系的主要河流之一，位于滦河以西、潮白河以东，上游有泃河、州河，干流河道始于蓟县九王庄，流经蓟县、宝坻、宁河、汉沽4个区县，止于汉沽区蓟运河防潮闸，全长316km，流域面积10 288km²。主要水库包括海子水库、邱庄水库、于桥水库3座大型水库。

1.2.1.2 潮白河

潮白河位于蓟运河以西、北运河以东，上游由潮河、白河两大支流组成，贯穿北京市、天津市和河北省三省市。上游有两支：潮河源于河北丰宁县，南流经古北口入密云水库；白河源出河北沽源县，沿途纳黑河、汤河等，东南流入密云水库。出库后，两河在密云县河槽村汇合始称潮白河。下游河道经香河入潮白新河，主要接纳运潮减河、青龙湾减河分泄北运河、泃河洪水，分布有黄庄洼、七里海等蓄滞洪区，在永定新河入海。河流全长467km，流域面积19 354km²。流域主要建有云州水库、密云水库、怀柔水库3座大型水库。

1.2.1.3 北运河

北运河发源于北京昌平区燕山南麓，通州北关闸以上称温榆河，北关闸以下始称北运河，南流纳通惠河、凉水河、凤港减河等平原河道，穿过河北省香河县西南、天津市武清区城北，纳龙凤河，于屈家店与永定河交汇，至天津大红桥入海河。河长186km，流域面积6166km²。水系共有干流和一级支流20条，较大支流包括东沙河、北沙河、南沙河、蔺沟、小中河、清河、坝河、通惠河、凉水河、龙凤河等；主要二级、三级支流110条。

1.2.1.4 永定河

永定河流域东临潮白河、北运河，西接黄河流域，南界大清河，北为内陆河，流经山西、内蒙古、河北、北京、天津五省（自治区、直辖市），入渤海，全长740多千米（含永定新河），是海河水系北系的最大河流。上游源于山西省宁武县的桑乾河，在河北怀来县纳源自内蒙古高原的洋河，流至官厅始名永定河，全长650km，流域面积5.08万km²。流经山西、河北两省和北京、天津两市入海河，注入渤海。主要支流有壶流河、洋河、妫水、清水河等。20世纪70年代以来，随着全球气候变化，永定河流域持续多年干旱少雨，下游常年处于断流状态。

1.2.1.5 大清河

大清河是位于海河流域中部，西起太行山区，东至渤海湾，北界永定河，南临子牙河。流域面积45 131km²（其中山区占43%，平原占57%），流经山西、河北、北京和天津四省市。上游分为南、北两支。北支为白沟河水系，主要支流有南拒马、北拒马、小清河、琉璃河、中易水、北易水等。白沟河与南拒马河在白沟镇汇合后，始称大清河。北支洪水经新盖房分洪道汇入东淀。南支为赵王河水系，主要支流有瀑、漕、府、唐河、潴龙河等，各河均汇入白洋淀。南支洪水经白洋淀调蓄后，由赵王新渠入东淀。东淀以下分别经独流减河和海河干流入海。东淀、文安洼、贾口洼为大清河中游洼淀，汛期用于缓洪蓄洪，减轻下游洪水威胁。流域主要分布有横山岭、口头、王快、西大洋、龙门、安各庄6座大型水库。

1.2.1.6 子牙河

子牙河是海河水系西南支，由发源于太行山东坡的滏阳河和源于五台山北坡的滹沱河汇成，两河于献县臧子牙河家桥汇合后，始名子牙河。流经山西、河北、天津三省（直辖市），全长769千米，流域面积4.69万km²。子牙河经西河闸至天津市十一堡汇南运河，至第六堡与大清河相汇，后至金钢桥和北运河合流。另一路由独流减河泄洪入海。滹沱河流域面积2.52万km²，滏阳河流域面积1.49万km²，滹滏区间面积0.65万km²。献县以下辟子牙新河，经天津市北大港入渤海。滏阳河上游山区建有临城水库、东武仕水库、朱庄水库3座大型水库；滹沱河上游山区建有岗南水库、黄壁庄水库2座大型换水库。

1.2.1.7 漳卫南运河

漳卫南运河是海河流域五大水系之一，位于太岳山以东，滏阳河、子牙河以南，黄河、马颊河以北，由漳河、卫河、卫运河、漳卫新河和南运河组成，流经山西、河南、河北、山东四省及天津市入渤海，河流全长959km，流域面积37 700km²。

1.2.1.8 黑龙港及运东地区诸河

黑龙港及运东地区位于滏阳新河、子牙新河以南，卫运河、漳卫新河以北。黑龙港区内主要有南排河、北排河水系。南排河水系上游接纳老漳河–滏东排河、东风渠–老沙河–清凉江及江江河等支流，于赵家堡入海。北排至滏东排河下口冯村闸开始，沿途接纳黑龙港河西支、大浪淀排水渠、沧浪渠、黄狼渠等直接入海渠道。黑龙港及运东地区全部位于平原，区域全长350km，面积22 211km²，其中黑龙港地区15 058km²，运东地区7153km²。

1.2.1.9 海河干流

海河干流地处天津，干流贯穿天津市区，西起子牙河与北运河汇流口，东至海河防潮闸，全长73km，是区域泄洪、排涝、蓄洪、航运和改善城市环境的多功能河流，但汛期只承泄大清河、北运河部分洪水，兼泄南运河少量洪水和子牙河及天津市沥水。区域面积2066km²。

1.2.2 滦河水系

1.2.2.1 滦河

滦河发源于河北丰宁满族自治县西北的巴彦古尔图山北麓，流入内蒙古称闪电河，在多伦县附近，有上都河注入称大滦河，在郭家屯附近汇小滦河后称滦河。中游穿行于燕山山地，在承德地区先后汇兴州河、伊逊河、武烈河、鹦鹉河（热河）、柳河、瀑河等支流，在喜峰口穿过长城。下游汇青龙河，最后在乐亭县、昌黎县注入渤海湾。滦河全长888km，干流呈东南向，横穿燕山和冀东平原，流域面积4.49万km²。水系内修建的主要水库包括苗宫水库、潘家口水库、大黑汀水库3座大型水库。

1.2.2.2 冀东沿海诸河

冀东沿海诸河主要位于滦河下游，其中滦河干流以东区域分布有17条，其中洋河、石河较大；滦河以西有15条，其中陡河、沙河、沂河、小清河较大，具有山溪性河流和平原河流过渡的特点，山区面积3050km²。在洋河上修建有洋河水库1座，陡河干流上修建有陡河大型水库1座。

1.2.3 徒骇马颊河水系

徒骇马颊河位于漳卫南运河以南，黄河以北，位居海河流域的最南部，由徒骇河、马颊河、德惠新河以及滨海小河等平原河道组成。流域面积 28 740km²，其中徒骇河 13 821km²、马颊河 8312km²、德惠新河 3249km²、滨海小河 3358km²。徒骇河发源于山东莘县的文明寨，东流至沾化县入渤海，呈梳状水系，河道全长 417km；马颊河发源于河南省濮阳市金堤闸，东流至山东省无棣县入渤海，为羽毛状水系，河流全长 428km；德惠新河发源于山东平原县，东流至无棣县入马颊河后入海，全长 173km。

1.2.4 主要湖泊湿地

海河流域湿地主要包括白洋淀、北大港湿地、衡水湖、七里海、大浪淀、大黄堡洼等，详细的分布空间见图 1-1。

图 1-1 海河流域湿地空间分布

资料来源：江波等，2011

1.2.4.1 白洋淀

白洋淀是中国海河平原上最大的湖泊，位于河北中部，旧称白羊淀，又称西淀，在太行山前的永定河和滹沱河冲积扇交汇处的扇缘洼地上汇水形成。现有大小淀泊 143 个，其中以白洋淀、烧车淀、羊角淀、池鱼淀、后塘淀等较大，总称白洋淀。白洋淀从北、西、南三面接纳瀑河、唐河、漕河、潴龙河等河流，平均蓄水量13.2亿m³。为控制湖区水位，白洋淀东部自然泄水处建有枣林庄大闸，引入大清河北支的南拒马河，扩大水源。由于南拒马河含泥沙量大，淤积严重，湖泊面积和容积有不断缩小的趋势，现面积366km²。水产资源丰富，淡水鱼有50多种。

2002年11月，白洋淀成为省级湿地自然保护区，保护区分为4个核心区，核心区总面积9740 hm²。白洋淀湿地保护区物种丰富，常见的浮游植物406种，浮游动物26种，大型水生植物47种，底栖动物38种，鱼类54种，哺乳动物14种，鸟类多达200种，其中国家一级重点保护鸟类4种（丹顶鹤、白鹤、大鸨、东方白鹳），二级重点保护鸟类26种。

1.2.4.2 北大港湿地

天津北大港湿地自然保护区位于天津市大港区的东南部，东邻渤海，与天津古海岸与湿地国家级自然保护区核心区上古林贝壳堤相邻。地理坐标：东经117°11′~117°37′，北纬38°36′~38°57′。该自然保护区包括北大港水库、沙井子水库、钱圈水库、独流减河下游、官港湖、李二湾和沿海滩涂，湿地总面积44 240 hm²，约占大港区国土面积的39.7%。其中北大港水库、官港湖属于潟湖湿地系统；沙井子水库、钱圈水库属于人工湿地系统；独流减河、李二湾属于河流湿地系统；沿海滩涂属于海洋和海岸生态系统。

大港区绝大部分是海积、湖积低平原，其成陆是在浅海环境中由于海积而逐渐形成后，随着海退又接受了潟湖的沉积，因此境内形成了许多星罗棋布的潟湖、碟形洼地和港淀。大港区潟湖的代表为北大港水库和官港湖，地面高程绝大部分在3.88m（黄海高程）以下。全区有潟湖及洼淀改造成的大、中型水库3座。北大港水库位于大港区中心地带，是华北地区最大的人工平原水库，库容5.0亿m³。北大港水库的水源主要是西部的马厂减河和东北部的独流减河，是天津市的备用水源地，也是"南水北调"天津地区的调节水库。官港湖地处大港区东北角，是古渤海退海遗留地，天然湖面556 hm²，陆地面积1584 hm²，1989年更新开挖后蓄水量680万m³。沙井子水库位于大港区西南部，在青静黄排水渠以北，红旗路以南，联盟村以西，库容0.2亿m³，是河道形成的洼地。钱圈水库位于大港区西北部，在马厂减河以南，北大港农场以北，钱圈村东，马圈引河以西，占地面积约867 hm²，库容0.2707亿m³。李二湾在大港区东南部，与上古林乡马棚口一村、二村接壤，南依北排河，北靠子牙新河，是天津市的泄洪河道，是自然形成的洼地。

湿地生物包括鸟类和其他野生动物、珍稀濒危物种等。北大港湿地是东亚鸟类迁徙路线上的一个驿站，属生物多样性最丰富的地区之一。每年都有大批水鸟经此地迁徙、繁衍。据不完全统计，在该地区共记录到鸟类140余种之多，分属12目26科。其中，国家Ⅰ级保护鸟类有6种，即东方白鹳、黑鹳、丹顶鹤、白鹤、大鸨、遗鸥；国家Ⅱ级保护鸟类有17种，包括海鸬鹚、大天鹅、小天鹅、疣鼻天鹅、白额雁、灰鹤、白枕鹤、蓑羽鹤、红隼、红脚隼、白腹鹞、白尾鹞、鹊鹞、雀鹰、普通鵟、大鵟、短耳鸮。

1.2.4.3 衡水湖

衡水湖国家级自然保护区地处河北省衡水市境内，位于衡水市桃城区西南约5km处，处在环京津、环渤海、沿京九铁路的位置。保护区西部紧邻滹沱河冲积扇前缘，东侧为古黄河、西侧为古漳河的古河道高地。湖盆为一长条形浅碟状洼地，湖底海拔18m左右，比周围平地低4~5m。湖岸是自然平地，由人工堤将其分为东湖（包括冀州小湖）和西湖两个部分。目前只有东湖常年蓄水，水源主要引自黄河。周边河流属海河水系的子牙河水系。有滏阳河、滏阳新河和滏东排河3条主要河流流经保护区北侧，河水均自西向东北流，并有闸道与衡水湖相通。滏阳河是目前衡水湖周边唯一的自然河流，护区东侧和南侧还分别有冀码渠、冀南渠和卫千渠等人工河渠，以及盐河改道后遗留的盐河故道（现改名为董公河）。

衡水湖湿地属于华北平原比较典型的湿地生态系统之一，保护区湿地主要为湖泊湿地、沼泽湿地、河流和渠道湿地等。湖泊湿地面积最大，为衡水湖湿地主体，是各类水禽的主要分布区与栖息地；淡水沼泽湿地面积其次，是保护区生态功能最重要的湿地类型，主要包括芦苇沼泽、香蒲沼泽、芦苇-香蒲沼泽、苔草沼泽、莎草沼泽、镳草沼泽和镳草-莎草沼泽等类型；内陆盐沼湿地主要为次生盐渍化导致的翅碱蓬盐沼和部分裸滩盐沼湿地。保护区目前发现植物75科、239属、382种，苔藓植物3科、4属、4种，蕨类植物3科、3属、5种，裸子植物1科、1属、1种，被子植物68科、227属、372种；水生植物共有15科、25属、35种，陆生植物共计60科、210属、347种，浮游植物共77属、201种。代表性植物群落主要有以芦苇群落、香蒲群落和莲群落为代表的挺水植被，以及指示该区域盐碱化程度的以柽柳、翅碱蓬、獐茅等群落为代表的盐生植被。保护区共有昆虫类416种、鱼类34种、两栖爬行类17种、鸟类303种、兽类20种，此外，区内还有浮游动物174种、底栖动物23种。

1.2.4.4 七里海

七里海国家级自然保护区是1992年经国务院批准建立的国家级海洋类型自然保护区。七里海国家级自然保护区位于宁河县西北部，是海退后形成的古潟湖潮洼地。潮白河南北贯穿，将湿地分东七里海、西七里海，总面积约为9500 hm²。七里海生物物种多样，是许多珍稀和濒危野生动物迁徙、栖息、繁殖的基地。水生植物12群落，植物200多种，国家保护植物3种，主要植物为芦苇；动物有100多种，其中国家Ⅰ级保护动物11种、Ⅱ级动物14种，国家重点保护鸟类达10多种。同时该区域还具有泄洪、滞洪、抵御旱涝能力和调节小区域气候的作用。

七里海湿地共发现鸟类184种，国家Ⅰ级、Ⅱ级重点保护鸟类分别有2种和21种，世界濒危鸟类红皮书中的濒危、易危鸟类5种，亚太地区具有特殊意义迁徙水鸟名录的鸟类4种，列入中澳、中日候鸟保护协定保护鸟类分别有43种和111种。

1.2.4.5 大浪淀

大浪淀位于河北南皮、沧县、孟村三县交接处的天然洼地，淀区分为东、西两淀，中间有连接渠。地形由西南向东北倾斜，西淀最低高程5.5m，东淀最低高程5.4m，淀外高程7.0~8.0m。

1.2.4.6 大黄堡洼

大黄堡洼处于天津市武清区东部，介于东经117°10′33″~117°19′58″和北纬39°21′4″~39°30′27″，总面积1.12万hm²。流经保护区的河流主要有龙凤河、柳河干渠、黄沙河排水干渠、东粮窝引河等。保护区主要保护典型的芦苇沼泽湿地生态系统；以黑鹳、白鹤、白头鹤等为代表的珍稀水鸟及丰富的生物多样性；同时它又是鸟类南北迁徙的必经之地。其独特的地理环境和优良的水质孕育了丰富的物种多样性，是包括许多国家Ⅰ级和Ⅱ级重点保护野生动物在内的鸟类栖息、停留和繁殖地，成为京津地区湿地自然保护区的典型代表。大黄堡洼具有丰富的动植物资源，集中表现为高度丰富的水生动植物和鸟类物种。其中，植物种类有63科、157属、238种；兽类5目、8科、15种，有鸟类16目、32科、167种，两栖爬行类4目、7科、12种，鱼类5目、10科、25种，昆虫11目、56科、119种。保护区共有水鸟8目、15科、103种，分别占《中国湿地保护行动计划》所列的全国水鸟总数12目、32科、271种的66.67%、46.88%和38.01%。

1.3 水文地质

1.3.1 地下水

海河流域山区地下水分为岩溶水、裂隙水、孔隙水3类。岩溶水赋存于奥陶系、寒武系、震旦系的溶洞和裂隙中，以大泉形式排出，如神头泉、辛安泉、娘子关泉、百泉、黑龙洞泉等。裂隙水赋存于非酸性岩类的裂隙、孔隙和构造破碎带中，含水性能差异很大。孔隙水主要赋存于山间盆地第四系松散地层中，如大同、蔚(县)阳(高)、张(家口)宣(化)、涿(鹿)怀(来)、天(镇)阳(高)、忻(州)定(襄)、长治等山间盆地。

平原、山间盆地及山间河谷，沉积了巨厚的第三系、第四系冲洪积物，构成复杂的多个含水层组。平原区中部和东部分布有大片微咸水和咸水。咸水体自东部渤海岸向西和西南逐渐变薄，在豫北平原尖灭。咸水体所处的层位各地不同，在中部平原咸水体大多位于第Ⅰ含水组中下部和第Ⅱ含水层组上部，其底界向东逐渐加深，滨海平原南部最深达500m以上。

1.3.1.1 松散岩类孔隙含水岩类

根据海河流域地下水埋藏特征，以水文地质要素为依据，将第四系中孔隙含水岩组划分为浅层地下水系统和深层承压地下水（简称深层地下水）系统，分布面积分别为129 016km²和86 136km²。浅层地下水系统底界一般为40~60m。在山前平原，由于人为沟通、混合开采，浅层地下水系统实际已经延伸到120~150m。深层地下水系统在山前平原包括第Ⅲ含水岩组和第Ⅳ含水岩组，顶界深度由西向东约为由80m增加到120~150m，底界为第四系底板，深度一般为140~350m。中东部平原指咸水体以下的深层地下淡水，包括第Ⅱ含水岩组下部和第Ⅲ含水岩组，顶界深度一般120~160m，底界深度一般为270~360m。第Ⅳ含水组底界深度350~550m。

(1) 第四系潜水-微承压含水层组

埋藏于第四系顶部的第Ⅰ含水层组，底板埋深一般40～60m，岩性为卵砾石、中粗砂、中细砂及粉细砂等。自山前冲洪积倾斜平原至中部冲积、湖积平原（或盆地中部）和东部滨海冲积、海积平原具明显的水平变化规律。

山前冲洪积平原、冲洪积扇呈扇状交错分布于山前。含水砂层主要由砂砾石、粗砂、中砂、中细砂等各类砂、砂砾石组成，单井出水量40～80m³/h。从冲积扇轴部向两侧含水层逐渐变薄、颗粒变细、富水性变弱。含水层下部无连续隔水层，垂向水力联系好，常被下部含水层的开采而疏干。山前冲洪积扇以滹沱河为界，滹沱河及其以北的河流山前冲洪积扇规模大，含水层颗粒粗，富水性强；滹沱河以南的河流山前冲洪积扇规模较小，含水层颗粒较细，层数多厚度小，层间黏性土增多，垂向水力联系相对差，富水性也比北部差。

中部冲积、冲湖积平原，含水层多由河流相、河湖相粗砂、中砂、细砂、粉细砂组成，含水砂层厚度一般为10～30m，多呈条带状、舌状向东北方向展布，覆于咸水体之上呈透镜体状分布。含水岩组的富水性主要受沉积岩相控制。古河道河床相地带，含水层组的颗粒较粗，多以中砂、细砂为主，含水砂层厚10～30m；从河床向两侧含水层颗粒逐渐变细，含水砂层厚度变小。在古河道漫滩交替带，含水层主要由粉细砂及细砂组成，含水砂层厚度一般为5～10m；在古河道间的河间地块地带，含水砂层多由粉砂及粉细砂组成，厚度小于5m。含水层组富水性由古河道的上游区向下游区具有规律性的变化，含水砂层颗粒由粗变细，厚度由大变小，单井单位涌水量由大变小。

滨海冲积、海积平原区，由于受第四纪及晚第三纪多次海侵的影响，海相地层较发育，浅层潜水-微承压水基本为咸水，仅局部地段有薄层淡水透镜体。

(2) 第四系承压含水层组

第四系承压含水层组包括第Ⅱ、Ⅲ、Ⅳ三个含水层组和若干含水亚组。山前平原承压水（第Ⅲ含水层组）底板埋深一般140～350m，以砂砾石、砂卵石、中粗砂为主。从冲积扇顶部向两侧富水性减弱。平原中部和东部的承压含水层位于咸水体下部。受构造控制拗陷区和隆起区埋藏深度和厚度差异很大，底板埋深350～550m。含水砂层累计厚200～400m，以中粗砂、中细砂、细砂、粉细砂为主。

(3) 深层、浅层地下水之间的联系

海河流域平原区深层地下水属于承压水，与浅层地下水之间除主要冲洪积扇顶部以弱透水层相隔外，其余大部分地区以黏土相隔，而且越向东部及东北部相隔厚度不断增大，与浅层地下水水力联系较差。深层地下水的补给来源主要为地下水侧向补给和浅层地下水垂直越流补给。深层地下水的径流方向基本与浅层地下水一致。越是远离补给区，径流速度也就越缓慢。

1.3.1.2 碳酸盐类裂隙岩溶含水岩系

地下水主要赋存于奥陶系中统、下统，寒武系中统、上统和中元、上元古界蓟县系及长城系高于庄组的石灰岩、白云岩、白云质灰岩或灰质白云岩溶隙、溶孔中；其次，太古界及寒武系下统，中元、上元古界青白口系、长城系等地层的大理岩、白云岩和石灰岩等夹层中也有赋存。主要分布于太行山和燕山大型复背斜的两翼地区，岩层总厚 1215～5950m。奥陶系、寒武系是该含水岩系的主要含水岩组，厚 400～600m，岩溶最为发育，具有统一的地下水位，富水性强，是最主要的裂隙岩溶含水层。

1.3.1.3 裂隙含水岩系

裂隙含水岩系包括碎屑岩、变质岩、火山岩裂隙含水岩系，地下水分布特征有所差异。碎屑岩裂隙地下水主要赋存于白垩系、侏罗系、三叠系、二叠系、石炭系的砂岩、页岩、泥岩、砾岩等裂隙中，主要分布于太行山南段的沁河向斜，其富水性差，且不均一，没有统一的地下水位，但在大型断裂带和断裂密集处富水性较好。变质岩孔隙裂隙水主要分布于太行山的北中段、五台山和燕山隆起的核部，岩性为各种片麻岩、片岩、角闪岩、混合岩和石英岩。地下水赋存于风化带孔隙裂隙中，风化带一般厚 20～30m，个别地带可达100m，其富水性主要取决于风化带厚度和汇水条件，一般富水性差。火成岩裂隙水主要赋存于玄武岩、安山岩、花岗岩裂隙中，主要分布在燕山及太行山北段，富水性差。但玄武岩因构造及成岩裂隙发育，富水性较好。

1.3.2 地下水资源

受地形地貌、气候气象水文、水文地质条件等影响，流域地下水水资源量模数存在较大的差异：平原及山间盆地大于山丘区，岩溶区大于基岩裂隙水区，多雨区大于少雨区。从总量上来讲，浅层地下水资源量以海河流域南系最丰富，为 115.91 亿 m^3/a，其中山区 58.58 亿 m^3/a、平原 75.27 亿 m^3/a；次之是海河流域北系，为 57.70 亿 m^3/a，其中山区 28.27 亿 m^3/a、平原 42.95 亿 m^3/a；滦河及冀东沿海地区地下水资源量 28.08 亿 m^3/a，其中山区 21.20 亿 m^3/a、平原 8.90 亿 m^3/a；徒骇马颊河地区地下水资源量 32.89 亿 m^3/a。

1.4 社会经济发展

1.4.1 行政区划

海河流域位于东经 112°～120°、北纬 35°～43°，西以山西高原及黄河流域为邻，北以内蒙古高原及内陆河流域为界，南界黄河，东临渤海。行政区划包括北京、天津两直辖市，河北绝大部分（91%面积属于海河流域），山西东部，山东、河南两省的北部，以及内蒙古和辽宁的一部分。其中山西面积的 38%、河南的 9.2%、山东的 20%、辽宁的 1.1%、内蒙古的 1.06% 属于海河流域。流域总面积约为 32.0 万 km^2，其中山地和高原面积 19.1 万 km^2，占总面积的 60% 左右；平原面积为 12.9 万 km^2，占 40% 左右（表 1-2）。

表 1-2 海河流域行政区域面积

省级行政区	地级行政区	面积/km²	省级行政区	地级行政区	面积/km²	省级行政区	地级行政区	面积/km²
北京		16 800		太原	625	河南	小计	15 336
天津		11 920		大同	14 017		济南	2 400
河北	石家庄	14 077		阳泉	4 503		东营	2 738
	唐山	13 385	山西	长治	11 103	山东	德州	10 270
	秦皇岛	7 750		晋城	1 063		聊城	8 467
	邢台	12 047		朔州	7 659		滨州	7 067
	邯郸	12 456		晋中	7 158		小计	30 942
	保定	22 112		忻州	13 005	内蒙古	锡林郭勒	30 942
	张家口	25 309		小计	59 133		乌兰察布	6 950
	承德	35 188		安阳	5 662		小计	12 576
	沧州	14 056		鹤壁	2 137	辽宁	朝阳	1 478
	廊坊	6 429	河南	新乡	3 718		葫芦岛	232
	衡水	8 815		焦作	1 901		小计	1 710
	小计	171 624		濮阳	1 918	流域合计		320 041

海河流域人口密集，大中城市众多，在我国政治经济中的地位重要。流域内有首都北京、直辖市天津以及石家庄、唐山、秦皇岛、廊坊、张家口、承德、保定、邯郸、邢台、沧州、衡水、大同、朔州、忻州、阳泉、长治、安阳、新乡、焦作、鹤壁、濮阳、德州、聊城等 25 座大中城市。

1.4.2 社会经济发展状况

1.4.2.1 人口

2008 年海河流域总人口约 1.38 亿，占全国的近 10.4%，其中城镇人口 6940 万，农村人口 6861 万，城镇化率 50.3%，北京市最高达 84.9%。流域平均人口密度 431 人/km²，其中平原地区 762 人/km²，山区 193 人/km²（表 1-3）。

表 1-3 海河流域人口状况

行政区	总人口/万人	城镇人口/万人	农村人口/万人	城镇化率/%	人口密度/(人/km²)
北京	1 695	1 439	256	84.9	1 009
天津	1 176	908	268	77.2	987
河北	6 873	2 903	3 970	42.2	400
山西	1 187	539	648	45.4	201
河南	1 234	555	679	45.0	805

续表

行政区	总人口/万人	城镇人口/万人	农村人口/万人	城镇化率/%	人口密度/(人/km²)
山东	1 545	567	978	36.7	499
内蒙古	69	25	44	35.8	55
辽宁	22	3	19	15.3	129
流域合计	13 801	6 940	6 861	50.3	431
其中山区	3 580	1 381	2 199	38.6	193
其中平原	10 221	5 559	4 662	54.4	762

流域人口主要集中在京津平原地区和水资源条件较好的山前平原，以上区域总人口6971万，占流域人口的一半左右。其中，京津平原地区是流域人口密度和城镇化率最高的区域，总人口2633万，人口密度达1415人/km²，城镇化率达85%；其次是河北、河南两省的太行山山前平原，总人口3461万，密度达836人/km²；再次是河北唐山市、秦皇岛山前平原地区，总人口697万，人口密度666人/km²，城市化率仅次于京津平原，达到67%。

1.4.2.2 经济

海河流域绝大部分属于环渤海经济区，地理位置优越、自然资源丰富、工业基础实力雄厚、有较强的骨干城市圈等优势，是我国经济较为发达同时蕴藏着巨大发展潜力的地区。

海河流域2008年国内生产总值达到4.29万亿元左右，占全国的14.3%；国内生产总值中第一产业、第二产业、第三产业的比例分别为7%、50%和43%。人均国内生产总值达到3.11万元，超过全国平均水平37%。其中，北京人均达到6.19万元，天津达到5.40万元。

海河流域是我国重要的工业基地和高新技术产业基地，2008年工业增加值达到1.92万亿元，主要工业行业有冶金、电力、化工、机械、电子、煤炭等，形成了以京津唐和京广、京沪铁路沿线城市为中心的工业生产布局。

流域土地、光热资源丰富，是我国主要的粮食生产基地之一。2008年流域耕地面积1.54亿亩[①]，主要粮食农作物有小麦、大麦、玉米、高粱、水稻、豆类等，经济作物以棉花、油料、麻类、烟叶为主。流域2008年粮食总产量5445万t，占全国的10%，平均亩产354kg。河北、河南太行山山前平原和山东徒骇马颊河平原是流域粮食主产区，拥有耕地6030万亩，占流域的39%；粮食产量达到2926万t，占流域的54%（表1-4）。

表1-4 流域2008年经济发展指标

行政区	GDP/亿元	工业增加值/亿元	耕地面积/万亩	粮食产量/万t	人均GDP/万元	粮食亩产/kg	人均粮食占有量/kg
北京	10 488	2 198	348	126	6.19	360	74

---

① 1亩≈666.7m²。

续表

行政区	GDP /亿元	工业增加值 /亿元	耕地面积 /万亩	粮食产量 /万t	人均GDP /万元	粮食亩产 /kg	人均粮食占有量/kg
天津	6 354	3 534	611	149	5.40	244	127
河北	16 097	7 940	8 363	2 886	2.34	345	420
山西	2 339	1 159	2 069	406	1.97	196	342
河南	2 840	1 674	1 169	585	2.30	500	474
山东	4 656	2 623	2 342	1 264	3.01	540	818
内蒙古	99	55	445	24	1.44	55	357
辽宁	23	3	26	6	1.05	243	287
流域合计	42 896	19 186	15 373	5 445	3.11	354	395

1.4.2.3 城市群

海河流域城市众多，拥有建制市57个，建制市人口3864万，占城镇人口的57%。根据《全国主体功能区规划》，流域内的主要城市群包括冀中南地区、京津冀等。京津冀地区的功能定位是"三北"地区的重要枢纽和出海通道，全国科技创新与技术研发基地，全国现代服务业、先进制造业、高新技术产业和战略性新兴产业基地，我国北方的经济中心；冀中南地区的功能定位是重要的新能源、装备制造业和高新技术产业基地，区域性物流、旅游、商贸流通、科教文化和金融服务中心，区域将构建以石家庄为中心，以京广沿线为主轴，以保定、邯郸等城市为重要支撑点的经济发展格局，壮大京广沿线产业带，重点发展现代服务业以及新能源、装备制造、电子信息、生物制药、新材料等产业，改造提升钢铁、建材等传统产业。

1.5 小　　结

海河流域内自然资源比较丰富，工业类型较齐全，农业基础雄厚，是我国社会经济发展的重点区域，也是环渤海经济圈的重要组成部分。流域地形、地貌复杂，差异性大，降雨集中且时空分布极不均匀，流域水资源与社会经济发展的时空格局的不协调性，造成流域水资源严重短缺、水污染严重、河道生态系统严重退化，使得流域"有河皆干，有河皆枯"，已经成为制约社会经济可持续发展的主要因素。随着流域社会经济的不断发展，流域水污染和水资源问题日益突出，主要体现在多数城市的经济发展低于全国平均水平，高耗水、重污染行业比例仍然较大，治理水平总体较低，尚未实现区域经济建设与环境保护的协调发展；海河流域水资源最为紧缺，河道基本无天然径流，城镇污水与工业废水达标排放后，大部分水域仍难以符合水域功能要求，流域水污染防治形势严峻。

第 2 章　流域水污染源特征及演变态势

2.1　流域污染源特征

2.1.1　点源

根据全国污染源普查，点源污染包括生活污染源、工业污染源，生活污染源又包括居民生活污染源、服务行业污染源等。2007年流域COD_{Cr}排放总量119.53万t，其中生活源排放26.9万t，工业源排放92.6万t。主要水系中，子牙河水系排放量最大，超过27万t，约占流域COD_{Cr}排放量23%；徒骇马颊河水系排放量次之，达到21.3万t，约占流域18%；漳卫新河、大清河、北三河排放量分别为14万t、13万t和12万t，分别约占流域COD_{Cr}排放量12%、11%和10%；永定河、滦河、黑龙港运东和海河干流水系COD_{Cr}排放量相对较小（图2-1）。北三河水系生活源对COD_{Cr}排放量贡献最大，工业源和生活源比例为1∶1.08；生活源对干流和永定河水系排放量贡献程度接近，生活源和工业源的贡献比例分别为1∶0.61和1∶0.69。滦河、子牙河水系COD_{Cr}排放量工业源贡献接近80%，而大清河、黑龙港运东、漳卫新河和徒骇马颊河水系COD_{Cr}排放量工业源贡献90%左右（图2-2）。总体来看，除北三河水系生活源对COD_{Cr}排放量贡献超过工业源外，其他水系都以工业源为主。

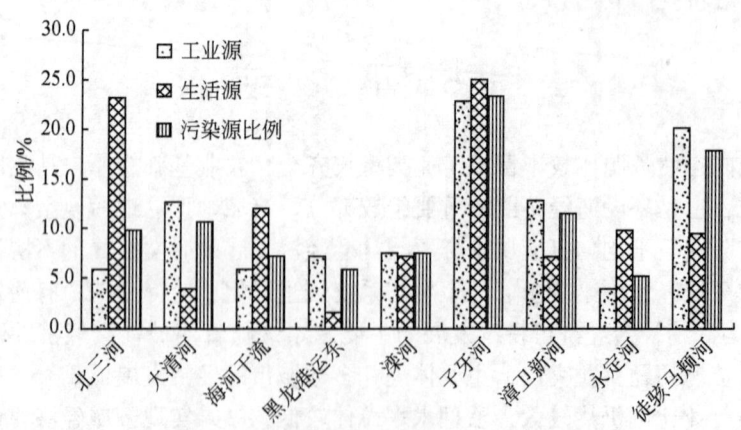

图2-1　海河流域主要水系点源COD_{Cr}排放特征

根据2007年污染源普查数据，海河流域NH_3-N排放总量6.17万t，其中生活污染源占52%，工业污染源占48%。子牙河水系NH_3-N排放总量20 539 t，占流域排放总量的

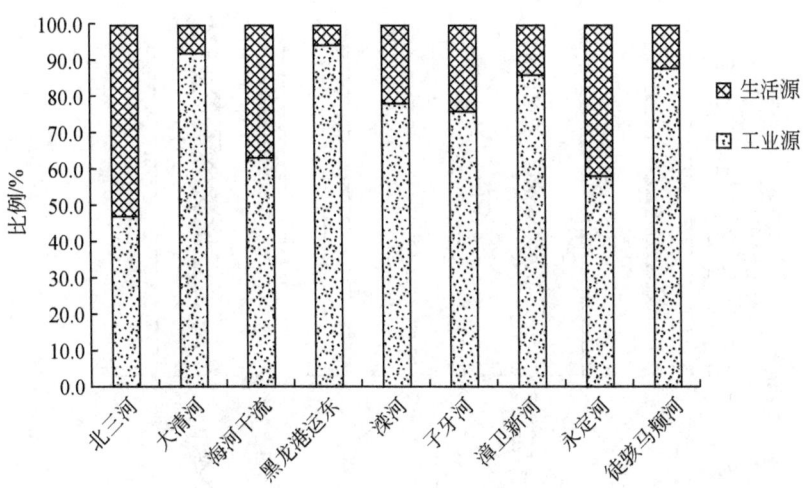

图 2-2 海河流域主要水系生活、工业点源化学需氧量排放特征

33%左右；海河干流、北三河和徒骇马颊河水系排放量分别占排放总量的 14%、12% 和 10%；漳卫新河、滦河、永定河水系排放量相近，占排放量 7% 左右，黑龙港运东水系排放量较小（图 2-3）。北三河、海河干流、滦河以及永定河水系的 NH_3-N 排放以生活污染源为主，其中北三河和海河干流生活污染源贡献程度最高，生活源、工业源比例分别达到 1:0.19 和 1:0.33。永定河水系生活污染源和工业污染源贡献比例为 1:0.61。滦河水系生活污染源和工业污染源贡献基本相当，二者比例为 1:0.92。大清河、黑龙港运东、子牙河、漳卫新河和徒骇马颊河水系以工业污染源为主，其中黑龙港运东水系贡献最大。徒骇马颊河、大清河、漳卫新河水系工业污染源和生活污染源贡献比例分别为 1:0.43，1:0.56 和 1:0.67；子牙河水系工业源与生活源贡献程度基本相当（1:0.89）（图 2-4）。

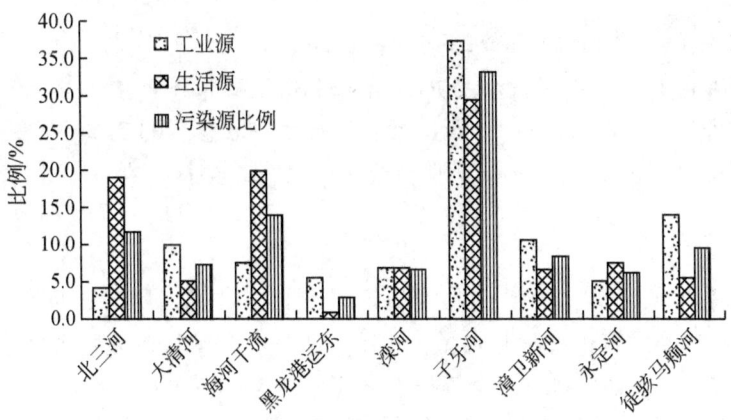

图 2-3 海河流域主要水系点源 NH_3-N 排放特征

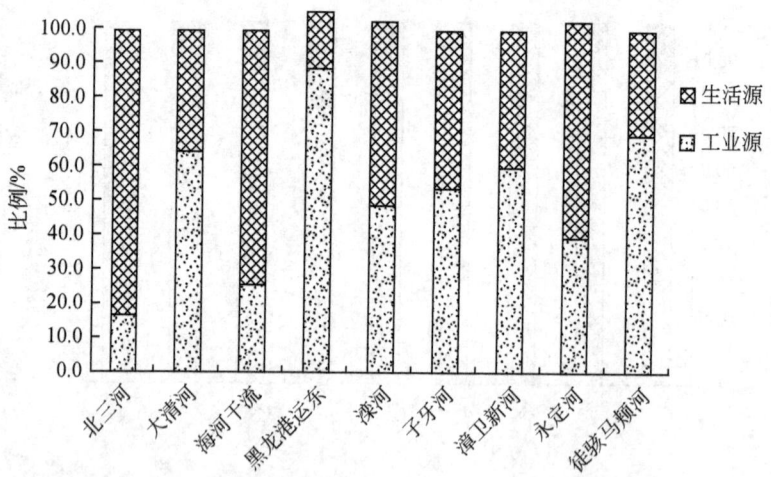

图 2-4 海河流域主要水系生活、工业点源 NH_3-N 排放特征

2.1.1.1 北三河水系

北三河水系（包括潮白河、蓟运河、北运河）工业源 COD_{Cr} 排放主要集中在造纸、食品和石化行业。造纸行业排放量占48%，食品行业排放量占24%，石化行业排放量占14%，其他行业所占比例均相对较小。北京大部分地区、天津、唐山、廊坊、张家口等为北三河水系污染排放源，其中北京是最主要工业源排放区域。NH_3-N 排放中食品和石化行业最为重要，其中51%由食品行业排放，22%由石化行业排放，其他行业排放量均不超过5%。

2.1.1.2 永定河水系

永定河水系工业源 COD_{Cr} 排放结构中，食品和石化行业分别占排放总量的31%和30%，采选行业占12%，制药行业占9%，冶金和造纸行业分别占6%和5%，其他行业排放量较小。工业源 NH_3-N 排放中，石化行业占水系排放总量的71%，食品行业占16%，采掘和制药行业分别占5%和6%，其他行业所占比例均较小。

2.1.1.3 大清河水系

大清河水系排放 COD_{Cr} 较多行业为造纸、石化、食品、印染、皮革等。造纸行业 COD_{Cr} 排放量占29%，石化行业占19%，皮革、印染、食品行业分别占排放总量的10%、13%和9%，其他行业如建材、冶金等排放量相对较小，所占比例都在7%以下。大清河主要受纳保定所有地区和廊坊、天津、沧州和石家庄部分地区排放的 COD_{Cr}。流域工业源 NH_3-N 排放中，石化和皮革行业分别占水系工业源 NH_3-N 排放量的45%、35%，建材和食品行业分别占排放量的7%。

2.1.1.4 子牙河水系

子牙河水系工业源COD_{Cr}排放以制药、皮革行业为主,制药行业、皮革行业排放量分别占水系工业源COD_{Cr}排放总量的24%、21%,造纸、食品和石化行业分别占15%、13%和12%,印染行业排放量占7%。工业源COD_{Cr}排放主要集中在石家庄、忻州、阳泉、邯郸和衡水等区域。

水系NH_3-N排放结构中,石油化工贡献最大,占水系排放总量52%,皮革行业占13%,造纸和制药行业分别占11%和10%,其他行业所占比例相对较小。

2.1.1.5 漳卫河水系

漳卫河水系COD_{Cr}排放行业构成中,造纸行业COD_{Cr}排放量占排放总量的31%,石化行业占19%,食品和采选行业分别占11%和13%,冶金、印染行业分别占总排放量的8%和5%。水系COD_{Cr}污染排放来源复杂,主要集中在焦作、新乡、鹤壁和邯郸。工业源NH_3-N排放以石化行业为主,占水系排放总量的55%,食品行业占13%,冶金行业占6%。

2.1.1.6 黑龙港运东水系

黑龙港运东水系工业源COD_{Cr}主要由造纸、印染和石化行业排放,其中石化行业排放量占30%,造纸和印染行业均占28%,食品行业占7%,而其他行业所占比例均在5%以下。主要工业污染源排放区域包括邯郸市、邢台市、衡水市和沧州市。NH_3-N排放行业结构中石化行业占水系工业源的66%,食品和皮革行业均占12%,制药行业占6%,造纸行业占3%,其他行业所占比例很小。

2.1.1.7 海河干流

海河干流工业COD_{Cr}排放量中石化行业最高,占排放总量的38%,冶金和机械行业占10%,食品、印染、电子和制药行业占6%~8%,其他行业如电力、造纸、皮革等小于5%。NH_3-N排放结构中,石化行业排放量占工业源NH_3-N排放量的62%,冶金和食品行业各占6%,机械、建材行业分别占5%、4%,皮革、制药、电力等所占比例较小。

2.1.1.8 滦河水系

滦河水系工业源COD_{Cr}排放以食品和造纸行业为主。食品行业排放量占42%,造纸行业排放量占27%,石化行业占9%,其他行业排放量相对较小。唐山、秦皇岛和承德是滦河水系主要排污区域。唐山市工业污染源COD_{Cr}排放量最高,占滦河水系工业源COD_{Cr}排放总量的41%。秦皇岛和承德排放量分别占总排放量的29%和30%。NH_3-N排放以石化、食品和皮革行业为主。石化行业NH_3-N排放量占滦河工业源NH_3-N排放总量的58%,食品行业排放占工业源NH_3-N排放总量的17%,皮革行业占12%,冶金行业占9%,其他行业贡献相对较小。

2.1.1.9 徒骇马颊河水系

徒骇马颊河水系工业 COD_{Cr} 排放结构中,造纸行业是最大排放源,占水系排放总量的 57%,食品和石化行业分别占 19% 和 10%,其他行业所占比例都小于 5%。工业污染源分布于山东滨州、德州、济南、聊城和河南濮阳。水系工业 NH_3-N 排放以造纸、食品和石化行业为主,其中造纸行业排放量占排放总量的 33%,食品行业、石化行业各占 28%,其他行业的贡献相对较小。

2.1.2 非点源

非点源污染源调查对象主要是农业非点源污染源,包括畜禽养殖、水产养殖和种植业。根据《第一次全国污染源普查》相关数据,流域 2007 年的非点源污染物中,化学需氧量、氨氮、总氮、总磷的流失量分别为 372.58 万 t、2.47 万 t、49.95 万 t 和 6.49 万 t,主要的非点源污染物排放特征如下。

2.1.2.1 化学需氧量

农业非点源的化学需氧量排放源包括畜禽养殖和水产养殖。非点源的化学需氧量排放量为 372.58 万 t,其中畜禽养殖排放量占 98.7%,是最主要的化学需氧量排放污染源。在流域的行政区域中,除天津的畜禽养殖的化学需氧量排放比例低于 90% 外(图 2-5),其余的均高于 90%,其中河北、山西、内蒙古、辽宁、河南、山东的比例均高于 98%。河北、山东是流域主要的农业污染源化学需氧量排放区域,河北、山东的化学需氧量排放比例分别占流域的 36.3% 和 48.1%,两者约占流域的 84.4%;同时,两者的畜禽养殖排放的化学需氧量分别占流域同类污染源排放的 36.2%、48.6%,而水产养殖中化学需氧量排放比例最大的为河北(43.7%),主要与流域的水产养殖、畜禽养殖等分布关系密切(图 2-6)。

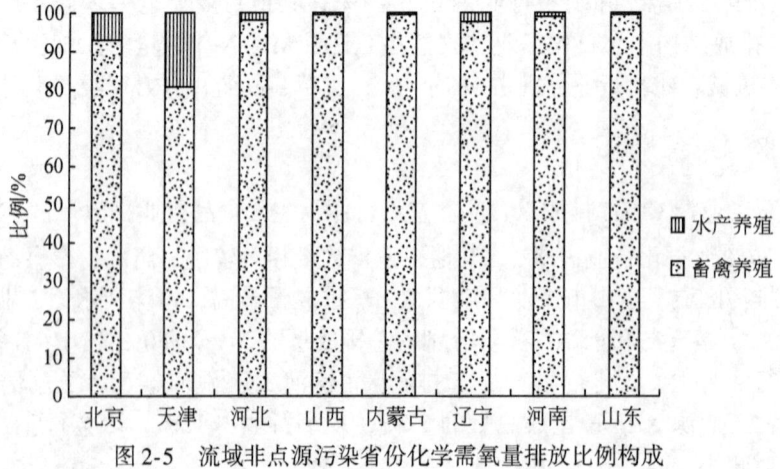

图 2-5 流域非点源污染省份化学需氧量排放比例构成

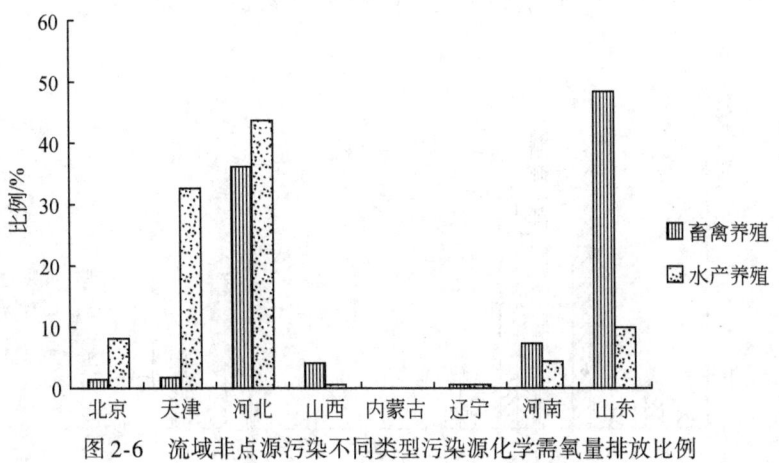

图 2-6 流域非点源污染不同类型污染源化学需氧量排放比例

2.1.2.2 氨氮

流域非点源污染中氨氮排放污染源包括种植业、畜禽养殖、水产养殖，非点源氨氮排放量为 2.47 万 t，其中种植业、畜禽养殖、水产养殖的排放量分别为 1.28 万 t、0.98 万 t 和 0.21 万 t，分别占氨氮排放量的 51.8%、39.7% 和 8.5%（图 2-7）。在流域的行政区域中，种植业排放比例超过区域氨氮排放量 50% 的包括河北、山西、内蒙古、山东，其中山西的比例高达 79%；畜禽养殖排放比例超过区域氨氮排放量 50% 的包括辽宁、河南，其中河南的比例高达 81%；区域的水产养殖排放比例均低于区域氨氮排放量的 50%，其中最高的为天津（42%）。河北是流域主要的农业污染源氨氮的排放区域，排放比例占流域的 48.4%，次之为河南、山东，两者的比例分别为 14.4% 和 17.3%；种植业排放的氨氮占流域同类污染源排放较高的是河北（57.7%），其次为山东和山西；畜禽养殖排放的氨氮占流域同类污染源排放较高的分别是河北（37.2%）、河南（29.7%），其次为山东（16.7%），三者约占流域排放量的 83.6%；水产养殖中氨氮排放比例较大的为天津

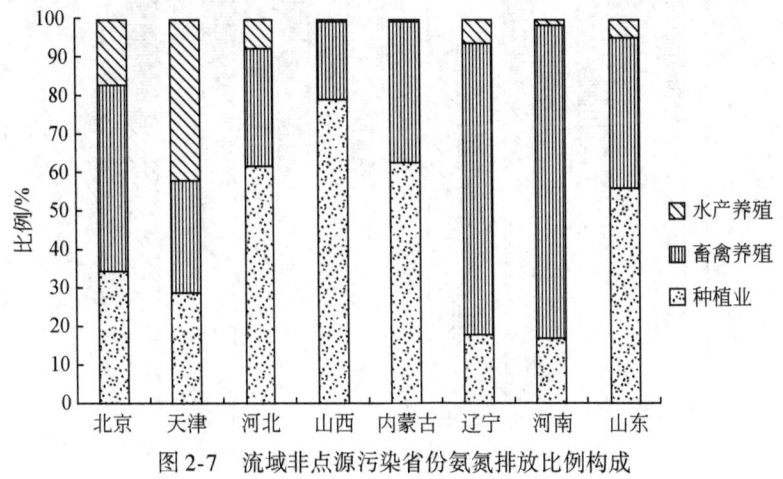

图 2-7 流域非点源污染省份氨氮排放比例构成

（33.2%）、河北（44.3%），两者约占流域排放量的77.5%（图2-8）。

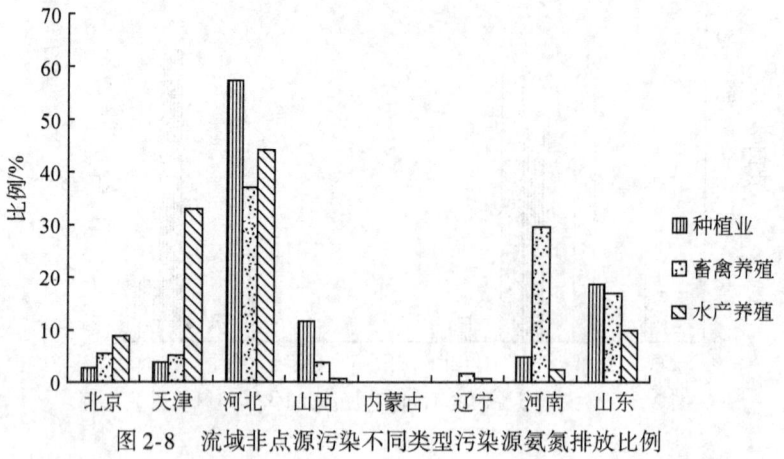

图2-8 流域非点源污染不同类型污染源氨氮排放比例

2.1.2.3 总氮

流域非点源污染中总氮排放污染源包括地表径流、地下淋溶、基础流失量、畜禽养殖和水产养殖。总氮非点源污染物排放量为49.95万t，其中地表径流、地下淋溶、基础流失、畜禽养殖、水产养殖的排放量分别为4.17万t、6.72万t、23.41万t、14.90万t和0.75万t，分别占总氮排放量的8.35%、13.45%、46.87%、29.83%和1.50%（图2-9）。流域行政区域中，地表径流排放比例均低于区域总氮排放量10%，其中辽宁的比例低于5%；地下淋溶排放比例超过区域总氮排放量10%的包括北京、河北、山西、内蒙古，其中河北的比例接近14%；基础流失排放比例高于区域总氮排放量的50%的包括河北、山西，其次为山东、北京和内蒙古；畜禽养殖排放比例较高的包括北京、内蒙古、辽宁和河南，比例分别为38.2%、43.8%、77.2%和48.3%；水产养殖比例中较高的为天津，约占区域总氮

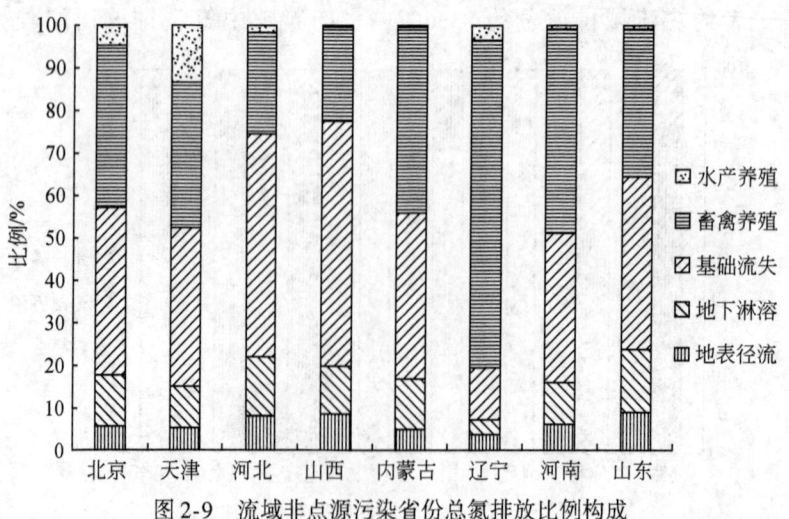

图2-9 流域非点源污染省份总氮排放比例构成

排放量的13%。河北是流域主要的农业污染源的总氮排放区域，排放比例占流域的52.4%，次之为山东（26.1%），两者约占流域总氮排放量的78.5%；地表径流、地下淋溶、基础流失排放的总氮占流域同类污染源排放较高的是河北（53.9%、54.1%、58.2%），其次为山东；畜禽养殖排放的总氮分别占流域同类污染源排放较高的分别是河北（42.4%）、山东（30.2%），两者约占流域排放量的72.6%；水产养殖中总氮排放比例较大的为天津（30.5%）、河北（46.5%），两者约占流域排放量的76.5%（图2-10）。

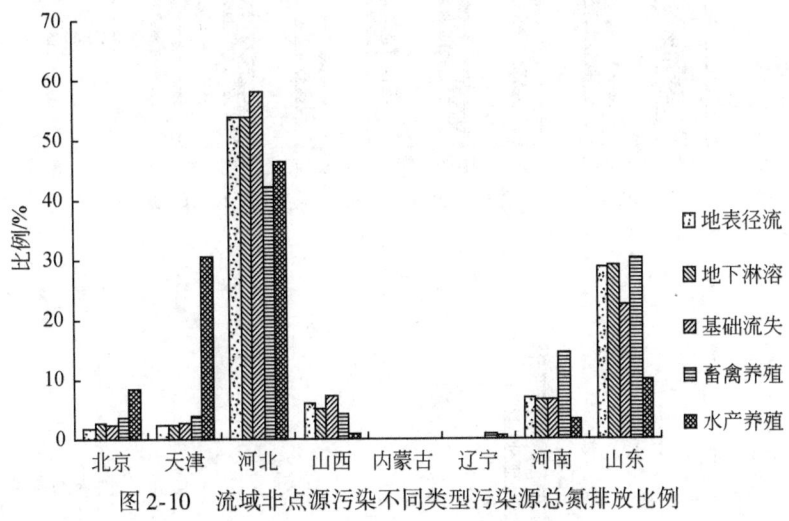

图2-10 流域非点源污染不同类型污染源总氮排放比例

2.1.2.4 总磷

流域非点源污染中总磷排放污染源包括地表径流、基础流失、畜禽养殖和水产养殖。总磷非点源污染物排放量为6.49万t，其中地表径流、基础流失、畜禽养殖和水产养殖的排放量分别为1.30万t、1.06万t、3.95万t和0.18万t，分别占总磷排放量的20.03%、16.33%、60.86%和2.77%（图2-11）。流域行政区域中，辽宁地表径流排放比例低于区域总磷排放量的10%，而河北、山西、内蒙古的地表径流排放比例接近30%；基础流失排放比例高于区域总磷排放量20%的包括河北、山西，其次为北京、天津和河南；畜禽养殖排放比例超过50%的包括北京、内蒙古、辽宁、河南和山东，比例分别为57.6%、60.8%、85.2%、71.3和76.1%；水产养殖比例中较高的为天津，约占区域总磷排放量的25.83%。

河北、山东是流域主要的农业污染源总氮排放区域，两者的排放量占流域总量的42.8%和38.9%，两者约占流域总氮排放量的81.7%；地表径流、基础流失排放的总磷分别占流域同类污染源排放量较高比例的是河北（27.1%、22.0%），其次为山西（27.6%、24.3%）；畜禽养殖排放的总磷分别占流域同类污染源排放量比例较高的是河北（51.9%）、山东（11.8%），两者约占流域排放量的72.7%；水产养殖中总氮排放比例较大的为山东（23.9%）、河北（58.0%），两者约占流域排放量的81.9%（图2-12）。

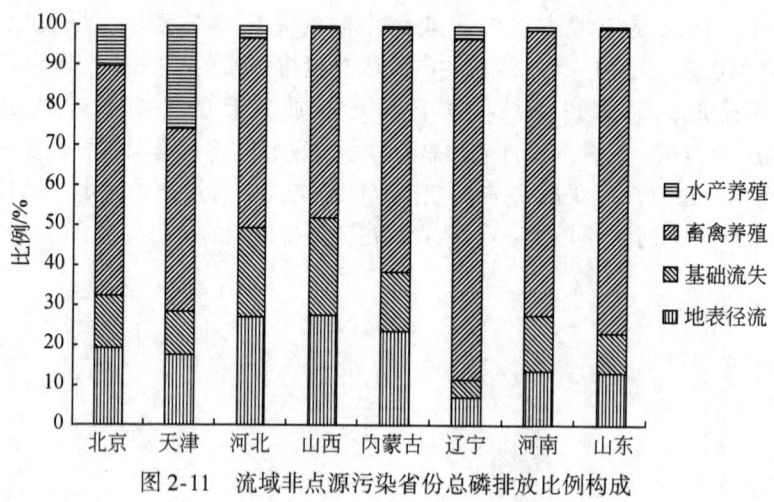

图 2-11 流域非点源污染省份总磷排放比例构成

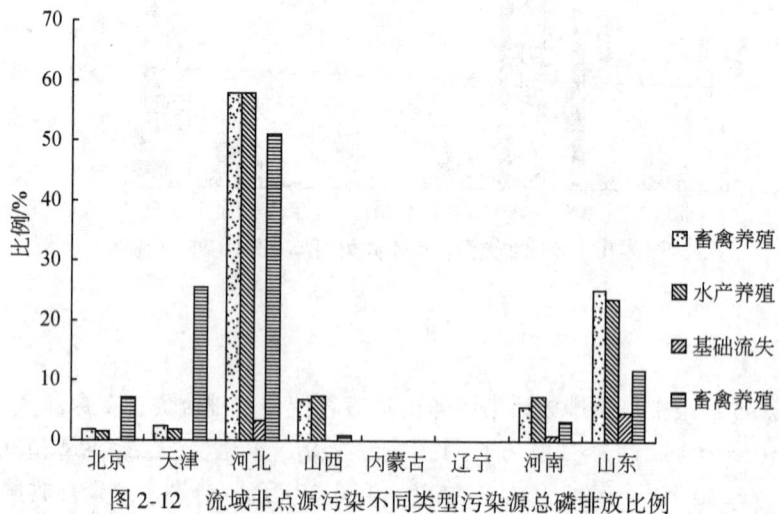

图 2-12 流域非点源污染不同类型污染源总磷排放比例

2.1.3 重点城市

根据海河流域行政区划，流域内的重要城市包括北京、天津、石家庄、唐山、秦皇岛、邯郸、保定、大同、阳泉、长治、安阳、焦作等，根据全国污染源普查等资料，分析重点城市的点源、非点源污染特征。其中重点城市的污染源包括工业源、农业源、生活源、集中式渗滤液等，其中农业源包括畜禽养殖、水产养殖、种植业等，生活源包括住宿业、餐饮业、洗染业、理发业、洗浴业、扩印业、洗车业、医院、城镇居民。

2.1.3.1 污水

根据统计，流域重点工业城市的废水产生量为 142.71 亿 t，其中工业源、农业源、生活源、集中式渗滤液的产生量分别为 67.0 亿 t、51.1 亿 t、24.6 亿 t、0.01 亿 t，分别占流域污水产生量的46.95%、35.81%、17.23%和0.01%。流域行政区域中,工业源产生比例高于区域污水产生量50%的城市包括石家庄、唐山、秦皇岛、保定、大同、阳泉、长治、安阳和焦作,其中阳泉、焦作和长治的比例高达80%;农业源产生比例高于区域污水产生量50%的城市包括天津、邯郸,其中邯郸的比例高达72.5%,其次为唐山、秦皇岛,其余城市比例低于10%;生活源产生比例高于区域污水产生量50%的城市是北京(57.2%),其次为大同、安阳等城市(图2-13)。

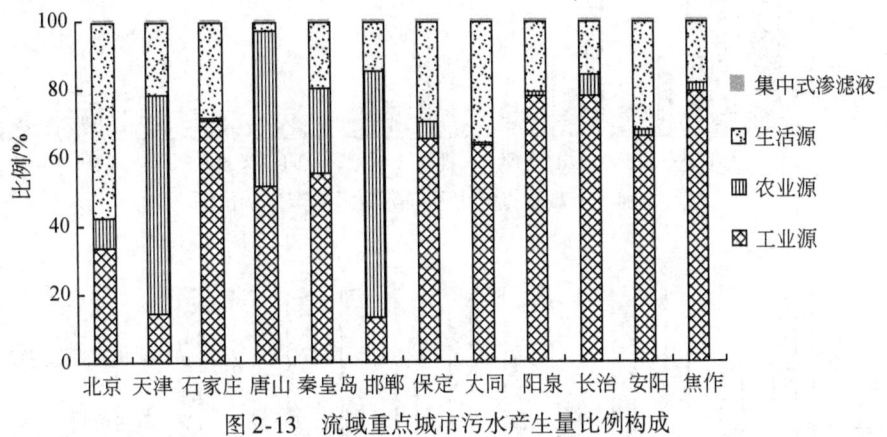

图2-13 流域重点城市污水产生量比例构成

根据重点城市污水产生量,唐山是区域最重要的污水产生区域,污水产生量达到63.5亿t,约占流域重点城市污水产生量的44.4%,其次为天津和北京,分别占重点城市污水产生量的14%和10%,三者约占68.4%;工业源污水产生量主要集中在唐山,其次为石家庄,分别占重点城市工业源污水产生量的49.2%和9.4%;唐山的农业源污水产生量比例最大,达到重点城市农业源污水产生量的56.4%,其次为天津和邯郸;生活源污水产生量主要集中在北京、天津和石家庄,三者分别占生活源污水产生量的33.3%、17.5%和10.4%,约占流域生活源污水产生量的61.2%;生活垃圾产生的集中式渗滤液主要集中在北京区域,其次为石家庄、唐山和邯郸(图2-14)。

根据统计,流域重点工业城市的废水排放量为93.21亿t,其中工业源、农业源、生活源、集中式渗滤液的产生量分别为17.6亿t、51.1亿t、24.5亿t、0.01亿t,分别占流域污水排放量的18.88%、54.82%、26.28%和0.01%。流域行政区域中,工业源污水排放比例高于区域污水排放50%的城市包括长治和焦作,其中焦作的比例达到69.3%;农业源污水排放比例高于区域污水排放量50%的城市包括天津、唐山、邯郸,其中唐山比例高达84.5%,其次为天津和邯郸,两者的比例分别为66.4%和65.9%,第三为秦皇岛,除北京、长治外其余城市比例低于10%;生活源排放比例高于区域污水排放量50%的城市包括北京、石家庄、大同、阳泉、安阳,上述城市的比例分别为78.3%、55%、71.4%、72.3%和58.2%(图2-15)。

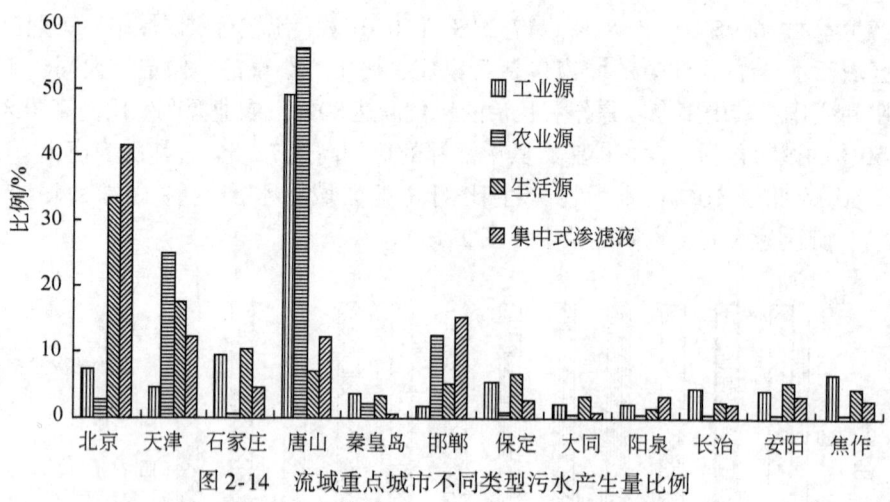

图 2-14 流域重点城市不同类型污水产生量比例

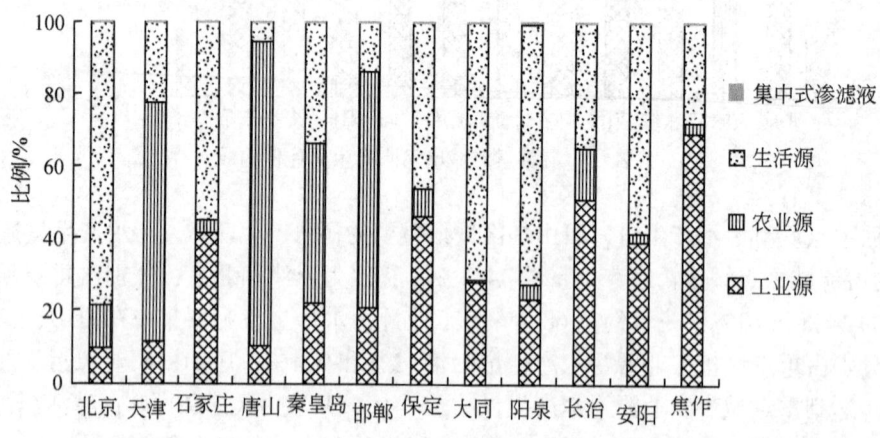

图 2-15 流域重点城市污水排放量比例构成

根据重点城市污水排放量，唐山是区域最重要的污水排放区域，污水排放量达到34.1亿t，约占流域重点城市污水排放量的36.6%，其次为天津、北京和邯郸，分别占重点城市污水排放量的20.6%、11.2%和10.4%，四者约占78.8%；工业源污水产生量主要集中在唐山，其次为天津、邯郸、石家庄，分别占重点城市工业源污水排放量的20.3%、12.2%、11.5%和11%；唐山的农业源污水排放量比例最大，达到重点城市农业源污水排放量的56.4%，其次为天津和邯郸；生活源污水排放量主要集中在北京、天津和石家庄，三者分别占生活源污水产生量的33.5%、17.6%和10.5%，约占流域生活源污水产生量的61.2%，生活垃圾产生的集中式渗滤液主要集中在北京区域，其次为邯郸、唐山和天津（图2-16）。

2.1.3.2 化学需氧量

根据统计，流域重点工业城市的化学需氧量产生量为912万t，其中工业源、农业源、

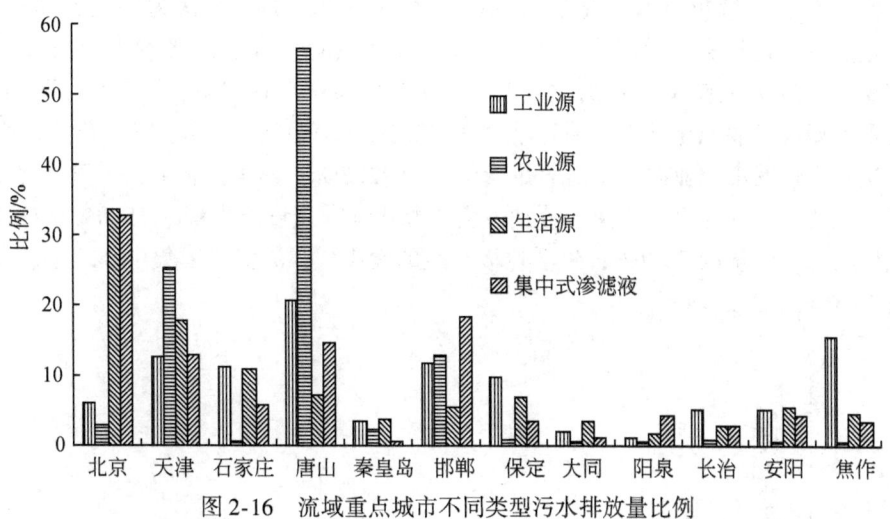

图 2-16 流域重点城市不同类型污水排放量比例

生活源、集中式的产生量分别为 268.8 万 t、501.1 万 t、138.6 万 t、3.5 万 t,分别占流域化学需氧量产生量的 29.5%、54.9%、15.2% 和 0.4%。流域行政区域中,工业源产生比例高于区域化学需氧量产生量 30% 的城市由高到低为焦作(47.2%)、邯郸(43.5%)、唐山(41.1%)、长治(34.9%)和大同(31.7%),其次为石家庄、秦皇岛、保定等,北京不足 10%;农业源产生比例高于区域化学需氧量产生量 50% 的城市包括天津、石家庄、唐山、秦皇岛、保定、安阳,其中安阳、秦皇岛的比例高达 63.8% 和 63.7%,除阳泉低于 40% 外,其余城市比例介于 40%~50%,表明非点源污染日益严重;生活源产生比例最高的城市包括北京(39.9%)、阳泉(38.3%),其次为天津、大同、长治等城市(图 2-17)。

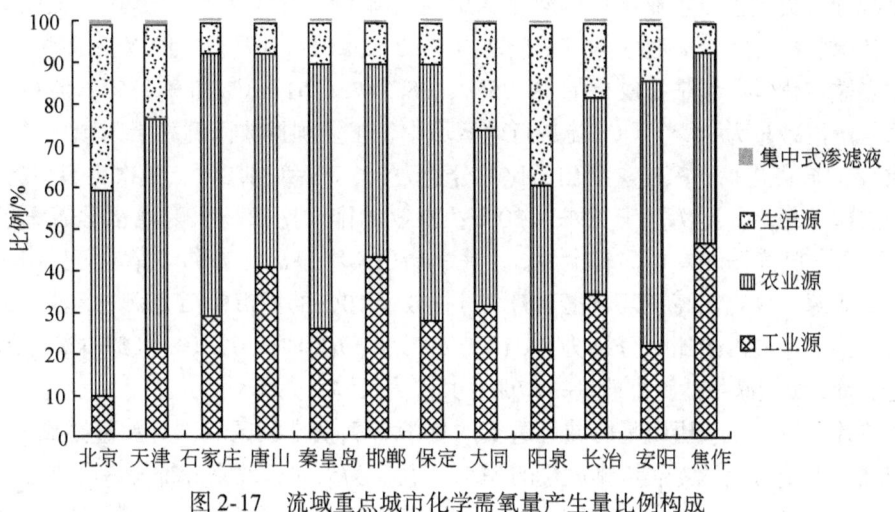

图 2-17 流域重点城市化学需氧量产生量比例构成

根据重点城市化学需氧量产生量,石家庄、唐山、北京、天津是最重要产生区域,化学需氧量产生量分别为 176.4 万 t、128.3 万 t、121.5 万 t、109.9 万 t,上述城市合计

536.1万t，约占流域重点城市化学需氧量产生量的58.8%，其次为保定、邯郸和焦作，分别占重点城市化学需氧量产生量的10.7%、8.5%和7.7%，三者约占26.9%；工业源化学需氧量产生量主要集中在唐山（19.6%）、石家庄（19.2%），其次为邯郸、焦作，分别占重点城市工业源化学需氧量产生量的12.6%和12.3%；石家庄农业源产生量比例最大，达到重点城市农业源化学需氧量产生量的22.2%，其次为唐山、天津、北京；生活源产生量主要集中在北京、天津，分别占生活源化学需氧量产生量的35.0%、17.7%，约占流域生活源产生量的52.7%；生活垃圾产生的集中式渗滤液主要集中在北京、天津，两者约占60.6%（图2-18）。

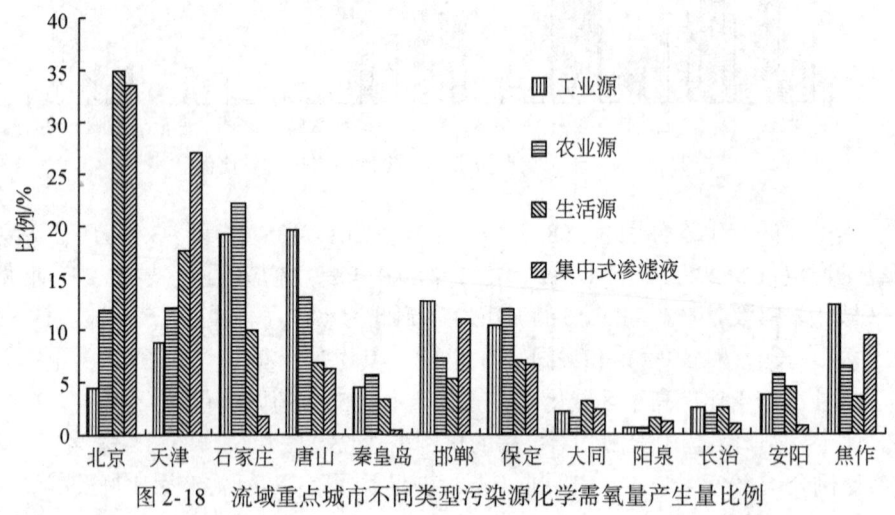

图2-18 流域重点城市不同类型污染源化学需氧量产生量比例

据统计，流域重点工业城市的化学需氧量排放量为233.9万t[①]，其中工业源、农业源、生活源、集中式渗滤液的排放量分别为46.2万t、66.3万t、119.7万t、1.7万t，分别占重点城市化学需氧量排放量的19.75%、28.34%、51.18%和0.73%；流域重点城市化学需氧量消减量为78.8万t。流域行政区域中，工业源排放比例高于区域化学需氧量排放量30%的城市包括石家庄、唐山，比例分别为31.8%和34.8%，其次为秦皇岛、邯郸、保定、焦作和长治，比例介于20%～30%；农业源排放比例高于区域化学需氧量排放量40%的城市包括安阳和焦作，其次为石家庄、唐山、秦皇岛、邯郸、保定等，阳泉市不足20%；生活源排放比例高于区域化学需氧量排放量50%的城市包括北京、天津、大同、阳泉和长治，上述城市的比例分别为84.1%、62.1%、63.1%、72.7%和53.4%（图2-19）；北京化学需氧量消减量达到排放量的67%，其次为天津和大同。

据统计，石家庄、唐山是区域最重要的化学需氧量排放区域，排放量达到48.4万t，约占流域重点城市化学需氧量排放量的31%，其次为天津、北京和邯郸，分别占重点城市排放量的12.1%、10.6%和10.6%，三者约占33.3%；工业源化学需氧量排放量主要集

---

① 已扣除消减量，后面分污染源的排放量没有扣除消减量。下文氨氮、总氮、总磷的排放量均如此。

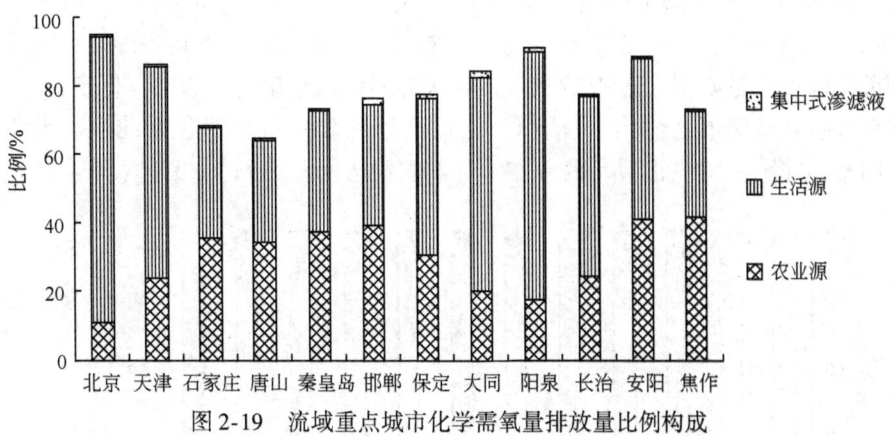

图 2-19 流域重点城市化学需氧量排放量比例构成

中在石家庄和唐山，分别占 25.5% 和 20.5%，其次为天津、邯郸和保定，分别占重点城市工业源排放量的 9.6%、8.9% 和 8.9%；石家庄农业源排放量比例最大，达到重点城市农业源排放量的 20%，其次为天津和唐山、邯郸；生活源排放量主要集中在北京和天津，分别占生活源排放量的 34.9% 和 17.5%，约占流域生活源的 52.4%，其次为石家庄；集中式主要集中在邯郸、北京、天津、保定和唐山，分别占集中式的 22.3%、18.6%、15.9%、13.5% 和 12.4%；化学需氧量消减量主要集中在北京区域，约占区域总消减量的 42.3%，其次为天津和唐山，分别为 19.2% 和 11.8%，三者约占重点城市消减量的 73.3%（图 2-20）。

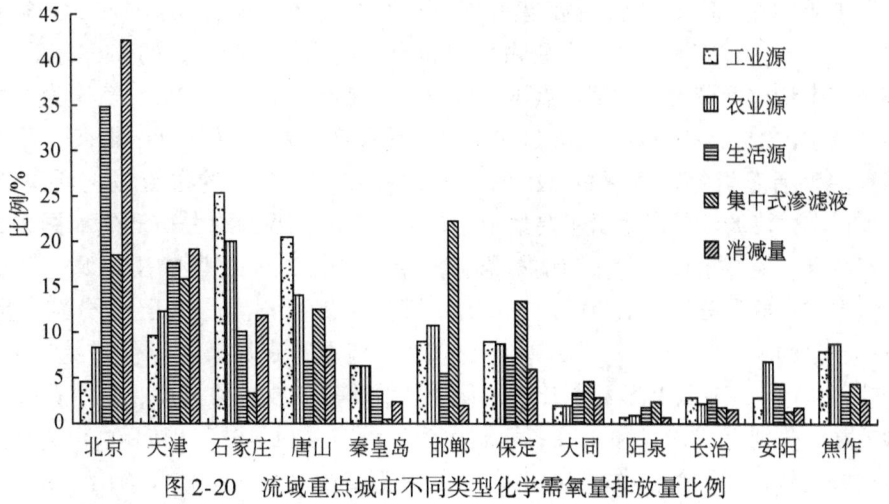

图 2-20 流域重点城市不同类型化学需氧量排放量比例

2.1.3.3 氨氮

据统计，流域重点工业城市的氨氮产生量为 28.1 万 t，其中工业源、农业源、生活源、集中式渗滤液的产生量分别为 10.3 万 t、2.8 万 t、14.6 万 t、0.40 万 t，分别占流域氨氮产生量的 36.65%、9.96%、51.96% 和 1.43%。流域行政区域中，工业源产生比例高于区域氨氮产生量50%的城市由高到低为焦作（66.3%）、石家庄（59.1%）、唐山（51.8%），其次为长治、保定、秦皇岛、邯郸等，北京、安阳不足10%；农业源氨氮产生比例最高的城市是安阳，达到37.5%，其次为焦作、秦皇岛、唐山、保定，而北京、大同、阳泉等贡献比例不足5%；生活源产生比例超过50%的城市包括北京、天津、邯郸、大同、阳泉和安阳，其中北京高达86.7%，其次为大同，达到73.3%（图2-21）。

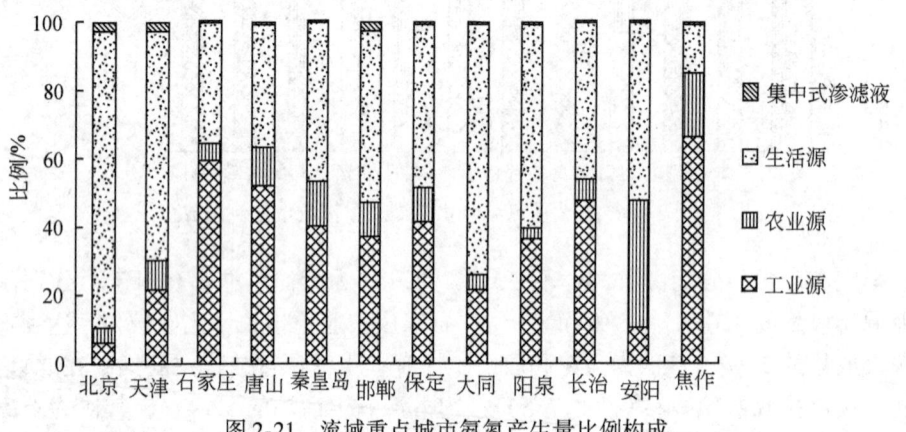

图2-21 流域重点城市氨氮产生量比例构成

根据重点城市氨氮产生量，北京、石家庄、天津、焦作是最重要产生区域，产生量分别为5.48万t、4.52万t、3.98万t、3.41万t，上述城市合计17.39万t，约占流域重点城市氨氮产生量的61.9%，分别占重点城市氨氮产生量的19.5%、16.1%、14.2%和12.1%；工业源氨氮产生量主要集中在石家庄（26.0%）、焦作（22.0%）、唐山（14.7%），其次为保定和天津，分别占重点城市工业源氨氮产生量的8.6%和8.4%；焦作农业源产生量比例最大，达到重点城市农业源氨氮产生量的21.9%，其次为安阳、天津和唐山，分别占15.9%、12.0%和11.9%；生活源产生量主要集中在北京、天津和石家庄，分别占生活源氨氮产生量的32.7%、18.4%和11.0%，约占流域生活源产生量的62.1%；集中式渗滤液的产生量主要集中在北京、天津，两者约占61.9%（图2-22）。

根据统计，流域重点工业城市的氨氮排放量为17.28万t，其中工业源、农业源、生活源、集中式排放量分别为1.70万t、1.21万t、14.20万t、0.17万t，分别占重点城市氨氮量排放量的9.8%、7.0%、82.2%和1.0%；流域重点城市氨氮消减量为7.27万t。流域行政区域中，工业源排放氨氮比例均低于区域氨氮排放量的30%，其中石家庄和焦作的比例较高，分别为27.9%和25.8%，其次为长治市（14.4%），其余城市均低于10%；农业源排放比例最高的为焦作（20.8%），其次为安阳（18.4%）和唐山（13.1%），其余区域比例均低于10%；生活源排放比例均高于区域氨氮排放量50%，其中北京、天津、秦皇岛、邯郸、保定、大同、阳泉的比例均高于80%，北京市高达95.2%；集中式源排放的氨氮比例均低于5%，其中邯郸最高达到4.5%，多数城市低于1%；北京氨氮消减量达到排放量的78.9%，其次为唐山（44.0%）、石家庄（39.4%）和天津（32.9%）（图2-23）。

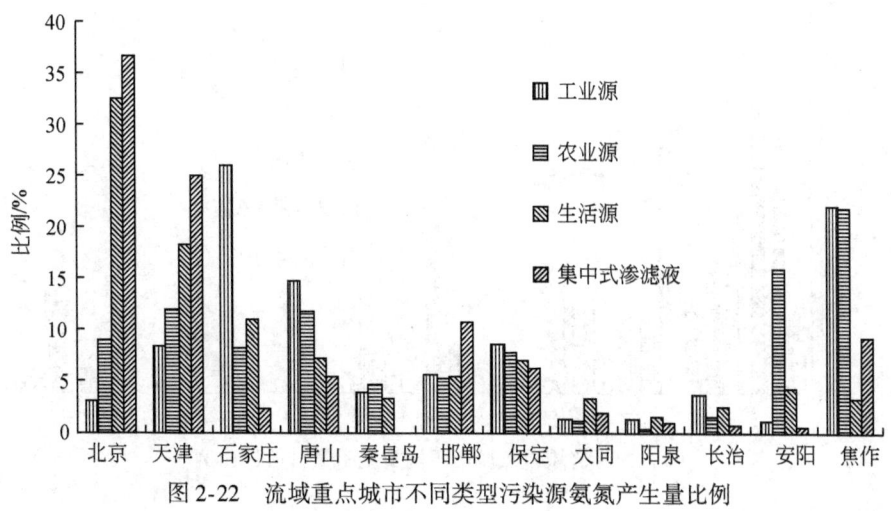

图 2-22 流域重点城市不同类型污染源氨氮产生量比例

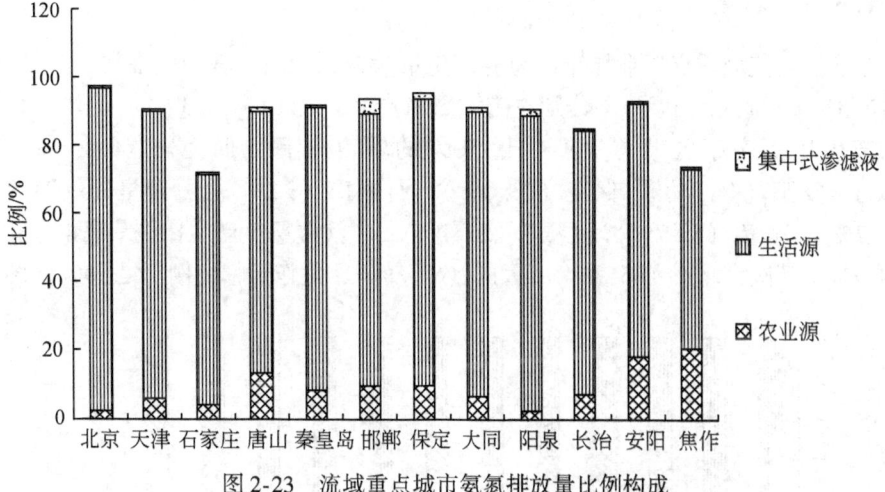

图 2-23 流域重点城市氨氮排放量比例构成

根据重点城市氨氮排放量,北京、天津和石家庄是区域最重要排放区域,排放量分别为 4.87 万 t、3.07 万 t 和 2.30 万 t,三者达到 10.24 万 t,约占流域重点城市氨氮排放量的 59.3%,其次为唐山和保定,分别占重点城市排放量的 7.6% 和 6.9%;工业源氨氮排放量主要集中在石家庄和天津,分别占 37.9% 和 16.6%,其次为焦作,占重点城市工业源排放量的 13.7%;焦作农业源排放量比例最大,达到重点城市农业源排放量的 15.5%,其次为天津、唐山和安阳,分别占农业源排放量的 14.1%、14.3% 和 12.5%;生活源排放量主要集中在北京和天津,分别占生活源排放量的 32.6% 和 18.4%,约占流域生活源的 51.0%,其次为石家庄;集中式主要集中在邯郸、北京、保定、唐山和天津,分别占集中式的 25.9%、16.5%、15.0%、12.9% 和 11.8%;氨氮消减量主要集中在北京区域,约占区域总消减量的 52.8%,其次为天津和石家庄,分别为 13.9% 和 12.5%,三者约占重点城市消减量的 79.2%(图 2-24)。

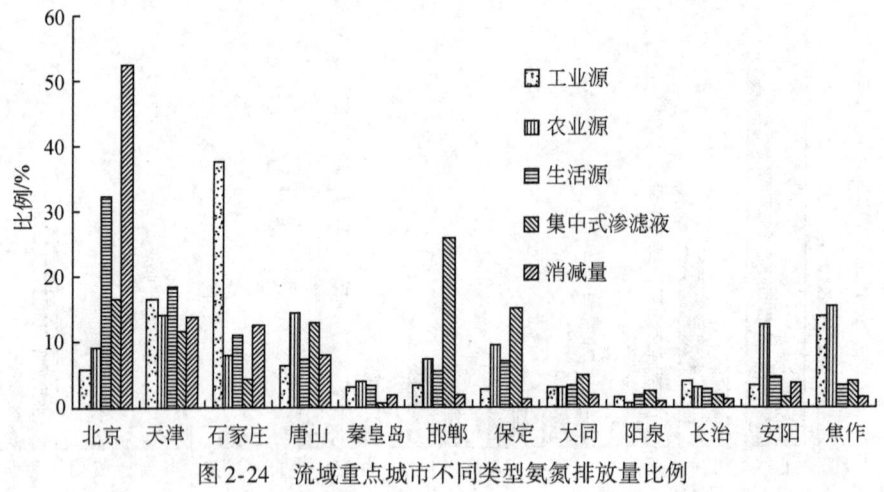

图 2-24 流域重点城市不同类型氨氮排放量比例

2.1.3.4 总氮

根据统计，流域重点工业城市的总氮产生量为 54.1 万 t，其中农业源、生活源的产生量分别为 33.0 万 t、21.1 万 t，分别占流域氨氮产生量的 61% 和 39%。流域行政区域中，农业源产生比例高于区域总氮产生量 50% 的城市由高到低为焦作（80.8%）、唐山（74.0%）、安阳（74.0%）、保定（73.0%）、石家庄（72.9%）、秦皇岛（71.8%）、邯郸（69.7%）、长治（53.7%）和天津（50.4%）；生活源氨氮产生比例最高的城市是阳泉，达到 69.9%，其次为北京（65.7%）、大同（62.5%），焦作贡献比例不足 20%（图 2-25）。

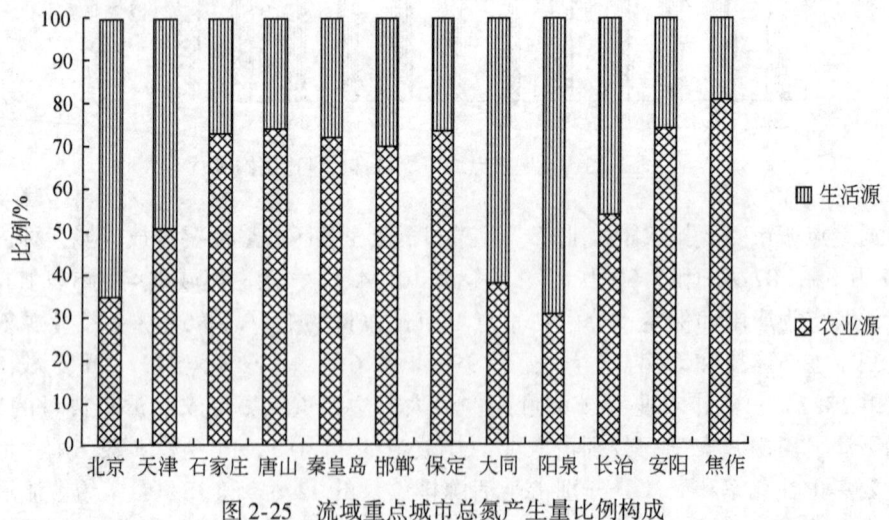

图 2-25 流域重点城市总氮产生量比例构成

根据重点城市生活源总氮产生量，北京、天津和石家庄是最重要产生区域，产生量分别为 6.95 万 t、3.88 万 t、2.29 万 t，上述城市合计 13.12 万 t，约占流域重点城市生活源总氮产生量的 62.2%，分别占重点城市生活源总氮产生量的 33.0%、18.4% 和 10.9%；农业源总氮产生量主要集中在石家庄（18.7%）、唐山（13.0%），其次为保定（11.8%）、天津（11.9%）、北京（11.0%）（图2-26）。

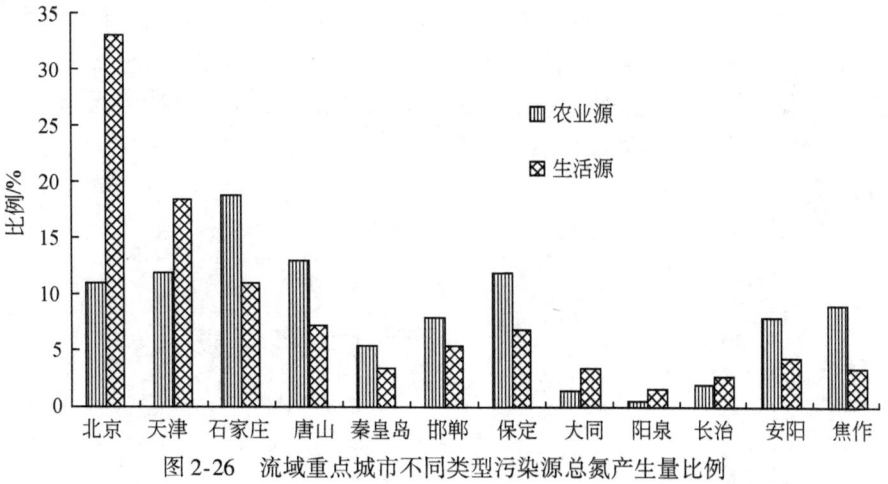

图2-26 流域重点城市不同类型污染源总氮产生量比例

据统计，流域重点工业城市的总氮排放量为35万t，其中农业源、生活源排放量分别为16.4万t、18.6万t，分别占重点城市总氮量排放量的46.9%、53.1%；流域重点城市总氮消减量为5.63万t。流域行政区域中，农业源排放总氮比例高于区域排放量的50%的城市包括石家庄、唐山、邯郸、保定、安阳、焦作，其中焦作比例最高，达到69.9%，其次为保定（65.7%）、邯郸（65.6%）；生活源排放比例最高的为阳泉（81.1%）、北京（81.0%），其次为天津（66.3%）、大同（62.9%）；北京总氮消减量达到排放量的42.9%，其次为天津（21.3%）、唐山（14.9%）（图2-27）。

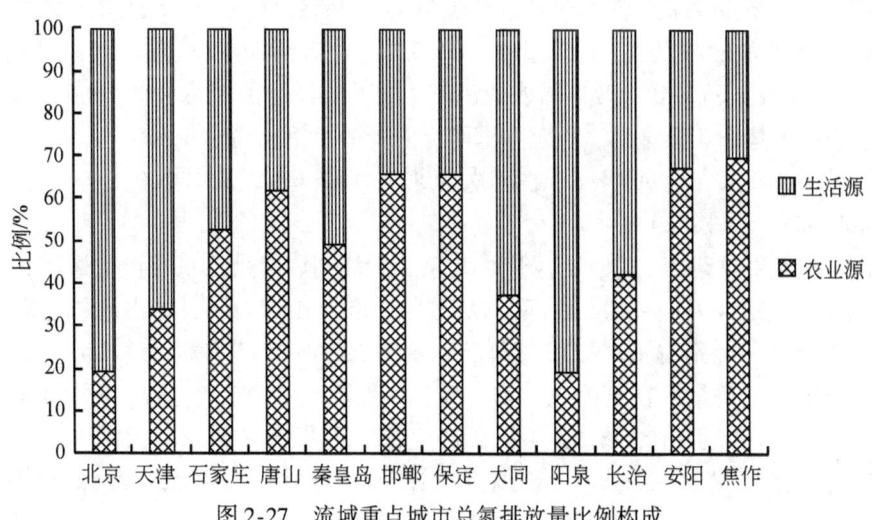

图2-27 流域重点城市总氮排放量比例构成

根据重点城市总氮排放量，北京、天津和石家庄是区域最重要排放区域，排放量分别为7.57万t、5.14万t和4.26万t，三者达到16.97万t，约占流域重点城市总氮排放量的

48.5%，其次为保定、唐山和邯郸，分别占重点城市排放量的 10.9%、9.9% 和 8.4%；农业源总氮排放量主要集中在保定、石家庄、唐山、邯郸和天津，分别占 15.2%、13.7%、13.0%、11.7% 和 10.5%；生活源排放量主要集中在北京、天津和石家庄，分别占生活源排放量的 33.0%、18.3% 和 10.9%，约占流域生活源的 62.2%，其次为是唐山；总氮消减量主要集中在北京区域，约占区域总消减量的 57.8%，其次为天津，占 19.4%，两者约占重点城市消减量的 77.2%（图 2-28）。

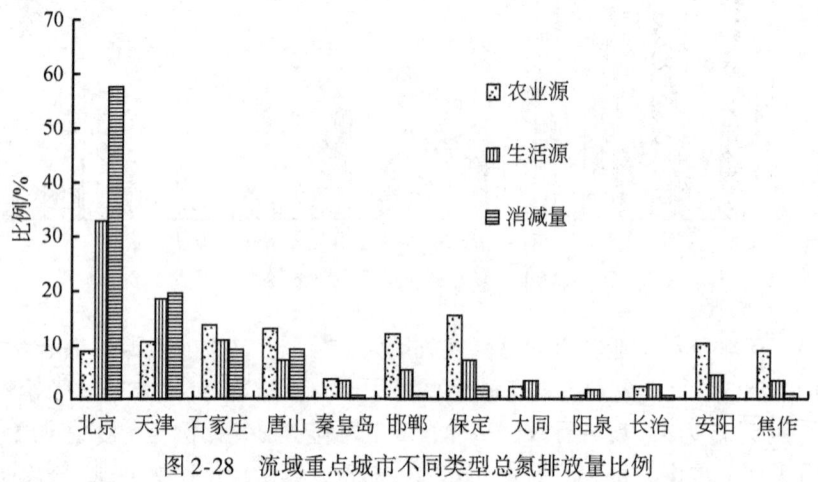

图 2-28 流域重点城市不同类型总氮排放量比例

2.1.3.5 总磷

据统计，流域重点工业城市的总磷产生量为 7.743 万 t，其中农业源、生活源、集中式的产生量分别为 6.21 万 t、1.53 万 t、0.003 万 t，分别占流域总磷产生量的 80.2%、19.76% 和 0.04%。流域各行政区域农业源产生比例均高于区域总磷产生量的 50%，其中焦作、石家庄、唐山、秦皇岛、保定、邯郸、安阳的比例均高于 80%；生活源总氮产生比例最高的城市是阳泉，达到 44.3%，其次为北京（42.6%）、大同（41.5%），石家庄贡献比例不足 12%（图 2-29）。

根据重点城市总磷产生量，石家庄、北京、天津和唐山是最重要产生区域，产生量分别为 1.50 万 t、1.18 万 t、1.02 万 t 和 0.91 万 t，合计 4.61 万 t，约占流域重点城市总磷产生量的 59.5%，分别占重点城市总磷产生量的 19.4%、15.2%、13.2% 和 11.8%；农业源总磷产生量主要集中在石家庄（21.4%）、唐山（12.9%），其次为天津（11.9%）、保定（11.6%）、北京（10.8%）；生活源产生量主要集中在北京、天津、石家庄，分别占生活源总磷产生量的 32.6%、18.0% 和 11.2%，合计约占流域生活源总磷产生量的 61.8%（图 2-30）。

根据统计，流域重点工业城市的总磷排放量为 2.81 万 t，其中农业源、生活源排放量分别为 1.45 万 t、1.36 万 t，分别占重点城市总磷量排放量的 51.6%、48.4%；流域重点城市总磷消减量为 0.74 万 t。流域行政区域中，农业源排放总磷比例高于区域排放量的

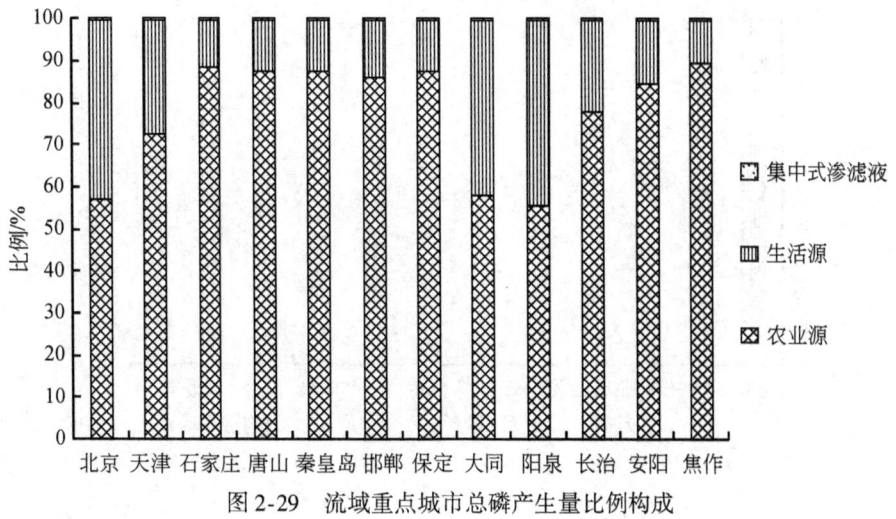

图 2-29 流域重点城市总磷产生量比例构成

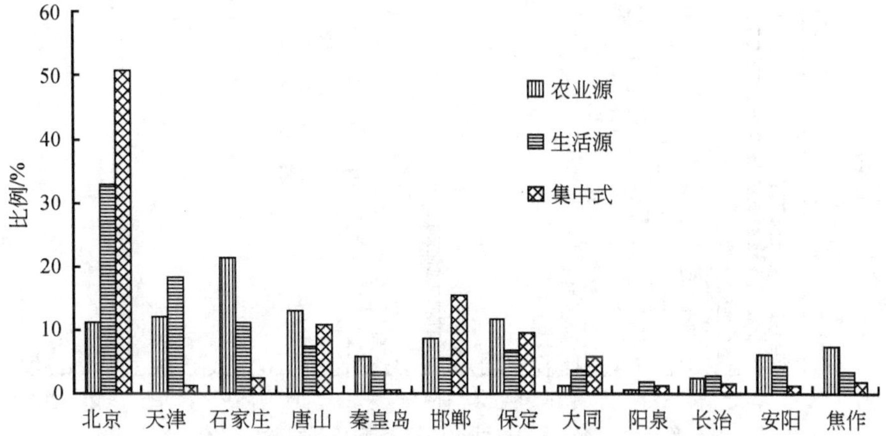

图 2-30 流域重点城市不同类型污染源总磷产生量比例

50%的城市包括石家庄、唐山、秦皇岛、邯郸、保定、安阳、焦作,其中焦作比例最高,达到 72.5%,其次为安阳 (70.7%)、邯郸 (68.9%)、唐山 (66.8%);生活源排放比例最高的为北京 (78.7%),其次为阳泉 (72.7%)、大同 (61.3%);北京总磷消减量达到区域消减量的 78.4%,其次为天津 (34.3%)、秦皇岛 (20.4%) (图 2-31)。

根据重点城市总磷排放量,北京、天津和石家庄是区域最重要排放区域,排放量分别为 0.57 万 t、0.42 万 t 和 0.36 万 t,三者达到 1.35 万 t,约占流域重点城市总磷排放量的 48%,其次为唐山、保定,分别占重点城市排放量的 10.7% 和 9.50%;农业源总磷排放量主要集中在石家庄、唐山、天津、邯郸和保定,分别占 14.9%、13.8%、12.1%、11.5% 和 12.1%;生活源排放量主要集中在北京、天津和石家庄,分别占生活源排放量的 32.9%、17.9% 和 11.1%,合计约占流域生活源的 61.9%,其次为唐山;总磷消减量主要集中在北京区域,约占区域总消减量的 60.0%,其次为天津,为 19.4%,两者约占重点城市消减量的 79.4% (图 2-32)。

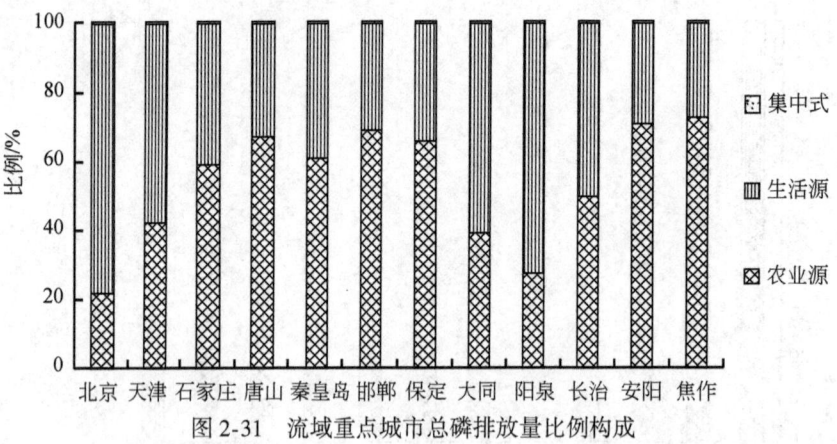

图 2-31　流域重点城市总磷排放量比例构成

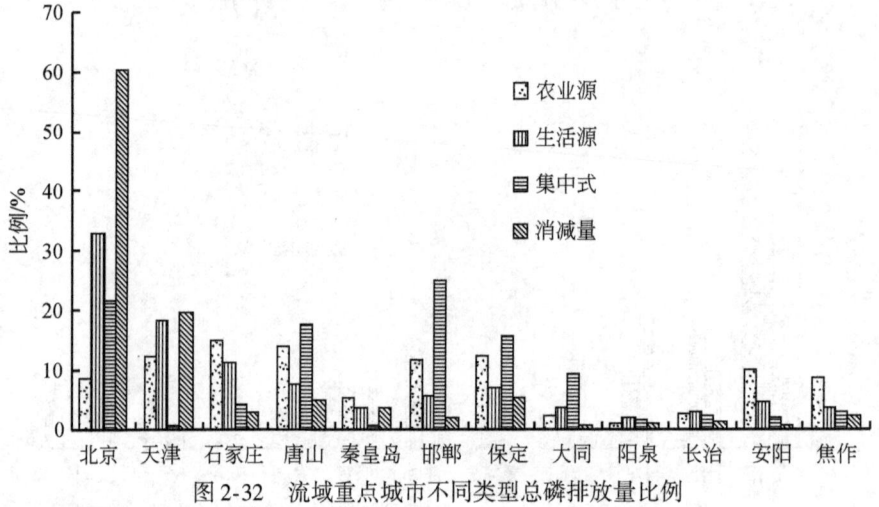

图 2-32　流域重点城市不同类型总磷排放量比例

2.1.4　流域污染负荷特征

根据对流域点源、非点源污染源的调查，本书得到生活污染源、工业污染源、集中式污染源、非点源污染源的污水、化学需氧量、氨氮、总氮、总磷的产生量、排放量。主要污染物在流域省级行政区域的分布如下。

2.1.4.1　污水

流域污水产生量为220.66亿t，其中工业源、农业源、生活源、集中式污染源的污水产生量分别为112.40亿t、74.67亿t、33.56亿t、0.03亿t，分别占流域污水产生量的50.94%、33.84%、15.21%、0.01%。流域行政区域中，工业源污水产生量比例超过流域污水产生量50%的省市包括河北、山西、内蒙古，其中山西高达80%；农业源污水产生量比例超过50%的省市包括天津（63.4%）、辽宁（61.3%）；北京生活源污水产生量比例超过50%，其次为河南、内蒙古、天津，其他区域低于20%；集中式渗滤液污水排放比例均低于0.1%，其中北京最高为0.06%（图2-33）。

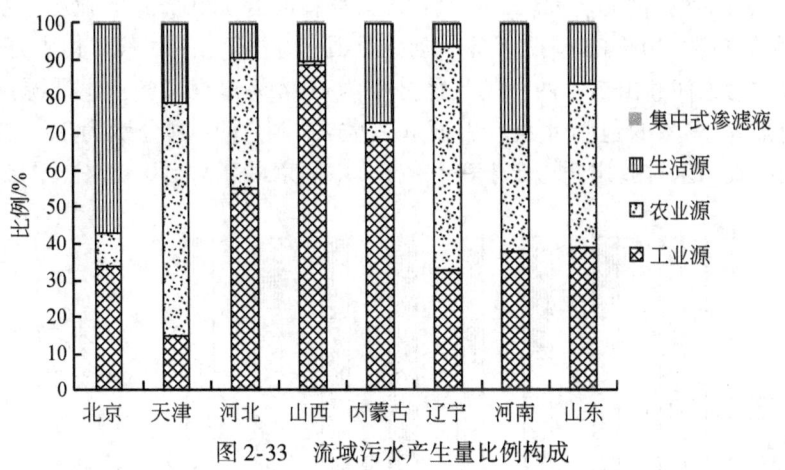

图2-33 流域污水产生量比例构成

根据流域污水产生量，河北是最重要的污水产生区域，污水产生量达到121.8亿t，约占流域重点城市污水产生量的55.2%，其次为山东和山西，分别占流域污水产生量的14%和11.6%，三者约占80.8%；工业源污水产生量主要集中在河北，其次为山西，分别占流域工业源污水产生量的59.7%和20.2%；河北农业源污水产生量比例最大，达到流域农业源污水产生量的57.8%，其次为山东和天津；生活源污水产生量主要集中在北京、河北，两者分别占生活源污水产生量的24.4%和34.3%，合计约占流域生活源污水产生量的58.7%；集中式污染源污水产生量主要集中在北京、河北区域，两者约占流域的65.4%（图2-34）。

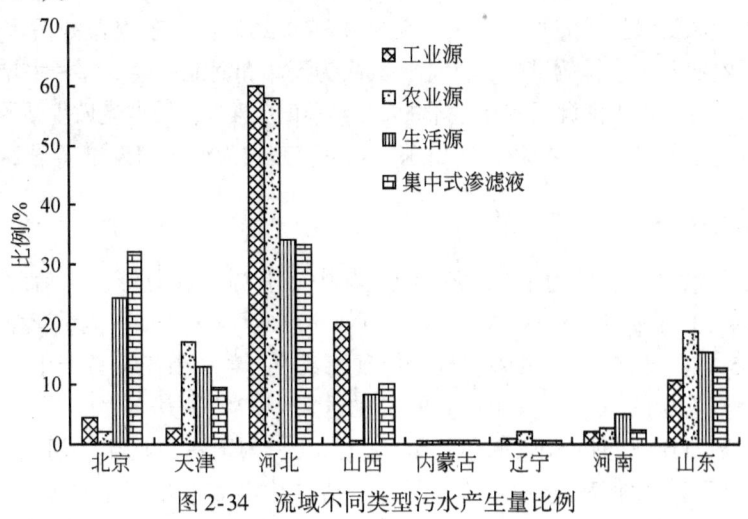

图2-34 流域不同类型污水产生量比例

流域污水排放量为133.81亿t，其中工业源、农业源、生活源、集中式污染源排放量分别为 26.06 亿 t、74.17 亿 t、33.56 亿 t、0.02 亿 t，分别占流域污水排放量的 19.5%、55.4%、25.09% 和 0.01%。流域各行政区域工业源污水排放比例均低于区域污水排放的 30%，其中最大的河南比例达到 24.0%，其次为山东（23.4%）、山西（22.1%）、内蒙古（21.9%），再次为河北、天津，其余省份贡献程度低于 10%；农业源污水排放比例高于区域污水排放量 50% 的包括天津、河北、辽宁、河南、山东，其中辽宁比例高达 77.1%，其次为天津和山东，两者的比例分别为 66.4% 和 60.2%；生活源排放比例高于区域污水排放量 50% 的包括北京、山西和内蒙古，上述比例分别为 78.3%、75.3% 和 74.6%；集中式污水排放比例均低于 0.1%，其中北京最高达到 0.06%（图 2-35）。

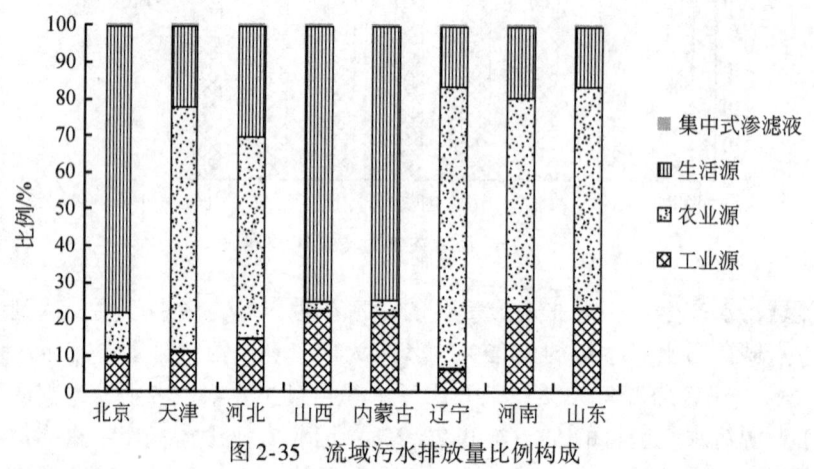

图 2-35　流域污水排放量比例构成

根据流域污水排放量，山东是流域最重要的污水排放区域，污水排放量达到 66.5 亿 t，约占流域污水排放量的 49.7%，其次为天津、河北和河南，分别占流域污水排放量的 14.3%、13.0% 和 13.6%；工业源污水排放量主要集中在山东，其次为河南、河北和天津，分别占流域工业源污水排放量的 16.7%、9.86% 和 8.26%；山东农业源污水排放量比例最大，达到流域农业源污水排放量的 54.0%，其次为天津和河北；生活源污水排放量主要集中在北京和山东，分别占生活源污水产生量的 24.4% 和 32.4%，约占流域生活源污水产生量的 56.8%；集中式污水排放量主要集中在山东、北京，其次为河南和天津（图 2-36）。

2.1.4.2　化学需氧量

流域化学需氧量产生量为 1973.66 万 t，其中工业源、农业源、生活源、集中式的产生量分别为 497.1 万 t、1284.7 万 t、187.3 万 t、4.56 万 t，分别占流域化学需氧量产生量的 25.2%、65.1%、9.5%、0.2%。流域行政区域中，各省份工业源产生量比例均低于区域化学需氧量产生量的 30%，其中最高的河北达到 28.7%，其次为山西、河南、天津等；农业源化学需氧量比例超过 50% 的包括天津、河北、内蒙古、辽宁、河南、山东、山西，其中最高的为辽宁，比例高达 77.0%；北京生活源化学需氧量产生量比例接近 40%，其次为天津、山西，其他区域低于 20%；集中式化学需氧量产生量比例均低于 1%，其中北京最高为 0.96%，其次为天津和山西（图 2-37）。

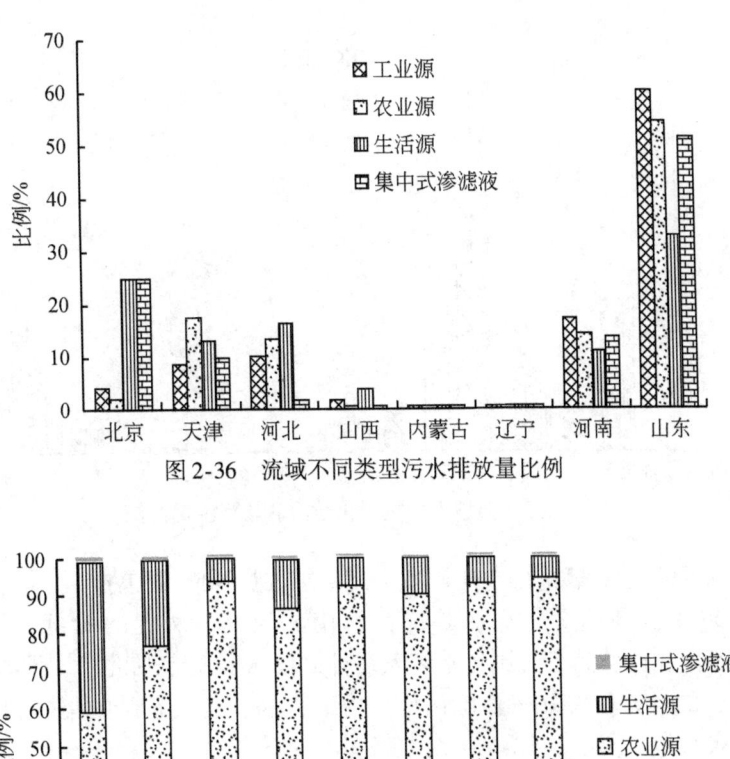

图 2-36 流域不同类型污水排放量比例

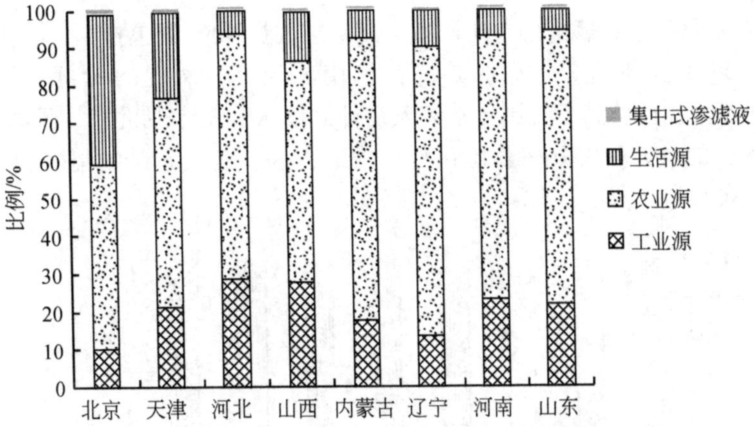

图 2-37 流域化学需氧量产生量比例构成

根据流域化学需氧量产生量，河北是最重要的产生区域，产生量达到1091.7万t，约占流域产生量的55.3%，其次为山东，占流域产生量的20.8%，两者约占76.1%；工业源产生量主要集中在河北，其次为山东，分别占流域工业源产生量的63.0%和17.9%；河北农业源化学需氧量产生量比例最大，达到流域农业源产生量的55.4%，其次为山东；生活源产生量主要集中在北京、河北，两者分别占生活源产生量的25.9%和35.3%，合计约占流域生活源产生量的61.2%；集中式污染源产生量主要集中在北京、河北、天津，三者约占流域的72.7%（图2-38）。

流域化学需氧量排放量为612.7万t，其中工业源、农业源、生活源、集中式排放量分别为75.2万t、372.6万t、162.5万t、2.40万t，分别占流域化学需氧量排放量的12.3%、60.8%、26.5%和0.4%；流域化学需氧量的消减量为89.90万t。流域行政区域中，除辽宁外，工业源排放比例均低于流域化学需氧量排放量的30%，其中河北比例达到20.6%，其次为内蒙古（18.0%）、山西（14.3%）、天津（13.2%），其余省份贡献程度

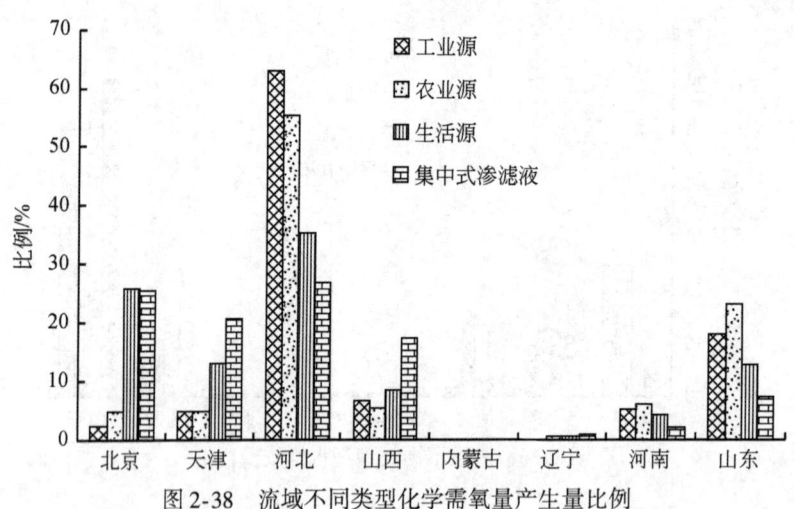

图 2-38 流域不同类型化学需氧量产生量比例

低于 10%；农业源化学需氧量排放比例高于流域排放量 50% 的包括河北、内蒙古、河南、山东，其中山东比例高达 85.5%，其次为河南和河北，两者的比例分别为 74.1% 和 55.4%；生活源排放比例高于流域化学需氧量排放量 50% 的包括北京、天津和辽宁，比例分别为 84.1%、62.1% 和 53.5%；除山西、内蒙古外，其余省份的集中式产生比例均低于 1%（图 2-39）。

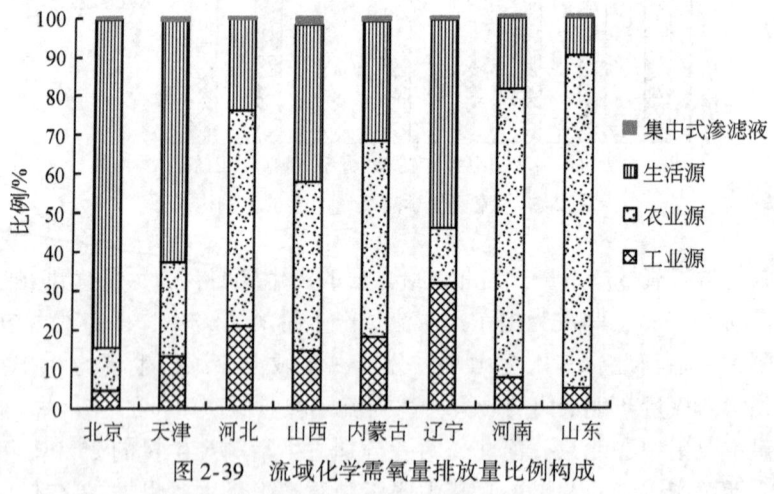

图 2-39 流域化学需氧量排放量比例构成

根据流域化学需氧量排放量，河北是流域最重要排放区域，排放量达到 220.7 万 t，约占流域排放量的 36.0%，其次为山东，占流域排放量的 32.7%，两者约占流域排放量的 68.7%；工业源排放量主要集中在河北，其次为山东，分别占流域工业源排放量的 67.1%、13.2%；山东农业源化学需氧量排放量比例最大，达到流域农业源排放量的 48.4%，其次为河北（36.4%），两者约占流域排放量的 84.8%；生活源排放量主要集中在河北、北京，分别占生活源排放量的 35.5%、25.7%，约占流域生活源排放量的 61.3%；集中式主要集中在河北（36.4%）、山西（29.4%），其次为北京和天津（图2-40）。

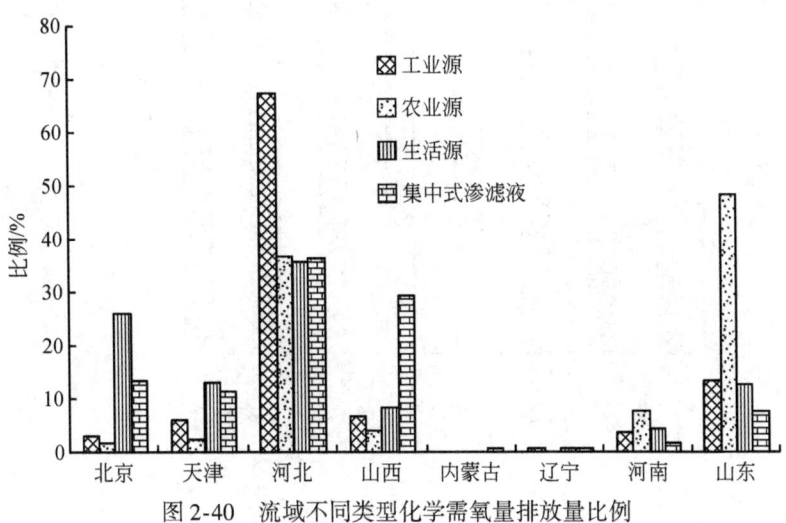

图 2-40　流域不同类型化学需氧量排放量比例

2.1.4.3　氨氮

流域氨氮产生量为51.31万t，其中工业源、农业源、生活源、集中式污染源的产生量分别为26.41万t、4.63万t、19.78万t、0.49万t，分别占流域氨氮产生量的51.48%、9.02%、38.55%、0.95%。流域行政区域中，工业源产生量比例高于流域氨氮产生量50%的包括河北、山西、内蒙古、山东，其中最高的山西达到74.5%，而北京不足6%；农业源氨氮产生量比例均低于40%，其中最高的为河南，比例达34.2%，而北京、山西、内蒙古比例不足10%；北京生活源氨氮产生量比例接近87%，其次为天津（67.3%）、辽宁（50.8%），再次为河北、内蒙古，其他区域低于30%；集中式氨氮产生量比例均不足3%，其中北京最高为2.65%，其次为天津和辽宁，分别为2.5%和2.0%（图2-41）。

根据流域氨氮产生量，河北是最重要产生区域，产生量达到21.4万t，约占流域产生量41.7%，其次为山东，占流域产生量的17.5%，两者约占59.2%；工业源产生量主要集中在河北，其次为山东和山西，分别占流域工业源产生量的45.0%、22.6%和22.0%；河北农业源氨氮产生量比例最大，达到流域农业源产生量的46.9%，其次为河南（25.2%）；生活源产生量主要集中在河北、北京，两者分别占生活源产生量的36.4%和24.1%，合计约占流域生活源产生量的60.5%；集中式产生量主要集中在北京、天津、河北区域，三者约占流域的73.4%（图2-42）。

流域氨氮排放量为24.93万t，其中工业源、农业源、生活源、集中式排放量分别为2.95万t、2.47万t、19.28万t、0.23万t，分别约占流域氨氮排放量的11.83%、9.91%、77.34%和0.92%。流域行政区域中，除辽宁外，工业源氨氮排放比例均低于流域氨氮排放量的30%，其中河南比例达到24.1%，其次为内蒙古（23.2%）、山西（15.3%）、天津（14.5%）、山东（14%），其余省份贡献程度低于10%；农业源氨氮排

| 41 |

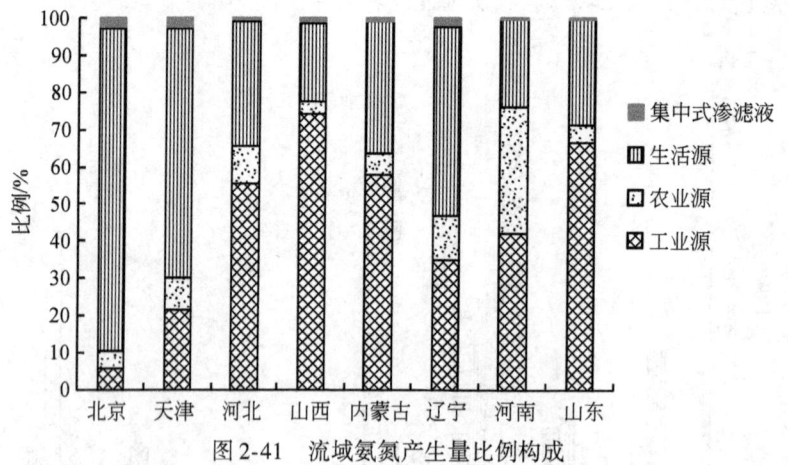

图 2-41 流域氨氮产生量比例构成

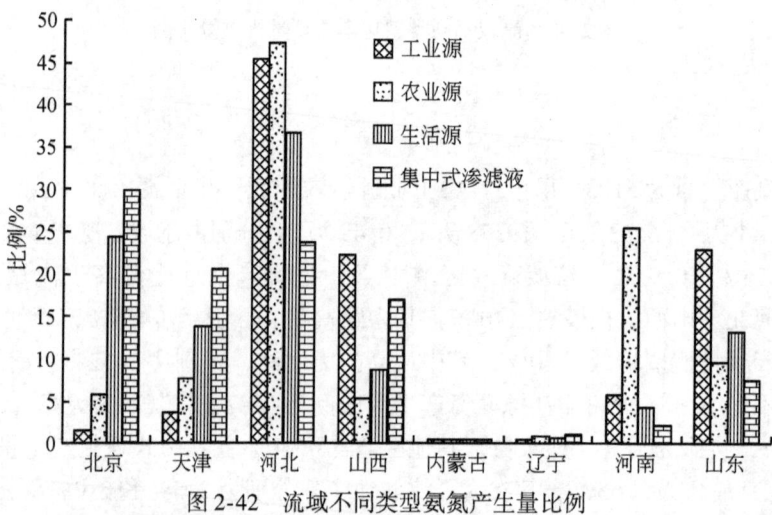

图 2-42 流域不同类型氨氮产生量比例

放比例高于区域排放量 50% 的是河南，其次为辽宁，其余均低于 10%；生活源氨氮排放比例高于流域氨氮 50% 的包括北京、天津、河北、山西、内蒙古、辽宁和山东，上述比例分别为 95.2%、84.7%、76.0%、77.0%、66.3%、78% 和 76.5%；除山西、河南外，其余省份的集中式污染源氨氮排放量比例均低于 1%（图 2-43）。

根据流域氨氮排放量，河北是区域最重要排放区域，排放量达到 8.03 万 t，约占流域排放量的 48.8%，其次为北京，占流域排放量的 19.5%，第三为山东（13.9%），三者约占流域排放量的 82.2%；工业源排放量主要集中在河北，其次为山东，分别占流域工业源排放量的 48.5%、16.5%；河北农业源氨氮排放量比例最大，达到流域农业源排放量的 36.6%，其次为河南（32.5%），两者约占流域排放量的 69.1%；生活源排放量主要集中在河北、北京，分别占生活源排放量的 38.9%、24.0%，约占流域生活源排放量的 62.9%；集中式河南比例最高（44.1%），其次为河北和山西（图 2-44）。

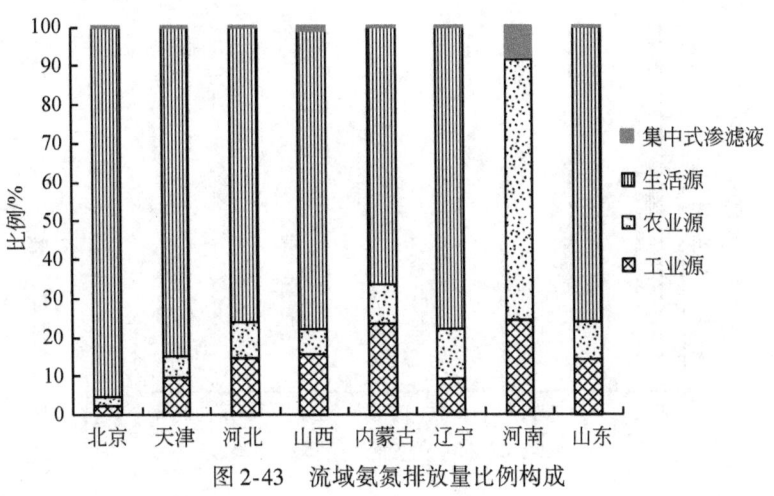

图 2-43 流域氨氮排放量比例构成

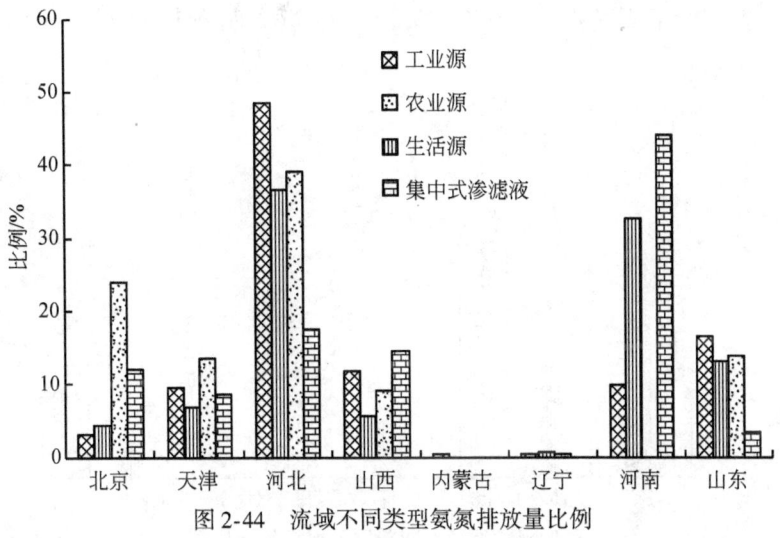

图 2-44 流域不同类型氨氮排放量比例

2.1.4.4 总氮

流域总氮产生量为 75.19 万 t，其中农业源、生活源的产生量分别为 70.07 万 t、28.41 万 t，分别占流域总氮产生量的 71.2%、28.8%。流域行政区域中，除北京外，农业源总氮产生量比例均高于 50%，其中最高的为河南，比例达 84.7%，其次为河北、辽宁、山东等；北京生活源总氮产生量比例接近 65.6%，其次为天津（49.6%），再次为山西，其他区域低于 30%（图 2-45）。

根据流域总氮产生量，河北是最重要产生区域，产生量达到 50.1 万 t，约占流域产生量 50.9%，其次为山东，占流域产生量的 15.8%，两者约占 66.7%；河北农业源总氮产生量比例最大，达到流域农业源总氮产生量的 56.9%，其次为山东（16.9%）；生活源产生量

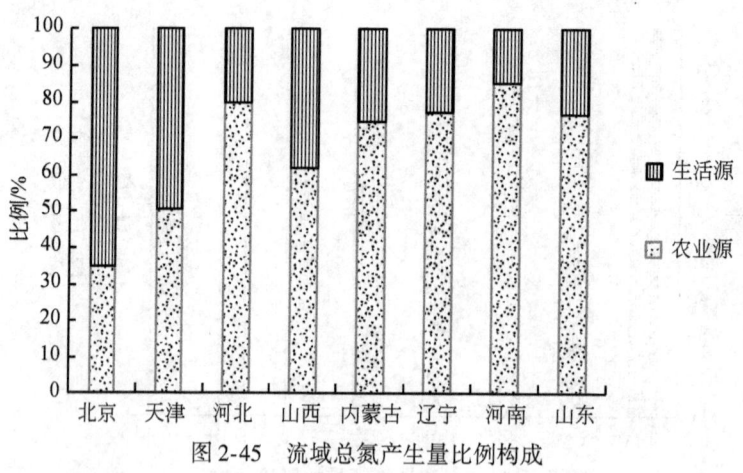

图 2-45 流域总氮产生量比例构成

主要集中在河北、北京,两者分别占生活源产生量的 36.0% 和 24.5%,合计约占流域生活源产生量的 60.5%,其次为天津和山东,两者的比例分别为 13.6% 和 12.8% (图 2-46)。

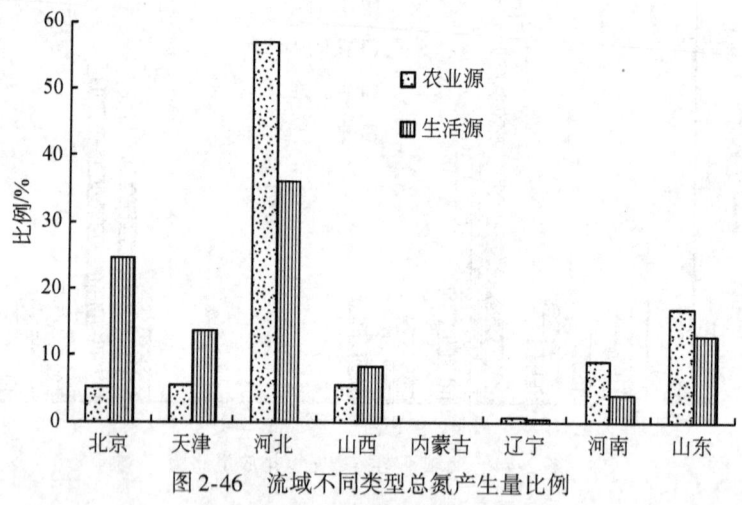

图 2-46 流域不同类型总氮产生量比例

流域总氮排放量为 75.19 万 t,其中农业源、生活源排放量分别为 49.95 万 t、25.24 万 t,分别占流域排放量的 66.4% 和 33.6%;流域总氮消减量为 6.44 万 t。流域行政区域中,除北京、天津外,农业源排放比例均高于流域排放量的 50%,其中河南比例达到 81.0%,其次为山东 (80.1%)、河北 (74.1%)、内蒙古 (63.3%)、辽宁 (59.1%)、山西 (57.9%);生活源排放比例高于流域总氮 50% 的包括北京、天津,比例分别为 81.0%、66.3%,其次为山西 (42.1%)、辽宁 (40.9%)、内蒙古 (36.7%),其余均低于 30% (图 2-47);总氮消减量比例较高的是北京、天津,其中北京高达 42.9%。

根据流域总氮排放量,河北是区域最重要排放区域,排放量达到 35.36 万 t,约占流域排放量的 47.03%,其次为山东,占流域排放量的 21.63%,再次为北京 (10.07%),三者约占流域排放量的 78.73%;河北农业源总氮排放量比例最大,达到流域农业源排放

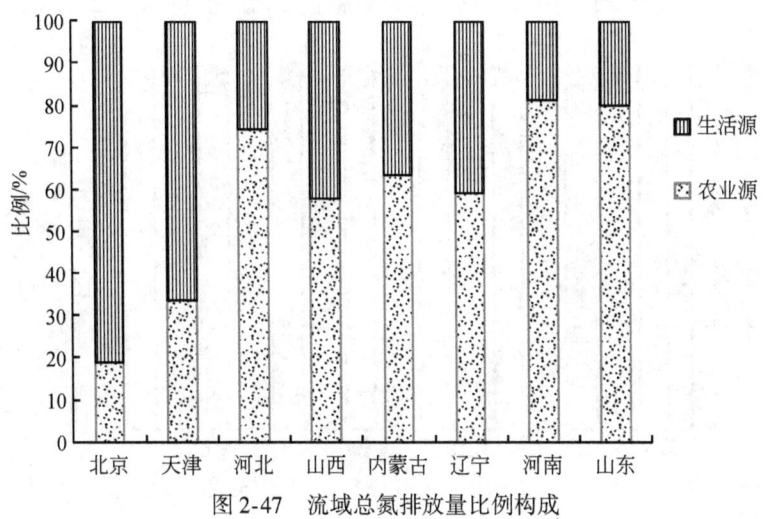

图 2-47 流域总氮排放量比例构成

量的52.3%,其次为河南(26.1%),两者约占流域排放量的78.4%;生活源排放量主要集中在河北、北京,分别占生活源排放量的36.3%、24.3%,约占流域生活源排放量的60.6%;消减量中北京比例最高(50.5%),其次为河北和天津,分别为22.5%和16.9%(图2-48)。

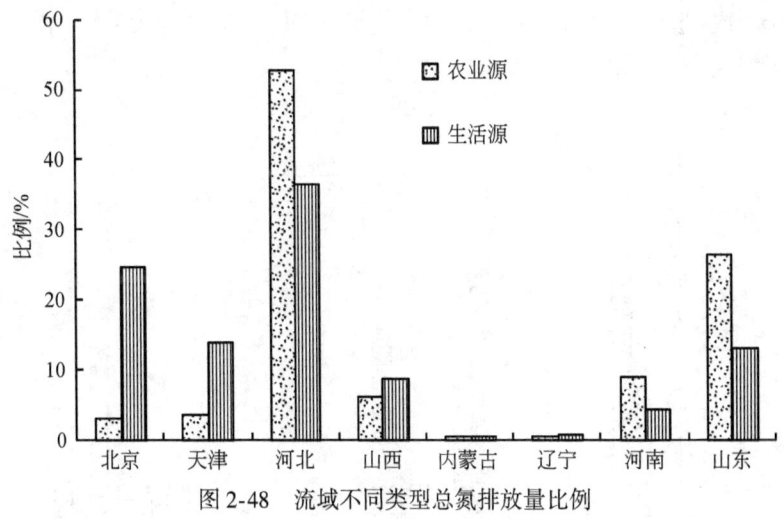

图 2-48 流域不同类型总氮排放量比例

2.1.4.5 总磷

流域总磷产生量为18.11万t,其中农业源、生活源的产生量分别为16.04万t、2.07万t,分别占流域总氮产生量的88.6%、11.4%。流域行政区域中,所有省份农业源总磷产生量比例均高于50%,其中河北、河南、山东的比例高达90%以上,最高的为山东,比例达93.1%;北京生活源总磷产生量比例接近42.6%,其次为天津(27.2%)、山西(16.8%)、内蒙古（12.2%）、辽宁（10.3%），其余省份贡献程度低于10%（图2-49）。

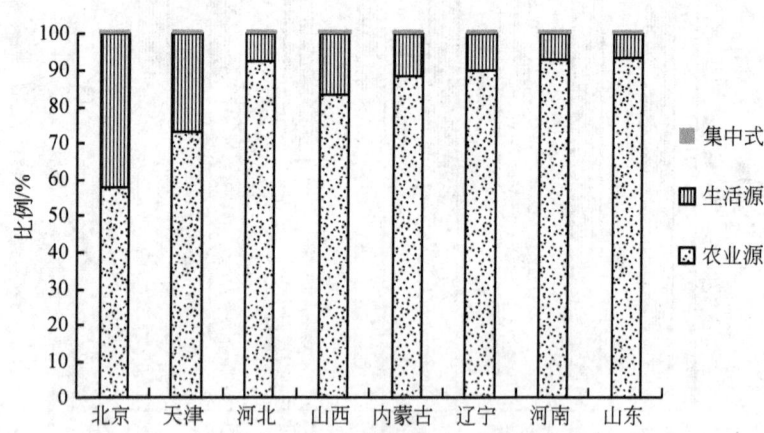

图2-49 流域总磷产生量比例构成

根据流域总磷产生量，河北是最重要产生区域，产生量达到9.43万t，约占流域产生量52.1%，其次为山东，占流域产生量的23.5%，两者约占75.5%；河北农业源总磷产生量比例最大，达到流域农业源产生量的54.2%，其次为山东（24.7%）；生活源产生量主要集中在河北、北京，两者分别占生活源产生量的35.5%和24.3%，约占流域生活源产生量的59.8%，其次为天津和山东，两者的比例分别为13.4%和14.1%；集中式总磷产生量主要集中在北京、山西、河北区域，比例分别为40.3%、29.1%和22.1%，约占流域集中式产生量的91.5%（图2-50）。

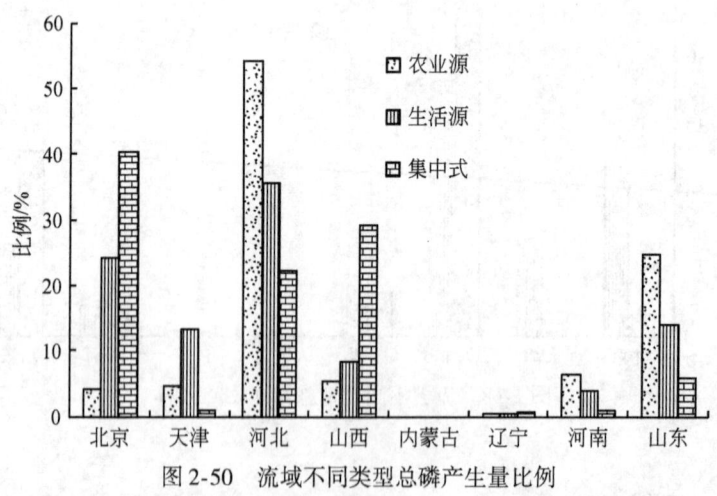

图2-50 流域不同类型总磷产生量比例

流域总磷排放量为8.34万t，其中农业源、生活源排放量分别为6.49万t、1.85万t，分别占流域排放量的77.8%和22.2%；流域总磷消减量为0.87万t。流域行政区域中，除北京、天津外，农业源排放比例均高于流域排放量50%，其中山东比例达到90.6%，其次为河南（88.4%）、河北（80.9%）、辽宁（74.6%）、内蒙古（70.9%）、山西

(67.3%);生活源排放比例高于流域50%的包括北京、天津,比例分别为78.7%、58.3%,其次为山西(32.5%),其余均低于30%(图2-51);流域消减量比例较高的是北京、天津,其中北京高达78.4%。

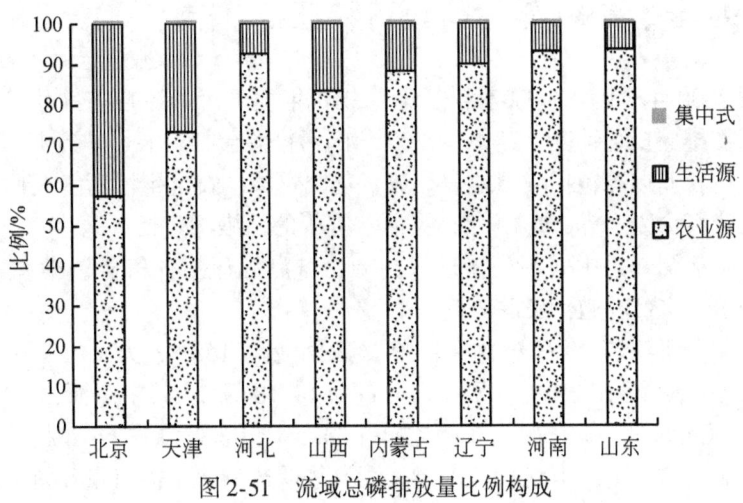

图2-51 流域总磷排放量比例构成

根据流域总磷排放量,河北是最重要排放区域,排放量达到3.46万t,约占流域排放量的41.5%,其次为山东,占流域排放量的30.9%,第三为北京(11.03%),三者约占流域排放量的83.4%;河北农业源总磷排放量比例最大,达到流域农业源排放量的43.1%,其次为山东(38.7%),两者约占流域排放量的81.8%;生活源排放量主要集中在河北、北京,分别占生活源排放量的35.7%、24.3%,约占流域生活源排放量的60.0%;消减量中北京比例最高(51.3%),其次为河北和天津,分别为15.6%和18.8%(图2-52)。

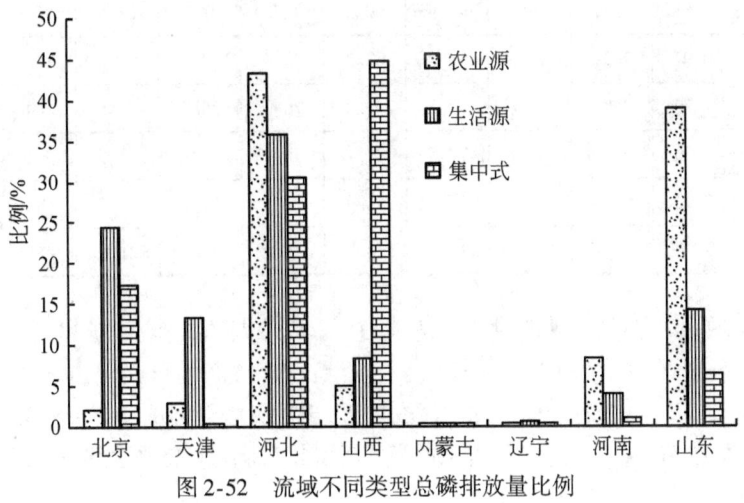

图2-52 流域不同类型总磷排放量比例

2.2 流域污染物负荷演变态势

2.2.1 2000年、2010年污染负荷特征

本节根据2000年全国水资源综合规划、2010年全国污染源普查的相关资料，分析流域污染源污染物排放变化情况。其中，2000年的污染源包括点源、非点源，其中点源包括工业和城镇生活，非点源包括城镇地表径流、化肥农药、农村生活污水及固体废弃物、水土流失、分散式畜禽废水等；2010年污染源普查中的污染源包括点源、非点源，其中点源包括工业源、生活源、集中式污染治理设施源，非点源包括种植业污染源（农药化肥）、畜禽养殖污染源、水产养殖污染源等。

根据统计，海河流域2000年化学需氧量入河量为168.43万t，其中点源贡献率为79.0%，非点源贡献率为21.0%；氨氮入河量为14.78万t，其中点源占74.7%，非点源占25.3%；总氮入河量为17.78万t，点源占34.0%，非点源占66.0%；总磷入河量为4.54万t，点源占13.2%，非点源占86.8%。这表明流域化学需氧量和氨氮入河量主要来源于点源排放，总氮和总磷主要来源于非点源（表2-1）。

表2-1 海河流域2000年污染源排放特征

区域	入河污染物总量/万t				点源比例/%				非点源比例/%			
	COD	氨氮	总氮	总磷	COD	氨氮	总氮	总磷	COD	氨氮	总氮	总磷
北京	16.55	1.22	3.75	0.56	92.9	86.7	88.9	69.6	7.1	13.3	11.1	30.4
天津	21.43	0.87	0.38	0.03	92.5	96.9	0.0	0.0	7.35	3.1	100.0	100.0
河北	76.51	7.51	7.11	3.10	71.5	60.2	0.0	0.0	28.5	39.8	100.0	100.0
山西	6.50	0.97	1.29	0.48	58.8	62.3	37.4	24.0	41.2	37.7	62.6	76.0
河南	18.89	1.29	2.91	0.17	92.0	96.2	76.0	55.0	8.0	3.8	24.0	45.0
山东	28.19	2.90	2.21	0.19	77.5	95.1	0.0	0.0	22.5	4.9	100.0	100.0
内蒙古	0.36	0.02	0.13	0.01	27.8	51.9	14.5	15.8	72.2	48.1	85.5	84.2
流域	168.43	14.78	17.78	4.54	79.0	74.7	34.0	13.2	21.0	25.3	66.0	86.8

2010年流域化学需氧量排放量为522.9万t，其中点源贡献率为30.1%，非点源贡献率为69.9%；氨氮排放量为17.2万t，其中点源占84.6%，非点源占15.4%；总氮排放量为68.75万t，点源占27.4%，非点源占72.6%；总磷排放量为8.32万t，点源占13.1%，非点源占86.9%。这表明流域化学需氧量、总氮、总磷主要来源于非点源排放，氨氮主要来源于点源（表2-2）。

表 2-2 海河流域 2010 年污染源排放特征

区域	入河污染物总量/万 t				点源比例/%				非点源比例/%			
	COD	氨氮	总氮	总磷	COD	氨氮	总氮	总磷	COD	氨氮	总氮	总磷
北京	16.45	1.03	4.33	0.57	66.6	89.3	66.7	78.9	33.4	10.7	33.3	21.1
天津	18.65	2.06	4.05	0.41	56.6	91.7	57.3	58.5	43.4	8.3	42.7	41.5
河北	220.75	8.03	33.91	3.46	38.5	88.8	22.7	19.1	61.5	11.2	77.3	80.9
山西	30.3	2	4.85	0.47	51.2	93.0	39.8	31.9	48.8	7.0	60.2	68.1
河南	34.59	1.03	5.26	0.6	20.2	22.3	16.9	11.7	79.8	77.7	83.1	88.3
山东	200.15	2.83	15.96	2.77	10.0	88.7	18.4	9.4	90.0	11.3	81.6	90.6
内蒙古	0.89	0.06	0.12	0.01	43.8	83.3	33.3	0.0	56.2	16.7	66.7	100.0
辽宁	1.14	0.11	0.27	0.03	82.5	81.8	40.7	33.3	17.5	18.2	59.3	66.7
流域	522.9	17.2	68.75	8.32	30.1	84.6	27.4	13.1	69.9	15.4	72.6	86.9

根据 2000 年、2010 年的污染源排放数据，可以看出化学需氧量、总氮的排放量呈现急剧增加的态势，而氨氮、总磷排放量变化幅度较小，主要是与污染源统计的类型关系密切，但是均呈现出总氮和总磷主要来源于非点源以及流域有机污染向氨氮污染转变的规律。

同时，由于流域污染源控制力度的加大，尤其对于城市污水，集中式污染源已经逐步成为区域点源污染排放的主要组成部分，尤其是氮、磷等污染排放负荷。2000 年流域城市污水排放量为 37.9 亿 t，占流域排放量的 63%；建成污水处理厂 26 座，污水处理能力 331 万 t/d，年处理能力 12.1 亿 t，实际处理量 9.05 亿 t，建制市污水集中处理率 24%，流域污水处理率 15%。2004 年流域污水处理厂 31 座，处理能力 502 万 t/d，年处理能力 18.3 亿 t，实际处理能力 12.8 亿 t，流域集中处理率达到 24%。2010 年，流域城镇污水处理厂 130 座，污水处理能力 900 万 t/d，其中二级污水处理厂处理能力 877 万 t/d，流域污水实际处理量 21.4 亿 t，其中生活污水处理 16.8 亿 t，工业污水 4.6 亿 t。

2.2.2 流域点源污染负荷特征

根据《海河流域水资源公报》（2001~2010 年），流域污水排放量由 2001 年的 53.6 亿 t 降低为 2010 年的 49.73 亿 t，年均降低率为 0.7%，其中工业废水排放量由 2001 年的 32.7 亿 t 降低为 2010 年的 23.15 亿 t，年均降低率为 2.9%；生活污水排放量呈现出先降低后增加的态势，其中 2002~2004 年急剧降低，降低幅度约 18.2%，而在 2009~2010 年增加幅度约 36.8%；第三产业废水排放量呈现波动态势，年均增长率为 4.2%（表 2-3）。

表 2-3 海河流域污水排放特征 （单位：亿 t）

年份	工业	生活	第三产业	合计
2001	32.7	20.9	—	53.6
2002	32.07	21.53	—	53.6
2003	29.46	17.6	3.97	51.07
2004	30.3	10.7	7	48
2005	26.44	10.8	7.6	44.85
2006	28.1	11.3	8.9	48.3
2007	26.3	13.4	7.8	47.5
2008	25.95	14.16	7.42	47.53
2009	25.49	15.56	7.94	49
2010	23.15	21.28	5.3	49.73

随着流域产业结构的不断调整，不同行业的污水排放量呈现不同的排放特征。2001~2010 年，流域工业污染结构突出，其废水排放量平均占流域污水排放量的 56.73%，其中 2004 年达到 63.1%；生活污水排放量平均比例为 31.6%，最高为 2010 年，达到 42.8%；第三产业排放量平均比例为 14.6%，2006 年最高达到 18.4%。随着流域社会经济的不断发展，居民生活和第三产业的污水排放量比例呈现波动增加态势，2010 年达到最高，约占流域污水排放量的 53.4%（图 2-53）。

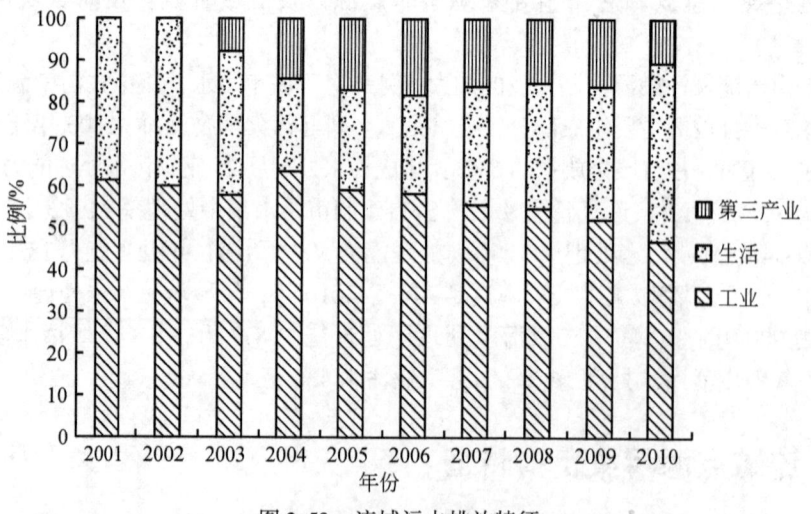

图 2-53 流域污水排放特征

2.3 流域污染源排放影响因素

2.3.1 流域社会经济

20 世纪 80 年代以来，流域人口保持持续增长态势。1980~2008 年流域总人口由 1980

年的9721万人增加到2008年的1.38亿，增长了42%，年均增长率为1.22%（图2-54）。其中，城镇人口增长速度较快，由1980年的2289万人增加到2008年的6940万人，增加1.5倍，使区域城镇化率由24%增加到50%。随着流域城镇化进程加快，大量农村人口向城镇集中，农村人口总体呈现下降趋势。流域GDP从1980年的1592亿元增加到2008年的3.21万亿元，增长近20倍。人均GDP从1980年的1638元增长到2008年的2.32万元。GDP增长趋势见图2-55和表2-4。

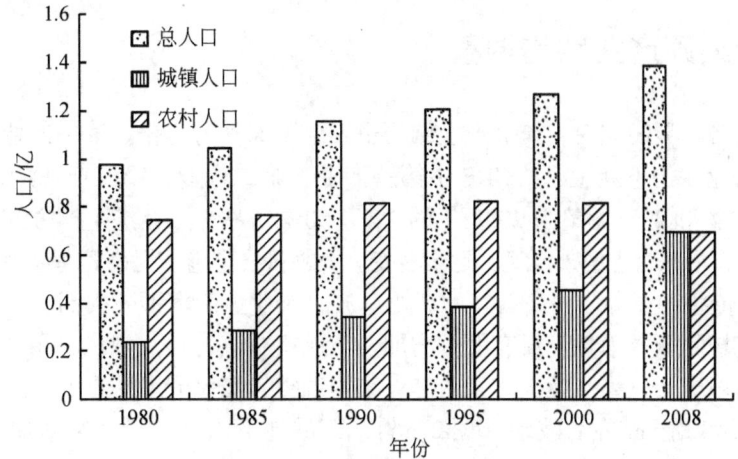

图2-54　流域1980~2008年人口变化

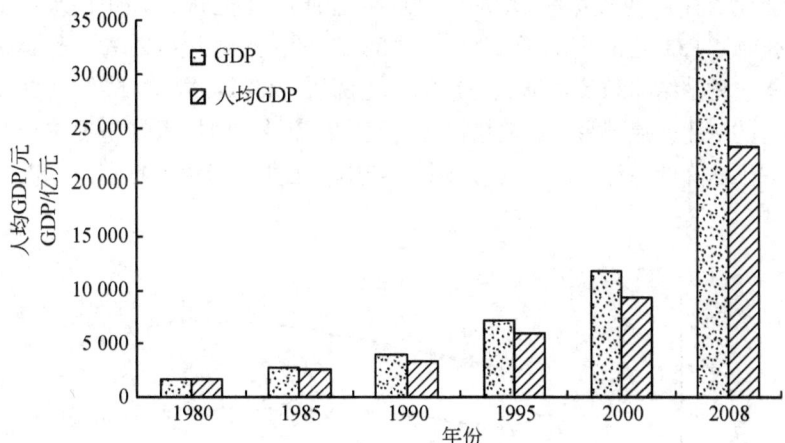

图2-55　流域1980~2008年GDP增长趋势

表2-4　流域1980~2008年社会经济发展趋势

年份	总人口/万人	城镇人口/万人	城镇化率/%	GDP/亿元	人均GDP/元	粮食产量/万t	人均粮食/kg
1980	9 721	2 289	24	1 592	1 638	2 655	273
1985	10 410	2 815	27	2 650	2 545	3 440	330
1990	11 499	3 364	29	3 821	3 323	4 202	365
1995	12 012	3 835	32	7 052	5 870	4 816	401

续表

年份	总人口/万人	城镇人口/万人	城镇化率/%	GDP/亿元	人均 GDP/元	粮食产量/万 t	人均粮食/kg
2000	12 641	4 512	36	11 633	9 202	4 576	362
2008	13 801	6 940	50	32 076	23 242	5 445	395
年均增长率	1.22%	3.90%	2.58%	10.08%	10.09%	2.51%	1.28%

2.3.2 污染源产业结构调整

在流域经济发展的同时，流域产业结构也发生了深刻的变化。第一产业所占比例不断下降，第三产业比例不断上升。GDP 中第一产业、第二产业、第三产业所占比例由 1980 年的 26%、45% 和 29% 调整为 2008 年的 7%、50%、43%。经济生产方式从扩大生产规模、增加原材料消耗为主的外延型，逐步转变为依靠科技进步、提高管理水平和资源使用效率的内涵型，传统产业逐步向高新技术产业过渡，农业生产率不断提高，在经济社会快速发展的同时流域水资源消耗量没有明显增加。与此相对应的是流域供、用、耗、排水结构特征的变化。由于天然来水减少和采取产业结构调整、强化节水措施等，流域 1980~2008 年总用水量在 400 亿 m^3 左右波动（图 2-56）。区域地下水供水量持续增加，从 1980 年的 205 亿 m^3 增加到 2008 年的 238 亿 m^3，比例由 52% 上升到 64%，其中其他水源（微咸水、再生水、海水淡化水等）供水量持续增加，2008 年达到 11.0 亿 m^3。城镇用水量总体呈现增加态势，从 1980 年的 55 亿 m^3 增加到 2008 年的 88 亿 m^3，比例由 14% 增加到 24%；农业用水量受天然来水、种植结构和节水措施等影响，比例从 1980 年的 86% 降低到 2008 年的 76%。随着用水结构的变化，流域污水排放结构也在变化，流域城镇用水量呈现波动态势，但是污水排放量呈现不断降低态势，这主要与再生水利用、工业水资源重复利用率提高等关系密切（图 2-57）。

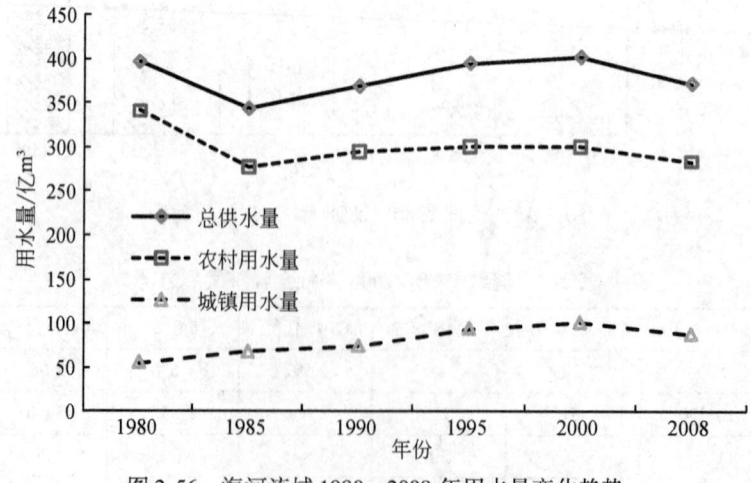

图 2-56 海河流域 1980~2008 年用水量变化趋势

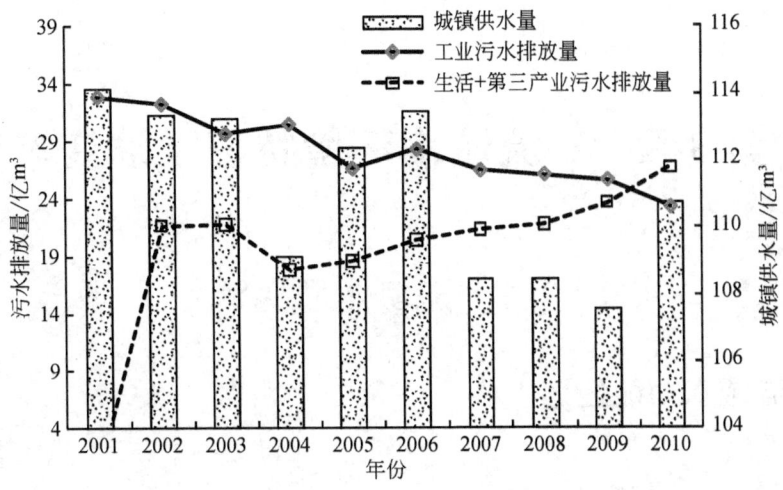

图 2-57 海河流域 2001~2008 年城镇用水量、污水排放量趋势

2.4 小　结

海河流域是我国水资源开发程度最高的流域，也是水污染最严重的流域。流域水资源量占全国 1.3%，面积占 3.3%，人口占 10%，GDP 占 12.9%，水环境问题复杂。海河流域水污染防治工作取得积极进展，但仍然存在"有河皆干、有水皆污、有水皆争"的现象，治理任务艰巨，协调管理难度大。

海河流域水资源短缺、水质差的局面难以扭转，水污染物排放量大、水环境负荷重的压力难以缓解，经济快速增长、城镇化持续发展的趋势仍将继续。主要体现在以下方面：首先，流域污染减排压力大。按照"十二五"经济发展和城镇化形势，在现有处理水平下，"十二五"期间污染物排放总量将增长 35%~40%，未来海河流域污染将更加严重，流域整体性污染问题将更加突出。其次，流域水环境承载能力严重不足。海河流域水资源短缺，水环境承载能力相对较低，但流域经济社会发展迅速，用水需求压力大，流域现状水资源开发率 106%，缺水率 22%。在南水北调、引黄工程顺利实施的情景下，流域总断流河段长度仍将占总长度 27%。水体生态基流难以保证，即使企业和污水处理厂实现了达标排放，但其入河总量仍远超出河流自身承载能力，河道水质仍然达不到地表水Ⅴ类标准。

第 3 章　流域水环境特征及演变态势

3.1　流域水质监测

3.1.1　流域水功能区划

3.1.1.1　水功能区类型

水功能区划是指根据我国水资源的自然条件和经济社会发展要求，确定不同水域的功能定位，明确管理目标，强化保护措施，实现分类管理和保护［《水功能区划分标准》（GB/T 50594—2010）］。水功能区划分为两级体系，即一级区划和二级区划。一级水功能区分4类，即保护区、缓冲区、开发利用区、保留区；二级水功能区将一级水功能区中的开发利用区具体划分为饮用水源区、工业用水区、农业用水区、渔业用水区、景观娱乐用水区、过渡区、排污控制区7类（图3-1）。一级区划在宏观上调整水资源开发利用与保护的关系，协调地区间关系，同时考虑持续发展的需求；二级区划主要确定水域功能类型及功能排序，协调不同用水行业间的关系。

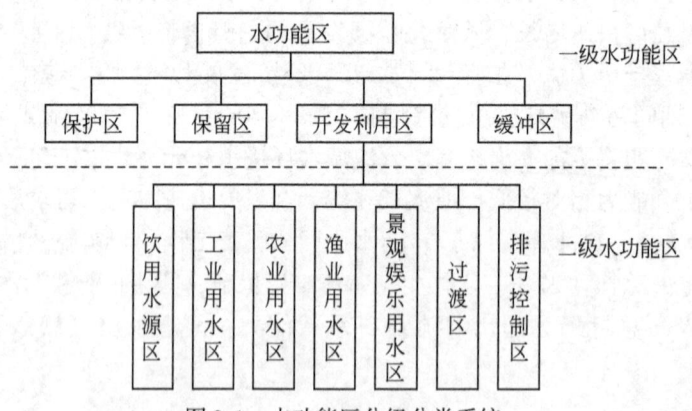

图 3-1　水功能区分级分类系统

(1) 一级水功能区划分标准

1) 保护区：指对水资源保护、自然生态系统及珍稀濒危物种的保护具有重要意义，需划定进行保护的水域。

2) 缓冲区：指为协调省际、用水矛盾突出的地区间用水关系而划定的水域。

3) 开发利用区：指为满足工农业生产、城镇生活、渔业和游乐等多种需水要求的水域。

4）保留区：指目前水资源开发利用程度不高，为今后水资源可持续利用而保留的水域。

（2）二级水功能区划分标准

1）饮用水源区：指为城镇提供综合生活用水而划定的水域。
2）工业用水区：指为满足工业用水需求而划定的水域。
3）农业用水区：指为满足农业灌溉用水需求而划定的水域。
4）渔业用水区：指为满足鱼、虾、蟹等水生生物养殖需求而划定的水域。
5）景观娱乐用水区：指以满足景观、疗养、度假和娱乐需要为目的的江河湖库等水域。
6）过渡区：指为满足水质目标有较大差异的相邻水功能区间水质状况过渡衔接而划定的水域。
7）排污控制区：指生产、生活废污水排污口比较集中的水域，且所接纳的废污水对水环境不产生重大不利影响。

3.1.1.2 海河流域水功能区划

（1）海河流域一级水功能区划

《中国水功能区划》的"海河流域水功能区划"内容中，海河区纳入全国区划河流74条，湖库15个，划分一级水功能区159个，区划河长10 179.3 km，主要成果见表3-1。其中保护区25个，1026.7km，占河长的10.1%；缓冲区49个，1949.1 km，占河长的19.2%；开发利用区77个，6507.5 km，占河长的63.9%；保留区8个，696 km，占河长的6.8%（图3-2，图3-3）。区划一级水功能区面积1395.59 km^2，其中保护区937.6 km^2（占67.2%），开发利用区458 km^2（占32.8%）。

表3-1 海河区水功能一级区划成果统计表

水系	一级水功能区 个数	长度/km	面积/km^2	保护区 个数	长度/km	面积/km^2	缓冲区 个数	长度/km	面积/km^2	开发利用区 个数	长度/km	面积/km^2	保留区 个数	长度/km	面积/km^2
滦河及冀东沿海	22	1409	162	4	115	89	5	139	0	10	848	73	3	307	0
北三河	38	1630.1	268.8	7	179.2	243.8	14	449.9	0	14	789	25	3	212	0
永定河	15	927.8	60	1	0	60	5	117.7	0	9	756.1	0	0	0	0
海河干流	4	103.1	0	0	0	0	0	0	0	4	103.1	0	0	0	0
大清河	19	1245.6	622.8	1	0	360	5	262	0	12	887.6	262.8	1	96	0
子牙河	20	1601.3	125.9	3	30	107.9	7	271.7	0	10	1300	18	0	0	0
黑龙港运东	7	357	91.7	2	250	16.7	2	25	0	3	82	75	0	0	0
漳卫河	27	1801.5	60.19	6	355.7	60.19	9	561.3	0	11	803.5	0	1	81	0
徒骇马颊河	7	1103.9	4.2	1	96.8	0	2	68.9	0	4	938.2	4.2	0	0	0
合计	159	10 179.3	1 395.59	25	1026.7	937.59	49	1 895.5	0	77	6 507.5	458	8	696	0

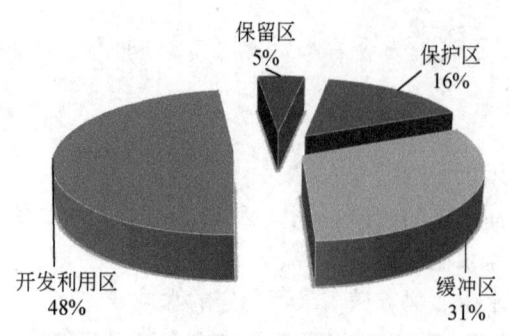

图 3-2 海河流域一级水功能区情况分析
（功能区个数）

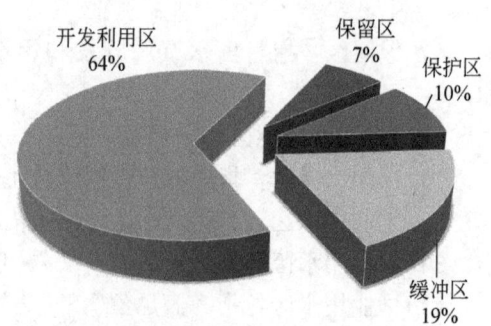

图 3-3 海河流域一级水功能区情况分析
（河流长度）

1）海河流域保护区划分：海河流域水资源匮乏，水污染严重，水资源开发利用程度极高。保护城镇居民生活用水为海河流域的首要任务，必须把大型供水水源地作为保护区。潘家口水库、大黑汀水库、密云水库、官厅水库、于桥水库、岳城水库、岗南水库、黄壁庄水库、引黄济冀大浪淀水库等大型供水水源地被列为本次一级区划中的重点保护区。白洋淀作为国家湿地保护区也被列入保护区中。根据南水北调东线方案，为缓解京津地区缺水，漳卫南运河水系中的南运河作为南水北调东线输水线路，在本次区划中，划为保护区。海河区共划分保护区 26 个，其中对具有供水功能的大型水库划为饮用水水源地保护区 11 个，面积 577.6 km²；源头水保护区大多位于大型水库上游，总计 5 个，河长 210 km；划分自然保护区 3 个；划分调水线路保护区 7 个，分布在潘家口、大黑汀水库、引滦入津工程、规划中的南水北调东线工程输水河道及调蓄湖泊。统计成果详见表 3-2。

表 3-2 海河区保护区成果统计表

河系分区	合计			源头水保护区		自然保护区			大型区域调水水源地				集中式饮用水水源地	
	个数	长度/km	面积/km²	个数	长度/km	个数（基于长度）	长度/km	个数（基于面积）	面积/km²	个数（基于长度）	长度/km	个数（基于面积）	面积/km²	个数	面积/km²
滦河及冀东沿海	4	115	89	2	115	—	—	—	—	—	—	—	—	2	89
北三河	7	179.2	243.8	2	65	—	—	—	—	2	114.2	—	—	3	243.8
永定河	1	0	60	—	—	—	—	—	—	—	—	—	—	1	60
大清河	1	0	360	—	—	—	—	1	360	—	—	—	—	—	—
子牙河	3	30	107.9	1	30	—	—	—	—	—	—	—	—	2	107.9
黑龙港运东	3	250	16.7	—	—	—	—	1	75	1	250	1	16.7	—	—
漳卫河	6	355.7	60.19	—	—	1	15	—	—	3	340.7	1	8.99	1	51.2
徒骇马颊河	1	96.8	0	—	—	—	—	—	—	1	96.8	—	—	—	—
合计	26	1 026.7	937.59	5	210	1	15	2	435	7	801.7	4	114.7	7	462.9

2）海河流域缓冲区划分：海河区共划分缓冲区49个，总计河长1895.5 km。海河区省、直辖市界（际）河道较多，共划分界（际）河缓冲区40个，另有开发利用区与保护区之间功能衔接的缓冲区9个。漳卫河区的缓冲区河长最长，占海河水资源区该类总河长的28.8%。

3）海河流域开发利用区划分：海河区的水功能以开发利用为主，开发利用区的河长与人口密度、人均工业总产值呈正比，符合海河区水资源严重不足、水资源利用率高、经济社会发达、水污染严重等水资源及经济社会的特点。海河区共划分开发利用区77个，总计河长6507.5 km。子牙河区的开发利用区河长最长，占海河水资源区该类总河长的19.97%，占本区区划总河长的81.2%，主要分布在城市河段或有一定取水规模的灌溉用水区。

4）海河流域保留区划分：海河区共划分保留区8个，总计河长696 km。主要集中在滦河、北三河水系，占海河水资源区该类总河长的74.6%。这类河段开发利用程度相对较低，其污染主要来自上游。

(2) 海河流域二级水功能区划

海河流域二级水功能区划是在流域一级区划的开发利用区中进行划分的，由各省市按照水功能区划技术大纲的要求，并根据各省市实际情况划分；突出了保护流域重要供水水源地的原则，共划分了43个饮用水源区，大部分为农业用水区，共56个。其他功能区分布为：工业用水区15个、渔业用水区2个、景观娱乐用水区8个、过渡区8个、排污控制区9个（图3-4）。海河区共划分二级区141个，总计河长6293.8 km，湖库面积458 km^2。海河流域人口众多，经济发达，污染严重，保护饮用水源刻不容缓。各类水功能二级区中，农业用水区河长为最长（51%）；饮用水源区其次（28%），其他依次为工业用水区（14%）、过渡区（3%）、排污控制区（2%）、景观娱乐用水区（1%），渔业用水区最短（1%）（图3-5）。农业用水区河长最长为子牙河和漳卫河水系，饮用水源区河长最长为滦河区和大清河区，工业用水区河长最长为滦河及黑龙港运东区。水功能二级区划成果见表3-3。

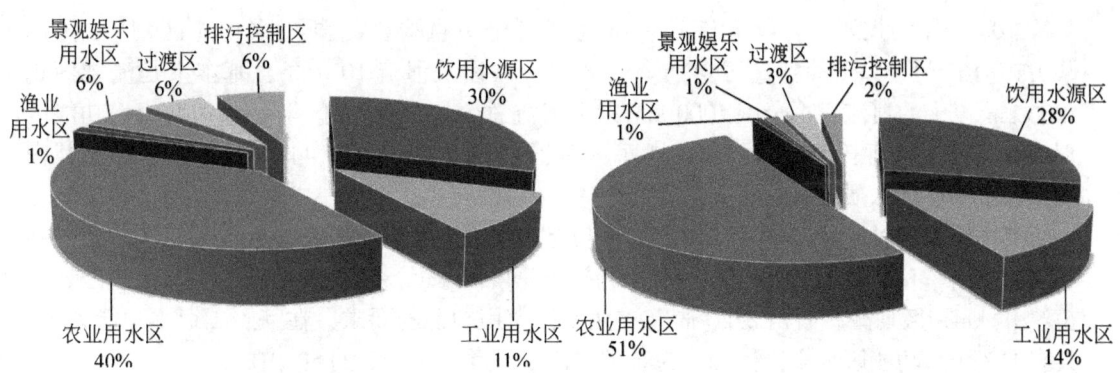

图3-4 海河流域二级水功能区情况分析　　图3-5 海河流域二级水功能区情况分析
　　　　（功能区个数）　　　　　　　　　　　　　（河流长度）

表 3-3 海河区水功能二级区划成果统计表

水系		滦河及冀东沿海	北三河	永定河	海河干流	大清河	子牙河	黑龙港运东	漳卫河	徒骇马颊河	流域合计
二级功能区	个数	12	20	16	4	23	16	3	27	20	141
	长度/km	848	679.7	694.1	103.1	925.9	1 261.3	82	761.5	938.2	6 293.8
	面积/km²	73	25	0	0	262.8	18	75	0	4.2	458
饮用水源区	个数	8	6	2	3	12	3	1	5	3	43
	长度/km	518	141	124	64.6	451.8	23.5	0	179.5	286.6	1 789
	面积/km²	73	25	0	0	211.8	18	75	0	0	402.8
工业用水区	个数	3	4	2	0	2	1	0	1	2	15
	长度/km	290	148.7	92.5	0	42	72	0	18	205	868.2
农业用水区	个数	1	9	8	0	7	11	1	11	8	56
	长度/km	40	361	369	0	406.1	1155.8	60	405.6	381.2	3178.7
	面积/km²	0	0	0	0	51	0	0	0	0	51
渔业用水区	个数	0	0	1	0	0	0	0	1	0	2
	长度/km	0	0	18.6	0	0	0	0	36	0	54.6
景观娱乐用水区	个数	0	1	0	0	1	1	0	1	4	8
	长度/km	0	29	0	0	6	10	0	5	34.6	84.6
	面积/km²	0	0	0	0	0	0	0	0	4.2	4.2
过渡区	个数	0	0	2	1	1	0	1	0	3	8
	长度/km	0	0	79	38.5	20	0	22	0	30.8	190.3
排污控制区	个数	0	0	1	0	0	0	0	8	0	9
	长度/km	0	0	11	0	0	0	0	117.4	0	128.4

3.1.1.3 全国重要江河湖泊水功能区划（2011~2030年）

2011年12月28日，国务院正式批复了《全国重要江河湖泊水功能区划》（国函[2011] 167 号，以下简称《区划》）。《区划》共涉及河流 1027 条，基本上是流域面积 1000 km² 以上的河流，占全国 1000 km² 以上河流总数的 2/3。《区划》采用两级水功能区划体系，涉及总河长 17.8 万 km，湖库总面积 4.33 万 km²，共 4493 个水功能区（其中 81% 的水功能区水质目标为 I~III 类）。

其中海河区纳入全国重要江河湖泊水功能区划的一级水功能区共 168 个（其中开发利用区 85 个），区划河长 9542 km，区划湖库面积 1415 km²；二级水功能区 147 个，区划河长 5917 km，区划湖库面积 292 km²。按照水体使用功能的要求，在一、二级水功能区中，共有 117 个水功能区水质目标确定为 III 类或优于 III 类，占总数的 50.9%。

与 2002 年《中国水功能区划》中的海河流域功能分区相比较发现，此次《区划》对一级水功能区中的保留区和缓冲区进行了大幅度的调整，其他功能分区变化不明显：保留区河流长度占总河流长度的比例从 2002 年的 7% 增加到 2012 年的 20%；缓冲区则从 2002

年的19%降低到2012年的6%。体现了《区划》所遵循的可持续发展原则,科学确定了水域主体功能,统筹安排了各有关行业和地区用水,同时体现支撑经济社会发展的前瞻意识,为未来水资源开发利用留有一定余地(图3-6)。

与2002年《中国水功能区划》中的海河流域功能分区相比较发现,此次《区划》对二级水功能区中的农业用水区和饮用水源区进行了一定程度的调整(调幅超过河流长度的5%),其他功能分区变化不明显:农业用水区河流长度占总河流长度的比例从2002年的51%增加到2012年的56%;饮用水源区则从2002年的28%降低到2012年的21%(图3-7)。这反映了海河流域经济社会发展对水资源的需求进一步增加,再加上水资源管理工作与形式不相适应等问题,在不久的未来很有可能出现地下水严重超采、水污染严重、生态环境恶化、行业与地区之间争水矛盾突出、水资源管理薄弱和水价不合理等问题,需要引起全社会的关注。

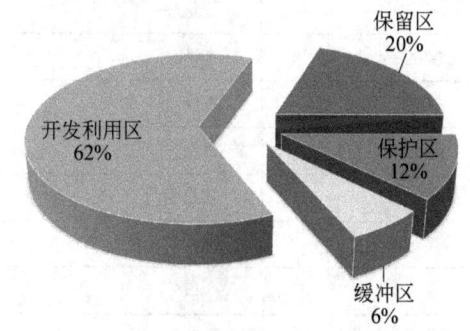

图3-6　2012年海河流域一级水功能区情况分析

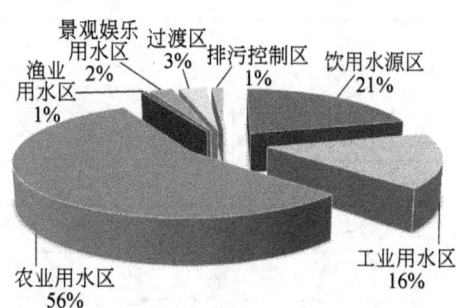

图3-7　2012年海河流域二级水功能区情况分析

3.1.2　主要水环境监测点位

3.1.2.1　重点水系河流监测点位

相关数据由海河水利委员会提供,全河流水质及相关监测项目数据包括1998~2011年的,各河流(滦河及冀东沿海诸河、海河北系、海河南系和徒骇马颊河水系)水质及相关监测项目数据包括2003~2011年的。目前对整个海河流域及各河流进行监测的点位共包含264个(表3-4)。

表3-4　2011年海河流域重点水系河流监测点位

序号	水系	河流	水文水质站点
1	滦河	滦河	郭家屯
2	滦河	滦河	乌龙矶
3	滦河	滦河	潘家口水库(坝上)
4	滦河	滦河	大黑汀水库(坝上)
5	滦河	滦河	滦县

续表

序号	水系	河流	水文水质站点
6	滦河	闪电河	闪电河水库（坝上）
7	滦河	黑风河	白城子（黑）
8	滦河	吐力根河	大河口（四）
9	滦河	小滦河	沟台子
10	滦河	伊逊河	韩家营
11	滦河	不澄河	边墙山
12	滦河	蚂蚁吐河	下河南（二）
13	滦河	武烈河	承德（二）
14	滦河	老牛河	下板城
15	滦河	柳河	李营
16	滦河	柳河	石佛
17	滦河	瀑河	宽城
18	滦河	潵河	蓝旗营（二）
19	滦河	青龙河	姚林口水库（坝上）
20	滦河	沙河	冷口
21	滦河	滦河	郭家屯
22	滦河	滦河	张百湾
23	滦河	滦河	滦河大桥
24	滦河	滦河	上板城
25	滦河	滦河	姜各庄
26	滦河	兴州河	窑沟门
27	滦河	伊逊河	四合永
28	滦河	伊逊河	隆化
29	滦河	武烈河	高寺台
30	滦河	青龙河	卢龙
31	滦河	石河	石河水库（坝上）
32	滦河	洋河	洋河水库（坝上）
33	滦河	小青龙河	司各庄
34	滦河	沙河	石佛口
35	滦河	沙河	小集
36	滦河	洋河	牛家店

续表

序号	水系	河流	水文水质站点
37	滦河	饮马河	东岗上
38	北三河	潮白新河	黄白桥
39	北三河	潮白新河	宁车沽（闸上）
40	北三河	白河	云州水库（坝上）
41	北三河	黑河	三道营
42	北三河	潮河	大阁
43	北三河	潮河	古北口
44	北三河	白河	白河堡水库
45	北三河	白河	冬帽湾
46	北三河	潮河	古北口
47	北三河	白马关河	石佛桥
48	北三河	密云水库	库西表
49	北三河	潮白河	向阳闸
50	北三河	潮白河	兴各庄
51	北三河	京引渠首	龚庄子
52	北三河	雁栖河	北台山水库
53	北三河	青龙湾减河	土门楼闸
54	北三河	蓟运河	九王庄
55	北三河	蓟运河	张头窝（闸下）
56	北三河	洵河	三河（二）
57	北三河	州河	于桥水库（坝上）
58	北三河	还乡河	小定府庄（二）
59	北三河	黎河	黎河桥
60	北三河	沙河	沙河桥
61	北三河	鲍丘河	白庄
62	北三河	黄松峪石河	黄松峪水库
63	北三河	镇罗营石河	西峪水库
64	北三河	洳河	岳各庄
65	北三河	蓟运河	茶淀
66	北三河	州河	杨津庄
67	北三河	北运河	筐儿港闸

续表

序号	水系	河流	水文水质站点
68	北三河	锥石口沟	锥石口
69	北三河	桃峪口沟	桃峪口水库
70	北三河	温榆河	苇沟闸
71	北三河	清河	杨坊闸
72	北三河	坝河	三岔河
73	北三河	北运河	榆林庄闸
74	北三河	妫水河	延庆桥
75	北三河	黑河	延庆桥
76	北三河	汤河	延庆桥
77	永定河	北运河	老米店
78	永定河	永定河	固安
79	永定河	桑干河	东榆林水库（坝下）
80	永定河	桑干河	西朱庄
81	永定河	桑干河	固定桥
82	永定河	桑干河	册田水库（坝上）
83	永定河	桑干河	石匣里
84	永定河	浑河	贾庄（二）
85	永定河	御河	孤山（二）
86	永定河	十里河	观音堂（二）
87	永定河	壶流河	钱家沙洼
88	永定河	银子河	—
89	永定河	清水河	张家口（二）
90	永定河	南洋河	水闸屯
91	永定河	永定河	官厅水库（八号桥）
92	永定河	永定河	东周大桥
93	永定河	源子河	神头泉
94	永定河	白登河	大白登
95	永定河	唐峪河	恒山水库
96	永定河	御河	艾庄
97	永定河	永定河	沙城
98	永定河	永定河	王玛

续表

序号	水系	河流	水文水质站点
99	永定河	洋河	样台
100	永定河	龙河	永丰
101	永定河	官厅水库	官厅水库坝后
102	永定河	永定河	落坡岭水库
103	永定河	洋河	下花园桥
104	永定河	官厅水库	永1008东表
105	永定河	天堂河	南各庄闸
106	大清河	马厂减河	马圈闸（闸上）
107	大清河	小月河	学清闸
108	大清河	大清河	新盖房（闸上）
109	大清河	独流减河	进洪闸
110	大清河	中亭河	胜芳（闸上）
111	大清河	南拒马河	北河店
112	大清河	白沟河	东茨村
113	大清河	拒马河	紫荆关
114	大清河	白洋淀	新安
115	大清河	赵王河	史各庄（二）
116	大清河	潴龙河	北郭村
117	大清河	磁河	横山岭水库（坝上）
118	大清河	沙河	阜平
119	大清河	沙河	王快水库（坝上）
120	大清河	唐河	倒马关（二）
121	大清河	唐河	中唐梅
122	大清河	漕河	龙门水库（坝上）
123	大清河	牤牛河	金各庄（闸上）
124	大清河	任河大渠	高屯
125	大清河	任文干渠	八里庄
126	大清河	拒马河	张坊
127	大清河	小清河	码头
128	大清河	潴龙河	博士庄
129	大清河	孝义河	高阳

续表

序号	水系	河流	水文水质站点
130	大清河	沙河	吴王口
131	大清河	府河	焦庄
132	大清河	污水库	大闸
133	大清河	萍河	下河西
134	大清河	大石河	琉璃河
135	大清河	大清河	台头
136	大清河	子牙河	献县（闸上）
137	大清河	子牙河	杨柳青（闸上）
138	大清河	子牙新河	周官屯（主流）
139	大清河	滹沱河	北中山
140	大清河	青静黄排水渠	大庄子
141	大清河	北大港	调节闸（闸上）
142	大清河	南运河	九宣闸
143	大清河	南运河	十一堡闸
144	子牙河	滏阳河	东武仕水库（坝上）
145	子牙河	滏阳河	莲花口
146	子牙河	滏阳河	阎庄
147	子牙河	滏阳河	艾辛庄（闸上）
148	子牙河	滏阳河	衡水（闸上）
149	子牙河	朱家河	下博
150	子牙河	滏阳新河	艾辛庄
151	子牙河	北澧河	邢家湾
152	子牙河	洺河	临洺关（二）
153	子牙河	沙河	野沟门水库（坝上）
154	子牙河	沙河	端庄
155	子牙河	路罗川	坡底（二）
156	子牙河	泜河	临城水库（坝上）
157	子牙河	泜河	西台峪
158	子牙河	槐河	马村
159	子牙河	滹沱河	界河铺（河道）
160	子牙河	滹沱河	南庄

续表

序号	水系	河流	水文水质站点
161	子牙河	滹沱河	小觉
162	子牙河	滹沱河	岗南水库（坝上）
163	子牙河	阳武河	芦庄
164	子牙河	清水河	南坡
165	子牙河	险溢河	王岸
166	子牙河	冶河	平山
167	子牙河	松溪河	泉口
168	子牙河	绵河	地都
169	子牙河	滹沱河	崞阳桥
170	子牙河	峨河	郝家街
171	子牙河	清水河	台怀
172	子牙河	桃河	白阳墅
173	子牙河	南川河	南川河出口
174	子牙河	滏阳新河	千顷洼
175	子牙河	石津渠	下博
176	子牙河	沙洺河	骆庄
177	子牙河	牛尾河	祝村
178	子牙河	北泜河	官都
179	子牙河	洨河	十三孔桥
180	子牙河	洨河	大石桥
181	子牙河	洨河	大曹庄
182	子牙河	石津渠	西兆通
183	子牙河	甘陶河	秀林
184	子牙河	北洺河	坡底（二）
185	子牙河	南洺河	坡底（二）
186	漳卫河	输元河	邯郸市北
187	漳卫河	卫河	淇门
188	漳卫河	卫河	老观咀
189	漳卫河	卫河	龙王庙
190	漳卫河	峪河	峪河口
191	漳卫河	西孟姜女河	八里营（西孟）
192	漳卫河	淇河	新村

续表

序号	水系	河流	水文水质站点
193	漳卫河	共产主义渠	黄土岗（二）
194	漳卫河	安阳河	衡水（二）
195	漳卫河	安阳河	彰武水库（坝上）
196	漳卫河	安阳河	安阳
197	漳卫河	漳河	观台
198	漳卫河	漳河	岳城水库（坝上）
199	漳卫河	浊漳河	石梁（河道）
200	漳卫河	浊漳河	天桥断（二）
201	漳卫河	浊漳河南支	黄碾
202	漳卫河	绛河	北张店（二）
203	漳卫河	浊漳河西支	后湾水库（坝上）
204	漳卫河	榆社河	榆社
205	漳卫河	清漳河	刘家庄
206	漳卫河	清漳河	匡门口
207	漳卫河	清漳河东支	蔡家庄
208	漳卫河	卫河	杨庄桥
209	漳卫河	漳河	徐万仓
210	漳卫河	浊漳河南支	高村
211	漳卫河	浊漳河南支	襄垣
212	漳卫河	浊漳河西支	段柳
213	漳卫河	新河	修武
214	漳卫河	安阳河	辛村
215	漳卫河	云簌河	石栈道
216	黑龙港运东	南排水河	肖家楼（闸上）
217	黑龙港运东	索芦河	梁家庄
218	黑龙港运东	江江河	高庄
219	黑龙港运东	滏阳河	邢家湾（二）
220	黑龙港运东	连接河	冯庄
221	黑龙港运东	沧浪渠	窦庄子
222	黑龙港运东	南排水河	东关
223	黑龙港运东	南排水河	扣村
224	黑龙港运东	清凉江	郎吕坡

续表

序号	水系	河流	水文水质站点
225	黑龙港运东	清凉江	马朗
226	黑龙港运东	千顷洼	千顷洼
227	黑龙港运东	老漳河	河古庙
228	黑龙港运东	南运河	安陵（闸上）
229	黑龙港运东	漳卫新河	庆云闸（闸下）
230	黑龙港运东	宣惠河	刘福青
231	黑龙港运东	大浪淀	大浪淀水库
232	黑龙港运东	卫运河	馆陶
233	黑龙港运东	宣惠河	景庄桥
234	黑龙港运东	漳卫新河	吴桥
235	黑龙港运东	漳卫新河	辛集
236	黑龙港运东	宣惠河	新立庄
237	黑龙港运东	捷地减河	周青庄
238	黑龙港运东	沙河	郎吕坡
239	徒骇马颊河	支漳河	第六疃
240	徒骇马颊河	漳卫新河	四女寺闸（漳）
241	徒骇马颊河	卫河	元村
242	徒骇马颊河	卫河	龙王庙
243	徒骇马颊河	卫运河	白庄桥
244	徒骇马颊河	岔河	七里庄闸
245	徒骇马颊河	减河	袁桥闸
246	徒骇马颊河	漳卫新河	王营盘
247	徒骇马颊河	马颊河	南乐
248	徒骇马颊河	马颊河	王铺闸（闸下）
249	徒骇马颊河	马颊河	李家桥闸（闸下）
250	徒骇马颊河	德惠新河	郑店闸（闸下）
251	徒骇马颊河	德惠新河	白鹤观闸（闸下）
252	徒骇马颊河	徒骇河	毕屯
253	徒骇马颊河	徒骇河	聊城
254	徒骇马颊河	徒骇河	宫家闸（闸下）
255	徒骇马颊河	徒骇河	堡集闸（闸下）
256	徒骇马颊河	徒骇河	富国

续表

序号	水系	河流	水文水质站点
257	徒骇马颊河	马颊河	沙王庄
258	徒骇马颊河	马颊河	马庄
259	徒骇马颊河	马颊河	大道王闸（闸下）
260	海河干流	海河	二道闸
261	海河干流	海河	三岔口
262	海河干流	海河	四新桥
263	海河干流	海河	柳林
264	海河干流	子牙河	红卫桥

3.1.2.2 重点饮用水源地监测点位

依据海河流域公布的相关数据，对海河流域 21 个主要水源地水质进行统计，见表 3-5。

表 3-5　2012 年重点饮用水源地监测点位

序号	河流（湖库）	水库名称	蓄水量/亿 m³
1	滦河	潘家口水库	16.63
2	滦河	大黑汀水库	2.65
3	陡河	陡河水库	0.45
4	洋河	洋河水库	1.10
5	青龙河	洋河水库	6.68
6	还乡河	邱庄水库	0.45
7	州河	密云水库	11.18
8	引滦入津河	于桥水库	3.29
9	潮白河	尔王庄水库	0.38
10	永定河	官厅水库	1.37
11	桑干河	册田水库	0.21
12	中易水河	安各庄水库	1.41
13	唐河	西大洋水库	3.07
14	沙河	王快水库	4.61
15	滹沱河	岗南水库	5.63
16	滹沱河	黄壁庄水库	2.08
17	滏阳河	东武仕水库	0.96
18	大浪淀水库	大浪淀水库	0.66
19	漳河	岳城水库	2.24
20	安阳河	南海水库	0.26
21	安阳河	彰武水库	0.26
合计			65.57

3.1.2.3 重点湿地水环境监测点位

白洋淀主要包括15个淀内断面：捞网淀、前塘、采莆台、枣林庄、关城、端村、留通、郭里口、圈头、光淀张庄、同口、安新桥、大张庄、王家寨、北河庄；8个入淀河道断面：安州、漕河、高阳、新盖房、博士庄、温仁、徐水、下河西。

衡水湖主要包括3个监测点：洼内、冀县、小库。

3.1.3 主要水质监测指标

3.1.3.1 水域功能和标准分类

河流评价参数来自水环境质量状况通报提供的相关数据。海河水利委员会对《地表水环境质量标准》（GB 3838—2002）中所规定的相关项目进行了评价，参评项目包括水温、pH、溶解氧、高锰酸盐指数、化学需氧量、五日生化需氧量、氨氮、铜、锌、氟化物、砷、汞、镉、铬（六价）、铅、氰化物、挥发酚、石油类、硫化物和粪大肠菌群等20项。

水源地评价参数选择《地表水环境质量标准》（GB 3838—2002）的必评项目及部分补充项目，包括水温、pH、溶解氧、高锰酸盐指数、化学需氧量、五日生化需氧量、氨氮、铜、锌、氟化物、砷、汞、镉、铬（六价）、铅、氰化物、挥发酚、硫化物、大肠菌群、硫酸盐、氯化物、硝酸盐、铁和锰等24个项目。

海河各湿地评价参数参照国家《地表水环境质量标准》（GB 3838—2002）及各湿地实际情况，选取pH、氯化物、硫酸盐、溶解氧、氨氮、硝酸盐氮、高锰酸盐指数、氰化物、砷、挥发酚、六价铬、汞、镉、铅、铜、溶解性铁、硫化物、氟化物、总磷等19项参数进行评价。

3.1.3.2 评价方法

(1) 水质评价方法

根据《地表水环境质量标准》（GB 3838—2002）中对相关评价方法的规定，地表水环境质量评价应根据应实现的水域功能类别选取相应类别标准，进行单因子评价（即利用实测数据和标准对比分类，选取水质最差的类别即为评价结果）。

(2) 富营养化评价方法

根据《地表水资源质量评价技术规程》（SL 395—2007）中对湖库富营养化状态的评价规定，湖库营养状态评价应采用指数法（首先采用线性插值法将水质项目浓度值转换为赋分值，然后对评价项目的赋分值进行营养状态指数计算，从而得出该评价湖库的营养等级）。

3.1.3.3 海河流域河流水环境诊断

对于河流复杂水环境问题的综合诊断，首先需要从根本上认识河流生态系统基本属性和功能；其次，采用生态完整性综合评价原则，基于实地调查数据和立式数据资料，从物理完整性、化学完整性和生物完整性 3 个方面，围绕流域水系统格局与演变过程、土地利用格局及演变过程、水资源状况与利用格局、水污染结构特征与趋势以及流域经济社会状况与趋势等问题，对河流水环境问题进行数据分析。在河流水污染诊断方面，选择《水功能区划分标准》（GB/T 50594—2010）和《地表水环境质量标准》（GB 3838—2002）关于不同级别水质标准（Ⅰ~Ⅴ类水体）的具体水质参数规定，与河流水质监测资料对比，评价其污染达标或超标状况。

3.2 重点水功能区水质现状及变化趋势分析

3.2.1 海河流域重点水功能区水质现状分析

根据海河水利委员会提供的重点水功能区水质状况通报 2012 年数据（海河水利委员会，2013C），参加评价的 91 个水功能区中，保护区 22 个、保留区 5 个、缓冲区 39 个、饮用水源区 25 个。达到区划水质目标（以下简称达标）的水功能区有 41 个，占 45.1%，未达到区划水质目标（以下简称未达标）的水功能区有 50 个，均占 54.9%（图 3-8）。

在评价的 22 个保护区中，有 12 个达标，所占比例为 54.5%；10 个未达标，所占比例为 45.5%。在评价的 5 个保留区中，全部达标，所占比例为 100.0%。在评价的 39 个缓冲区中，有 11 个达标，所占比例为 28.2%；28 个未达标，所占比例为 71.8%。在评价的 25 个饮用水源区中，有 13 个达标，所占比例为 52.0%；12 个未达标，所占比例为 48.0%（图 3-9）。

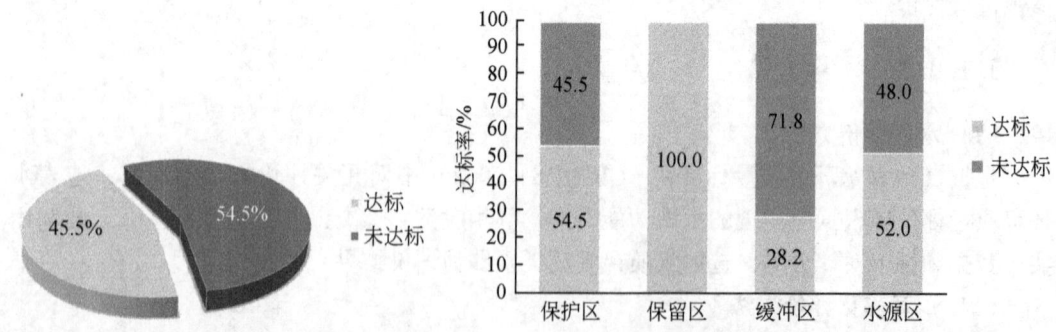

图 3-8 2012 年海河流域全年水质达标情况　　图 3-9 2012 年海河流域各类重点水功能区全年达标情况

总体来看，2012 年 12 个月重点水功能区，水质达标情况波动不大，达标率为 43.82% ~ 53.75%，平均达标率 48.98%，最低达标率出现在 5 月，为 43.82%，最高出现在 2 月和 3 月均为 53.75%（图 3-10）。

2012 年保护区水质年平均达标率为 60.58%，12 个月中有 9 个月达标率超过 50%，分别是 2 月、3 月、4 月、5 月、6 月、7 月、8 月、9 月、12 月，其中 6 月达标率最高，为

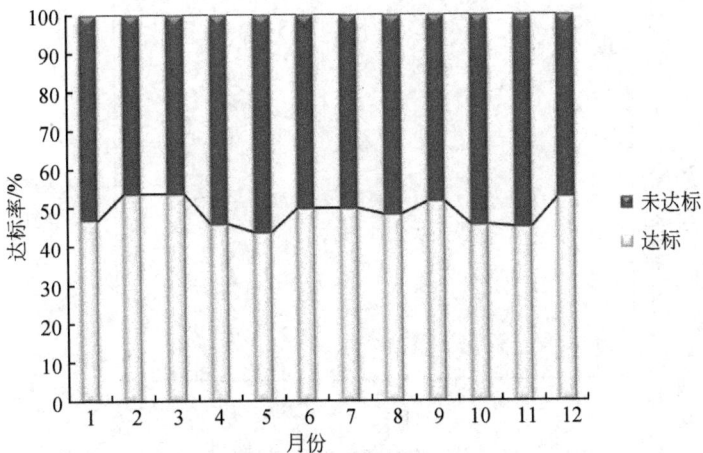

图 3-10 2012 年海河流域各类重点水功能区各月份水质达标情况

75%。水质在 1 月、10 月、11 月 3 个月达标率最低,为 45.5%。从总体来看,其水质情况和海河流域降水量存在一定联系,即在降水量较丰沛的夏季,水质情况总体相对较好(图 3-11)。

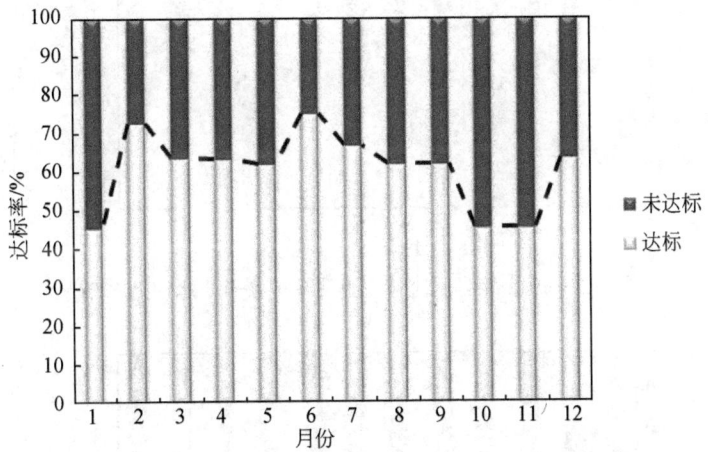

图 3-11 2012 年海河流域重点保护区各月份水质达标情况

2012 年保留区各月份水质达标情况较好,全年达标率都在 60% 以上,年平均达标率为 82.5%。其中,有 6 个月达标率均为 100%,分别为 2 月、3 月、9 月、10 月、11 月、12 月。4 月、5 月、6 月、7 月达标率最低,均为 60%(图 3-12)。

2012 年缓冲区各月份水质达标情况不容乐观,全年达标率都在 41.40% 以下,年平均达标率为 33.75%。其中,6 月达标率最低,为 27.8%(图 3-13)。

2012 年水源区各月份水质达标率都在 50% 左右,年平均达标率为 54.32%。其中,12 月达标率最高,为 68%,5 月达标率最低,为 40%(图 3-14)。

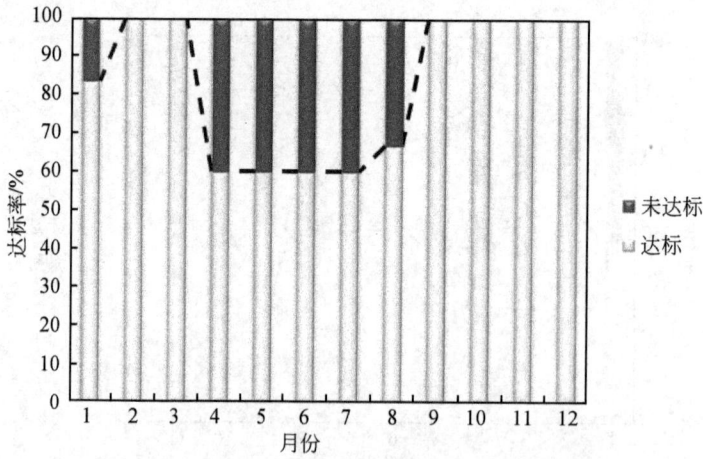

图 3-12　2012 年海河流域重点保留区各月份水质达标情况

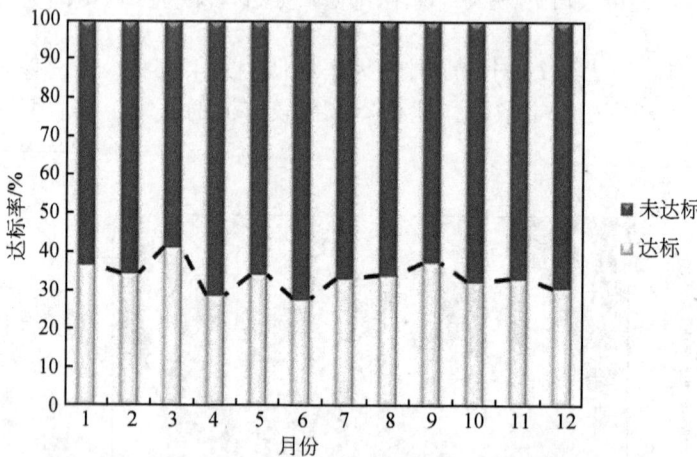

图 3-13　2012 年海河流域重点缓冲区各月份水质达标情况

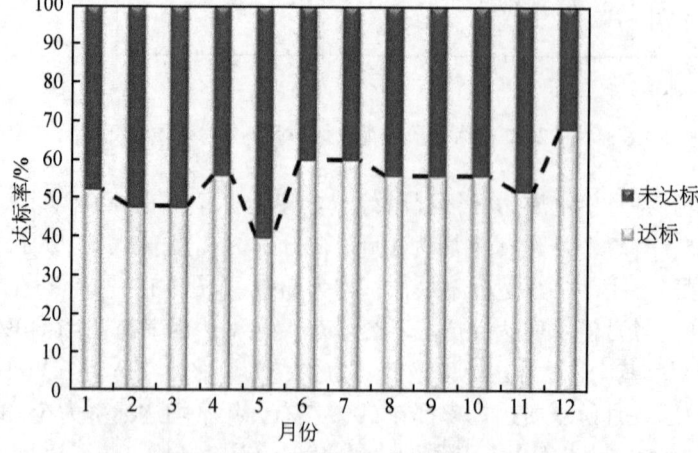

图 3-14　2012 年海河流域重点水源区各月份水质达标情况

3.2.2 海河流域重点水功能区水质变化趋势分析

根据海河水利委员会提供的重点水功能区水质状况通报 2006~2012 年数据（海河水利委员会，2013C），从总体上看，随着时间的变化，水质总体达标率有所提高，7 年平均达标率为 42.66%。仅 2009 年和 2010 年水质达标率超过 50%，分别为 53.41% 和 51.16%。2011 年水质达标率最低，为 34.94%（图3-15）。

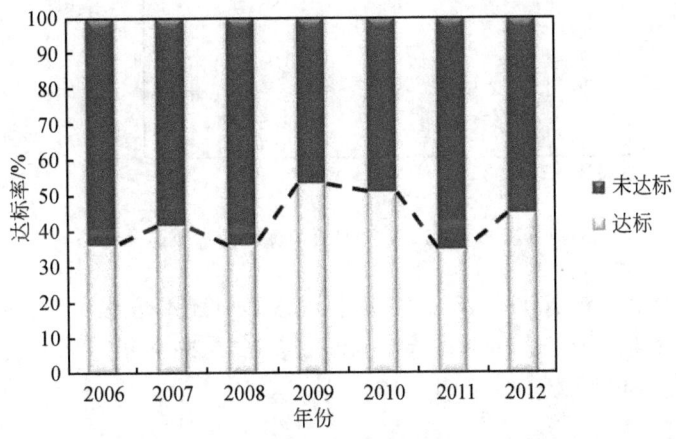

图 3-15　2006~2012 年海河流域全年水质达标趋势

从总体上看，2006~2012 年，保护区达标率有所提高，前 3 年水质达标率波动幅度大，后 4 年相对平稳。在 2006~2012 年平均达标率为 52.60%，2007 年、2009 年、2010 年这 3 年达标率超过 60%，分别为 66.70%、60.80%、60.90%。2008 年达标率最低，为 36.80%（图3-16）。

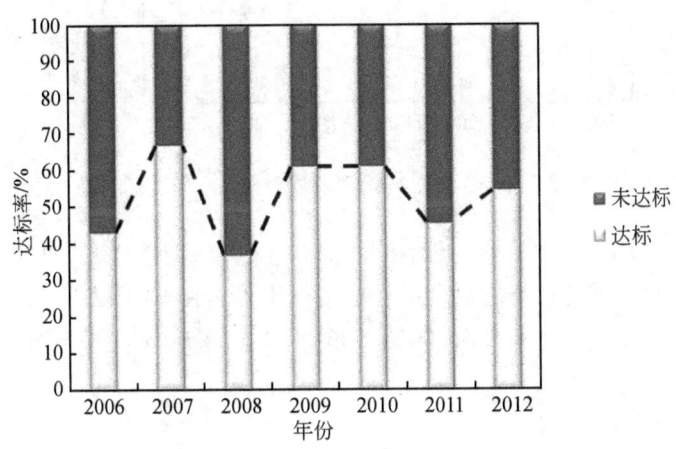

图 3-16　2006~2012 年海河流域保护区水质达标趋势

保留区水质达标率在 2006~2012 年 7 年间波动幅度较大，7 年平均达标率为 60.87%。其中，2012 年达标率最高，为 100%；2011 年达标率最低，为 33.30%（图 3-17）。

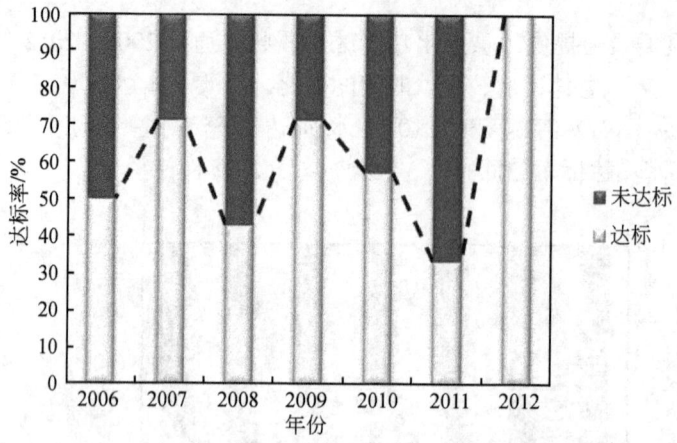

图 3-17　2006~2012 年海河流域保留区水质达标趋势

缓冲区水质达标率在 2006~2012 年 7 年间总体情况不理想，7 年平均达标率仅为 34.50%。所有统计年份中，达标率均低于 50%，其中，2009 年达标率最高，为 42.4%；2011 年达标率最低，仅为 25.0%（图 3-18）。

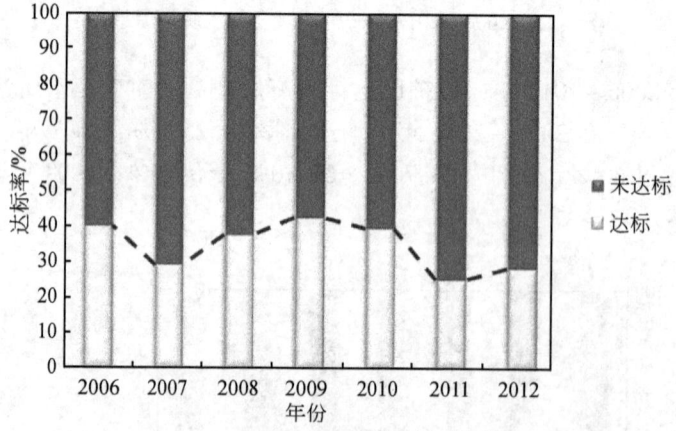

图 3-18　2006~2012 年海河流域缓冲区水质达标趋势

从总体上看，2006~2012 年，饮用水源区达标率有所提高，7 年平均达标率为 43.93%，从 2009 年开始达标率提高明显，但达标率仍然在 60% 以下。2009 年、2010 年、2012 年 3 年达标率较高，分别为 56.00%、56.50%、52.00%。2006 年达标率最低，为 21.7%（图 3-19）。

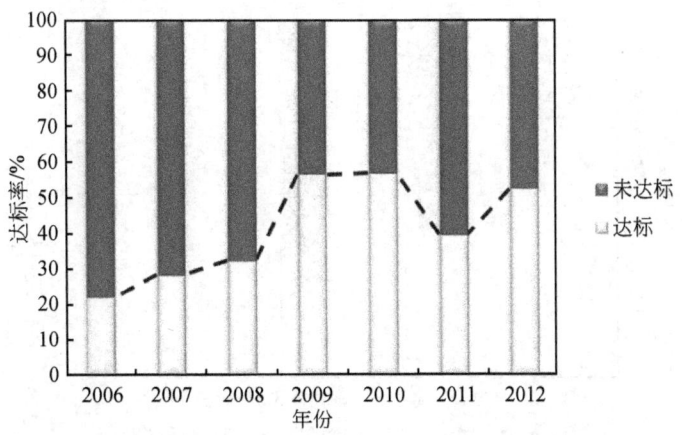

图 3-19 2006～2012 年海河流域饮用水源区水质达标趋势

3.3 海河流域重点河流水质现状及趋势分析

3.3.1 海河流域重点河流水质现状分析

根据海河水利委员会提供的水资源公报 2011 年数据（海河水利委员会，2011），全年期评价河流长 14 088.6 km，其中 Ⅰ～Ⅲ 类水评价河长 5105.3 km，占评价河长的 36%；Ⅳ～Ⅴ 类水评价河长 1799.1 km，占评价河长的 13%；劣 Ⅴ 类水评价河长 7184.2 km，占评价河长的 51%（图 3-20）。

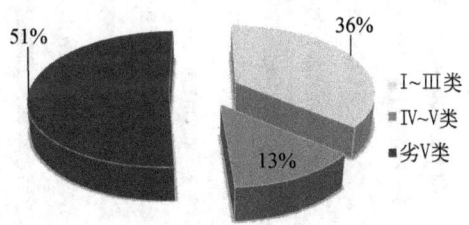

图 3-20 2011 年海河流域重点河流水质达标比例

从图 3-21 中可以明显看出，2011 年海河流域 4 个水系区域从北向南水质有逐渐变差的趋势。特别是徒骇马颊河水系，劣 Ⅴ 类水体比例达到 71%，Ⅰ～Ⅲ 类水体仅占 29%，是海河流域 4 个水系水质最差的。滦河系水质相对最好，Ⅰ～Ⅲ 类水体占 72%，劣 Ⅴ 类水体占 12%；其次为海河北系，Ⅰ～Ⅲ 水体占 41%，劣 Ⅴ 类水体占 48%（图 3-21）。

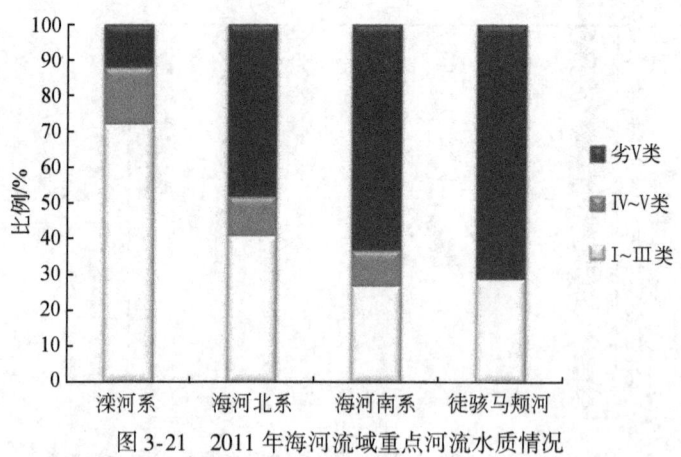

图 3-21　2011 年海河流域重点河流水质情况

3.3.2　海河流域重点河流水质变化趋势分析

根据海河水利委员会提供的水资源公报 1998～2011 年 14 年间的数据来看，海河流域全河流水质总体无明显好转，Ⅰ类、Ⅱ类和Ⅲ类水体比例仍然偏低，劣Ⅴ类水体比例仍然偏高。14 年间Ⅰ类、Ⅱ类和Ⅲ类水体平均占 35.5%，Ⅳ类和Ⅴ类水体占 12.0%，劣Ⅴ类水体占 52.5%。1998 年水质情况最差，Ⅰ类、Ⅱ类和Ⅲ类水体占 25.2%，Ⅳ类和Ⅴ类水体占 15.2%，劣Ⅴ类水体占 59.6%。2002 年水质情况相对最好，Ⅰ类、Ⅱ类和Ⅲ类水体占 42.9%，Ⅳ类和Ⅴ类水体占 10.1%，劣Ⅴ类水体占 47.0%（图 3-22）。

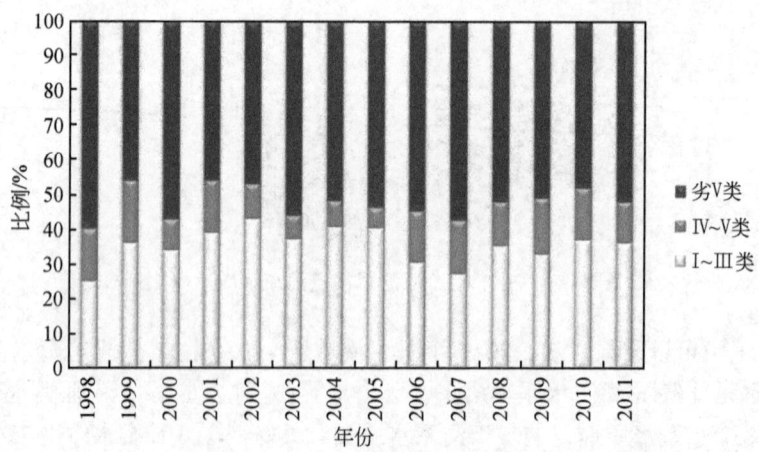

图 3-22　1998～2011 年海河流域重点河流水质变化情况

对比海河流域其他 3 个水系来看，滦河系水质相对较好。从 2003 年到 2011 年的 9 年间水体水质出现逐渐变好的趋势，Ⅰ类、Ⅱ类和Ⅲ类水体比例总体上有所增长，劣Ⅴ类水体比例有一定降低。9年间，Ⅰ~Ⅴ类水体平均为77.6%，劣Ⅴ类水体占22.4%。其中，2006年和2007年Ⅰ类、Ⅱ类和Ⅲ类水体比例相对较低分别为41%和40%；2008年、2010年、2011年Ⅰ类、Ⅱ类和Ⅲ类比例较高，分别为73%、71%、72%（图3-23）。

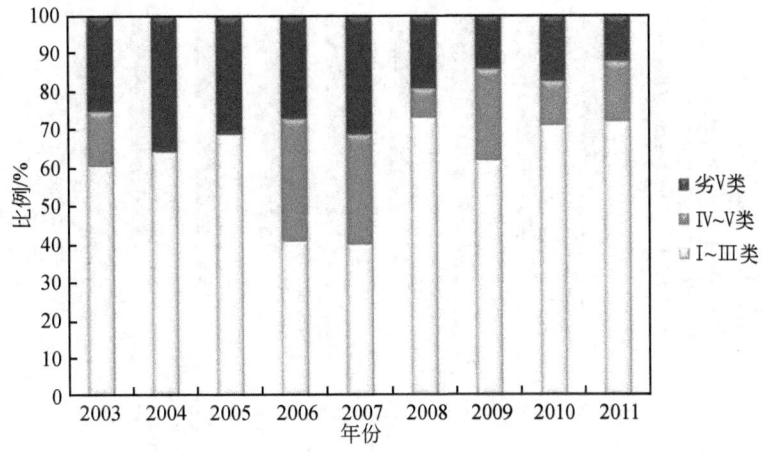

图3-23　2003~2011年滦河水系水质变化情况

海河流域海河北系水体水质在2003~2011年变化稍有波动，但变化不大，Ⅰ~Ⅴ类水体所占比例为50.0%~62.2%，平均为56.4%；劣Ⅴ类水体所占比例为37.8%~50%，平均为43.6%。其中，2004年水质相对较好，Ⅰ~Ⅴ类水体所占比例为62.2%，劣Ⅴ类水体所占比例为37.8%；2007年Ⅰ~Ⅴ类水体所占比例为50.0%，劣Ⅴ类水体所占比例为50.0%（图3-24）。

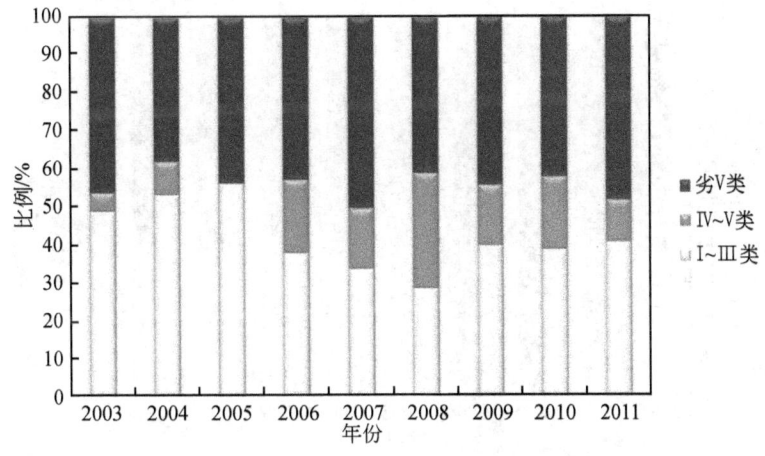

图3-24　2003~2011年海河北系水质变化情况

在2003~2011年，海河流域海河南系水体水质较差，除2004年水质明显较其他年份好外，其他年份水质基本保持稳定。9年间Ⅰ~Ⅴ类水体所占比例平均为40.2%，劣Ⅴ类水体占59.8%。2004年Ⅰ类、Ⅱ类和Ⅲ类水体占61.0%，劣Ⅴ类水体占33.5%，为海河南系9年来水质最好的一年；水质在2003年最差，劣Ⅴ类水体高达72.6%，而Ⅰ类、Ⅱ类和Ⅲ类仅占22.7%（图3-25）。

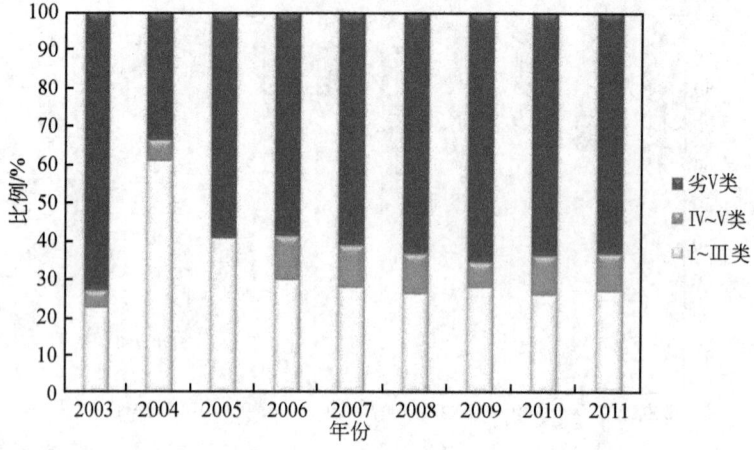

图3-25 2003~2011年海河南系水质变化情况

相比海河流域其他水系，徒骇马颊河水体水质最差，从2007年开始稍有改善。从2003年到2011年，Ⅰ类、Ⅱ类和Ⅲ类水体所占比例平均为15.7%，劣Ⅴ类水体比例竟高达81.4%。2004年、2005年、2006年这3年水质全为劣Ⅴ类，且2003年劣Ⅴ类水体也占88.8%。从2007年开始，Ⅰ类、Ⅱ类和Ⅲ类水体总体比例有所提高，但劣Ⅴ类水体仍然占绝大部分（图3-26）。

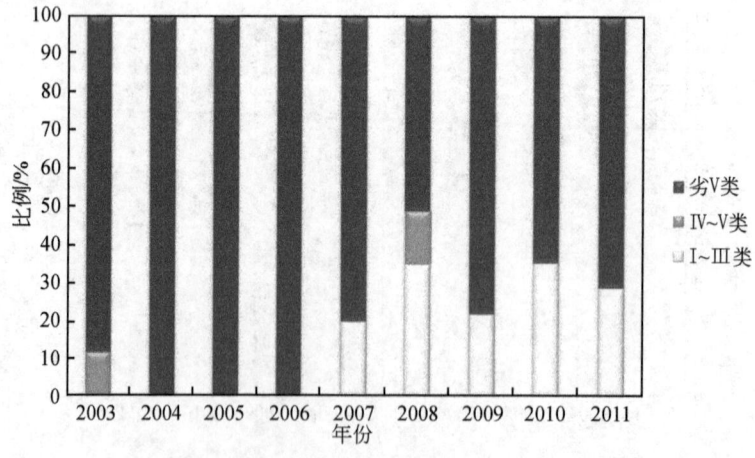

图3-26 2003~2011年徒骇马颊水系水质变化情况

3.4 海河流域重点跨界河流水质现状及变化趋势分析

3.4.1 海河流域重点跨界河流水质现状分析

根据各省、自治区、直辖市提供的水质监测资料，按照国家《地面水环境标准》（GB 3838—2002），海河水利委员会公布的省界水体水环境质量状况通报（海河水利委员会，2013a）对2012年海河流域跨界河流进行了评价，参加评价的河流有128条。

2012年跨界河流水质总体不容乐观，参加评价的61个断面中，劣Ⅴ类水体水质断面有39个，比例高达64%，Ⅰ类、Ⅱ类和Ⅲ类水体水质断面有14个，比例总计23%，Ⅳ类和Ⅴ类水体水质断面有8个，占13%（图3-27）。

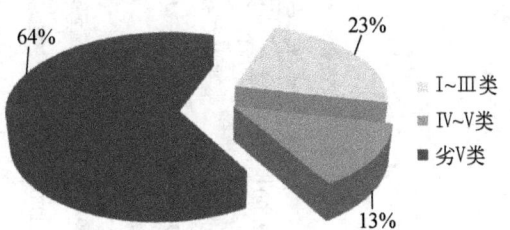

图3-27 2012年海河流域重点跨界河流水质达标比例

2012年各月份跨界河流监测数据表明，水质情况较稳定，但仍以劣Ⅴ类水体为主，Ⅰ类、Ⅱ类和Ⅲ类水体比例仍然较低。各月Ⅰ类、Ⅱ类和Ⅲ类水体平均为28.6%，Ⅳ~Ⅴ类水体比例为14.0%，劣Ⅴ类水体占57.4%。其中，12月劣Ⅴ类水体占65.6%，为全年最高；9月Ⅰ类、Ⅱ类和Ⅲ类水体占33.9%为全年最高（图3-28）。

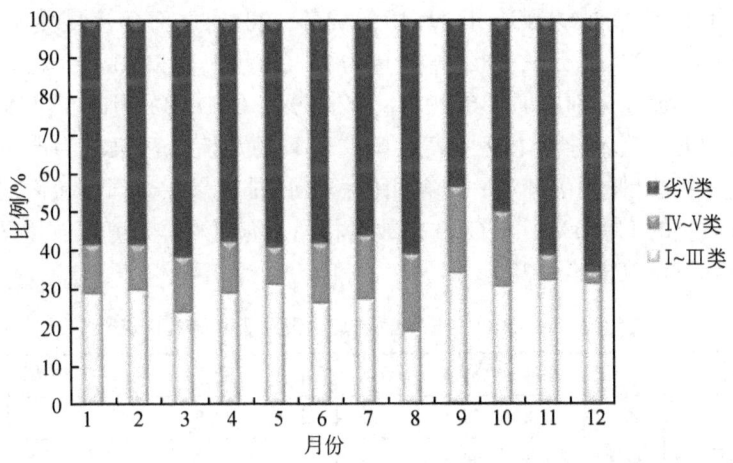

图3-28 2012年各月海河流域重点跨界河流水质情况

3.4.2 海河流域重点跨界河流水质变化趋势分析

通过对比海河水利委员会公布的2000~2012年跨界河流水质相关数据趋势发现，在统计年份间，水体各类水质基本维持平稳，水质状况无明显改善，劣Ⅴ类水体仍占主要比例，为51.0%~63.9%，Ⅰ类、Ⅱ类和Ⅲ类为21.0%~41.8%（图3-29）。

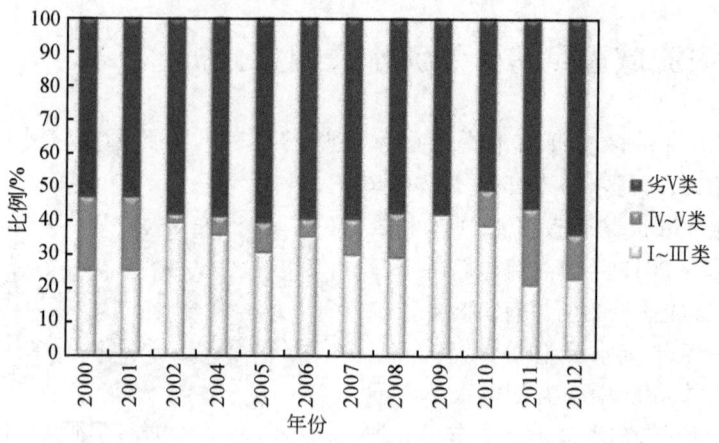

图3-29 2000~2012年海河流域重点跨界河流水质变化情况

注：缺少2003年数据。

3.5 海河流域纳污现状及趋势分析

3.5.1 海河流域污染物排放现状分析

2011年环境统计数据显示（中国环境保护部，2013），海河流域废水排放量为67.1亿t，COD排放量为274.9万t，氨氮排放量为24.2万t。与2010年排污量比较，发现废水排放量和氨氮排放量分别增加了0.20%、16.85%，COD排放量减少了20.98%。

与国内其他九大流域进行比较（表3-6），发现海河流域污染较为严重，废水排放量占全国河流废水排放量的10.18%，居第四位；COD排放量在全国流域内居第四位，排放量占全国总排放量的11.00%；与COD排放量相同，海河流域氨氮排放量同样位居十大河流第四位，占到总排放量的9.30%。

表3-6 2011年十大河流废水及污染物排放情况

指标		松花江	辽河	海河	黄河	淮河	长江	珠江	东南诸河	西南诸河	西北诸河
废水/亿t	工业	8.1	10.8	22.8	14.8	33.1	70.8	31.1	31.6	2.8	5
	生活	17.8	17.1	44.3	26.1	57.2	142.9	79.7	32.4	3.2	7.2
	集中式	0.007	0.011	0.035	0.011	0.033	0.183	0.055	0.059	0.004	0.004
	总计	25.9	27.9	67.1	40.9	90.3	213.9	110.9	64.1	6.0	12.2

续表

指标		松花江	辽河	海河	黄河	淮河	长江	珠江	东南诸河	西南诸河	西北诸河
COD /万t	工业	17.9	15.9	33.4	40.2	36.1	93.7	51.9	25.1	13.4	27.3
	农业	167.7	118.1	175.2	88.7	198.6	249	102.4	34.3	3.2	48.8
	生活	55.7	41.8	64.5	67.8	121.4	322.9	160.7	69.8	15.8	18.5
	集中式	1.27	1.09	1.78	1.07	1.97	8.3	2.24	1.08	0.69	0.62
	总计	242.6	176.9	274.9	197.8	358.1	673.9	317.2	130.3	33.1	95.2
氨氮 /万t	工业	1.1	1.3	3	3.7	3.1	8.7	3.1	1.7	0.2	2.2
	农业	5.2	4.5	9.2	4	14.8	27.2	10.7	5	0.5	1.5
	生活	8.6	8.1	11.9	11.5	19.4	48.3	23.6	11.3	2	3
	集中式	0.14	0.14	0.15	0.13	0.21	0.78	0.23	0.09	0.09	0.04
	总计	15.0	14.0	24.2	19.3	37.5	85.0	37.6	18.1	2.8	6.7

对海河流域各地区污染物排放情况进行统计，发现山东废水、COD和氨氮排放量均最高，分别占各行政区总排放量的28.85%、29.72%和28.53%。其次为河南，废水、COD和氨氮排放量分别占各行政区总排放量的24.71%、21.51%和25.37%。北京和天津所排放的污水、COD和氨氮量较少，因此对海河流域污染贡献率最小（图3-30～图3-32）。

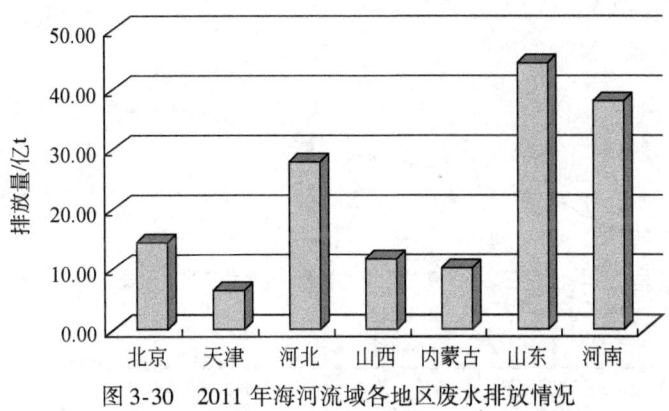

图3-30　2011年海河流域各地区废水排放情况

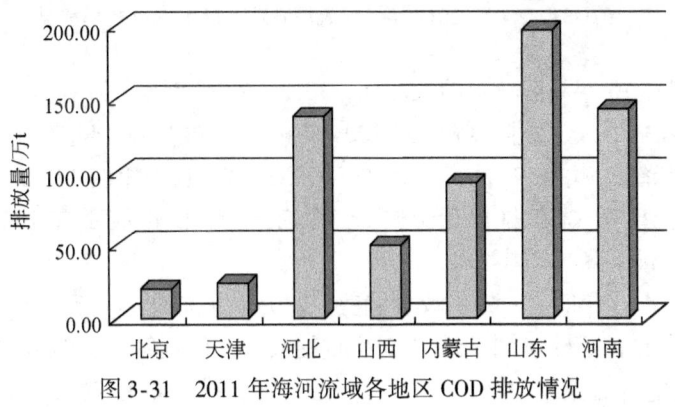

图3-31　2011年海河流域各地区COD排放情况

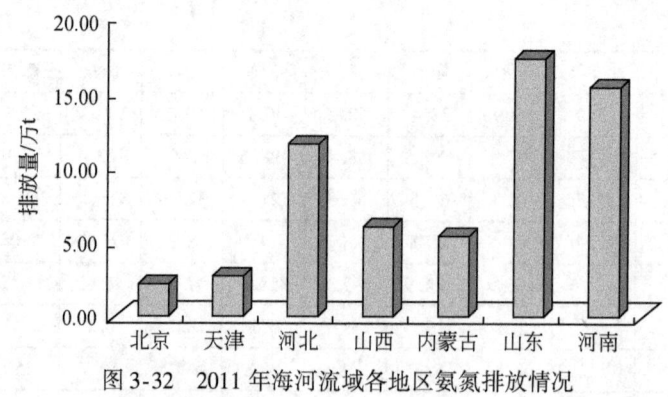

图 3-32　2011 年海河流域各地区氨氮排放情况

3.5.2　海河流域纳污量趋势分析

根据 2002～2011 年环境统计年报数据（中国环境保护部，2013），对海河流域废水排放量、COD 排放量和氨氮排放量进行统计，统计结果如图 3-33 所示。

海河流域废水排放量 10 年间呈平缓上升趋势，由 2002 年的 35.7 亿 t 经过 10 年时间增加到 2011 年的 67.1 亿 t；由图 3-33 分析发现，废水总量受生活废水量影响较大，工业废水量 10 年间变化不明显。

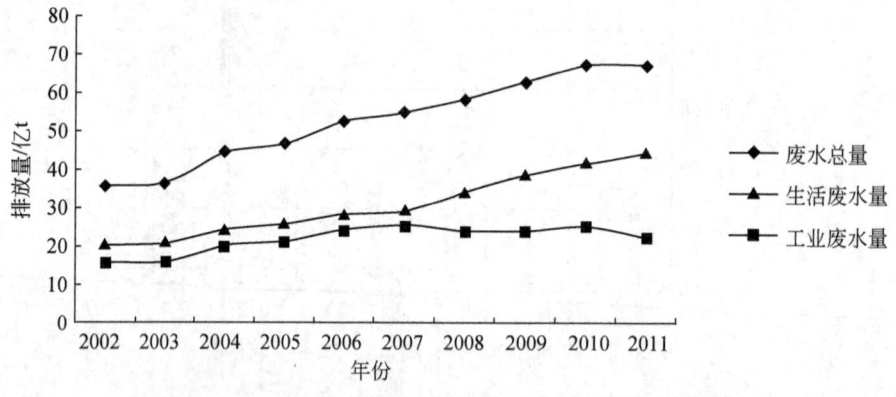

图 3-33　2002～2011 年海河流域各地区废水排放变化情况

COD 排放量在 10 年间有一定的波动性，2002～2004 年呈下降趋势，并在 2004 年达到历史最低点（67.3 万 t）后排量骤增到 2006 年的历史最高点 144.7 万 t；但 2006 年后，COD 排放量逐年降低，并于 2011 年降至 97.9 万 t，与 2002 年的 113.2 万 t 相当。同样，总 COD 排放量受生活 COD 排放量影响较大，工业 COD 排放量在 2006 年达到最高点（67.0 万 t）后缓慢下降（图 3-34）。

氨氮排放量在 10 年间有一定的反复趋势，2003～2006 年呈上升趋势，并在 2006 年达到历史最高点（14.4 万 t）后排放量出现少量的减少，但近两年有明显的上升趋势。总氨氮排放量同样受生活氨氮排放量影响较大，工业氨氮排放量在 2005 年达到最高点（6.3

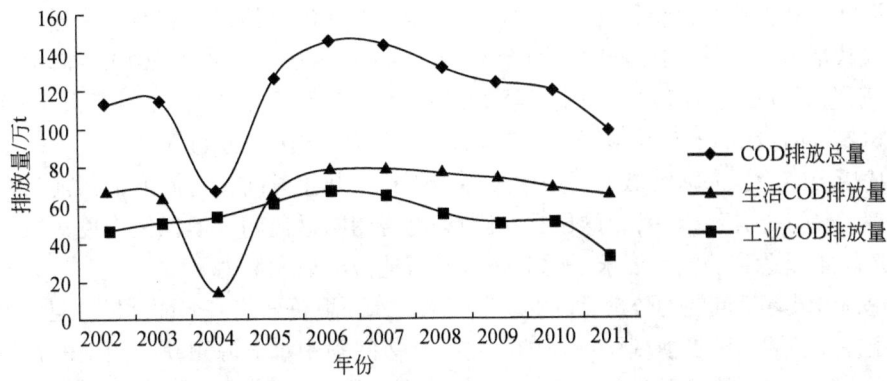

图 3-34　2002~2011 年海河流域各地区 COD 排放变化情况

万 t）后缓慢下降（图 3-35）。

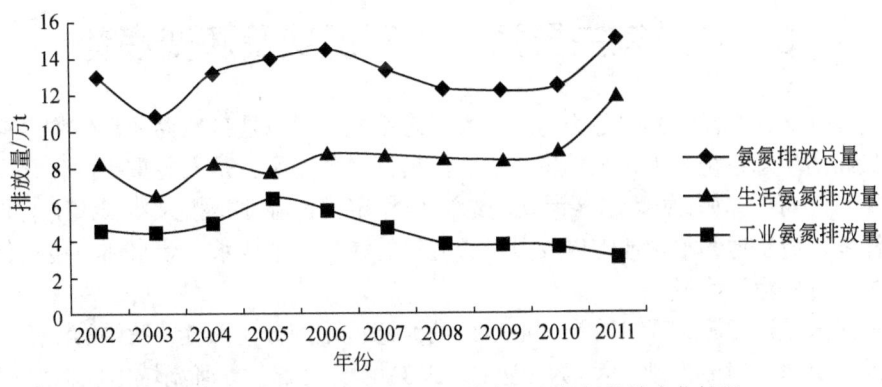

图 3-35　2002~2011 年海河流域各地区氨氮排放变化情况

3.5.3　海河流域纳污量变化分析

国务院颁布《取水许可制度实施办法》后，海河水利委员会编制完成了《海河流域实施〈取水许可制度实施办法〉细则》，在实施取水许可审批的同时，同步开展了取水许可退水水质管理工作，严控新建入河排污口。

为加强入河排污口监督管理，海河水利委员会编制了《海河流域入河排污口监督管理权限》，并于 2008 年 6 月 19 日得到水利部水资源 [2008] 217 号文件的批复，从入河排污口设置审查、登记、整治、档案、监测 5 个方面，明确规定了海河流域各省、自治区、直辖市水行政主管部门和海河水利委员会入河排污口监督管理权限，进一步规范和深化了流域入河排污口监督管理工作。

根据海河水利委员会公布的相关数据进行分析，发现自 1998 年开始，海河流域入河污废水总量在 2005 年前有明显下降（由最初的 56.1 亿 t 降至 2005 年的 44.85 亿 t），同时工业废水和生活污水的排放量也得到一定的控制；但 2005 年至 2011 年，总排放量有回升现象，这可能是由生活污水排放量有明显增加造成的。

从海河水利委员会组织开展的多次流域较全面的入河排污口调查结果来看，全流域入河排污口数量由2003年的4000多个降到2007年的1200个，并于2010年降至1000个；COD入河量由2003年的133.1万t降至2007年的110.8万t，并于2010年降至63.7万t；同时，氨氮入河量由18.5万t降至12.2万t，再降至2010年的11万t。

对比历史经验，海河流域的污染治理历程不过十几年时间，将海河治污前与海河现在对比发现，经过十几年治污，海河的污染趋势已得到明显遏制，但仍呈中度污染程度，欲使海河流域水质达到功能区要求，仍需坚持不懈地做出更大努力。

从海河流域环境问题的分析可以发现，流域内水环境仍面临多方面问题，且大部分都属于客观条件及长期的历史演变所遗留的问题。这些问题中水资源短缺是当地的自然客观条件，是人为难以转变的客观事实。工业产业结构不合理、农业面源污染严重及污水处理厂建设落后、管网配套不完善等问题都在短期内难以发生根本转变，但这些因素都对海河流域的环境质量起着至关重要的作用，因此在短时间内难以使海河流域水环境质量得到明显改善。

3.6 流域主要湿地水质现状及演变趋势

湿地、森林与海洋一起并称为全球三大生态系统。湿地是自然界最富生物多样性和生态功能最高的生态系统，为人类的生产、生活提供多种资源，是人类重要的生存环境，被誉为"地球之肾"。按拉姆萨尔《湿地公约》所作定义，湿地是指天然或人工、长久或暂时的沼泽地、泥炭地和水域地带以及静止或流动的淡水、半咸水、咸水体，包括低潮时水深不超过6 m的海洋水域。

根据我国湿地资源的现状以及《湿地公约》对湿地的分类系统，我国的湿地共分沼泽湿地、湖泊湿地、河流湿地、滨海湿地、人工湿地五大类。海河流域山区以水库性湿地（人工湿地）为主，中部平原区以沼泽湿地、湖泊湿地和河流湿地为主，下游滨海区以滨海湿地为主。由于水库的大量兴建，海河流域山区湿地面积总体呈增加趋势。平原地区由于河流冲击和洪积形成洼淀群以及大量河流岸带，构成了中游和下游各种湿地类型。历史上大陆泽-宁晋泊海河流域的主要湿地包括白洋淀、南大港和衡水湖三大湿地。

近十年来，由于平原水系人工干扰强烈，水资源匮乏，湿地退化非常严重。2000~2010年，白洋淀由278.43 km²减小到227.86 km²，南大港由105.75 km²减小到54.87 km²。主要湿地面积变化如表3-7所示。

表3-7 海河流域主要湿地面积对照表

湿地名称	面积/km²			行政区域	地区
	2000年	2005年	2010年		
白洋淀	278.43	228.38	227.86	安新、雄县、任丘、容城、霸州	保定、沧州、廊坊
衡水湖	52.11	52.05	52.52	衡水市	衡水
南大港	105.75	80.43	54.87	黄骅	沧州

3.6.1 白洋淀

白洋淀是海河流域最为重要的内陆湿地，位于河北中部，是太行山前的永定河冲积扇交汇处的善缘洼地上汇水形成。现有大小淀泊143个和3700条壕沟，其中以白洋淀、烧车淀、羊角淀、池鱼淀、后塘淀等较大，淀区汇集南、西、北三面呈扇形分布的潴泷河、孝义河、唐河、府河、漕河、瀑河、萍河、清水河和白沟引河9条河流。20世纪60年代以前白洋淀区水量丰沛，1956年入淀水量51亿 m³，后因上游大量修建水库，同时降水量减少，淀内水位急剧下降，水域面积大幅度萎缩，2003年白洋淀水位降至5.97m，蓄水量仅0.205亿 m³，2005年白洋淀水域面积为100 km²。

白洋淀湿地具有重要的环境资源，还有巨大的环境调节功能和生态效益，如提供水资源、调节气候、涵养水源、调节洪水、降解污染物、保护生物多样性和珍稀物种资源等，在为人类提供生产、生活资源方面发挥了重要作用，它在调控大清河水系洪水、调节径流方面的功能也十分显著。白洋淀淀区蓄水主要依靠上游降水的地表径流，受上游经济社会发展对水资源需求不断扩大等原因影响，近10年主要入淀河水没有天然来水。目前，白洋淀淀区面临的主要问题是水资源短缺和水污染。

3.6.1.1 白洋淀水量变化规律分析

白洋淀为大型平原洼淀，水面广而蒸发渗漏量大，蓄水容积小，洼淀调蓄能力差，遇连续枯水年份极易干涸。为保证白洋淀不干涸，维持最小水循环，每年需补充水量1.99亿 m³。程朝立等（2011）统计多年资料表明，为改善白洋淀湿地生态系统的缺水局面，相关部门近10年多次从王快、西大洋、安格庄水库调水补淀以及从外流域岳城水库和黄河引水补给白洋淀（表3-8）。白洋淀收水约9.55亿 m³，在一定程度上缓解了白洋淀的生态危机，对维持白洋淀湿地的生态平衡起到重要作用。

表3-8 近10年外调水入淀水量　　　　　　　　　　（单位：万 m³）

年份	2000	2001	2002	2003	2004	2005	2006	2007	2008	2009
入淀水量	4 060	6 674	8 578	11 634	16 000	4 251	15 692	0	15 706	12 826

根据海河水利委员会《海河流域水资源质量公报》2006~2012年数据，2006~2012年白洋淀年平均蓄水量如图3-36所示。2012年蓄水量最大，高达1.8亿 m³，2006年和2007年蓄水量较低，蓄水量分别为0.76亿 m³ 和0.73亿 m³。

3.6.1.2 白洋淀水位

白洋淀2006~2012年平均月水位变化过程见图3-37，年最低水位一般出现在6~7月，最高水位出现在3月、4月。白洋淀水位月份变化表明（图3-38），除2008年白洋淀水位呈现逐月上升趋势外，其他年份水位均为6~7月份最低，3~4月份最高，8~12月份呈现较平稳的水平。

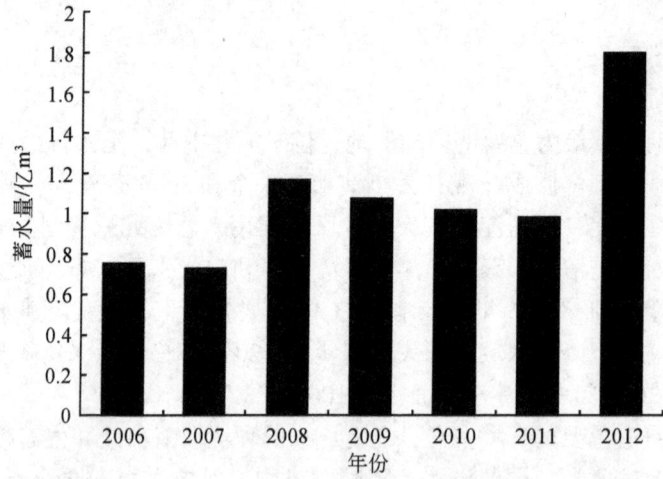

图3-36 白洋淀水库蓄水量变化趋势（2006~2012年）

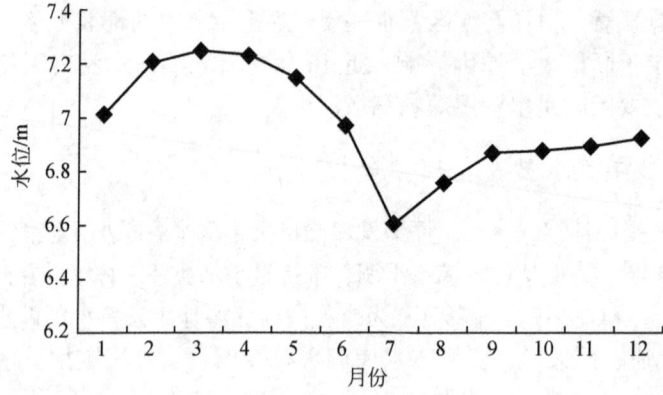

图3-37 多年平均月水位变化（2006~2012年）

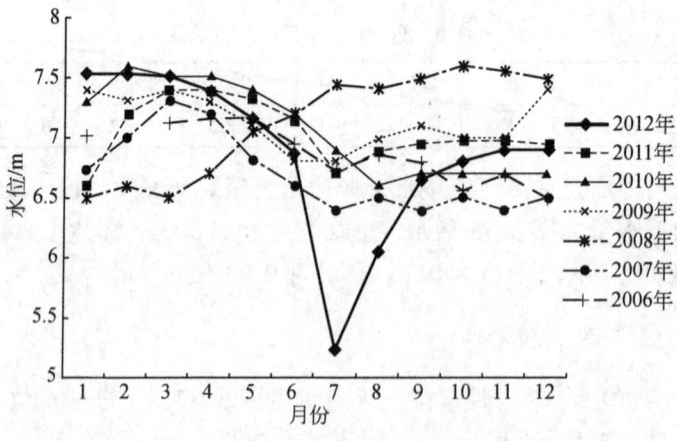

图3-38 白洋淀每月水位变化（2006~2012年）

3.6.1.3 白洋淀水质现状

2012年，海河流域监测中心对白洋淀淀内15个断面以及入淀河道的8个断面进行监测，评价结果见图3-39。北河庄、同口全年均为淀干，入淀河道中新盖房、博士庄、温仁、漕河、徐水和下河西全年均为河干；除关城、留通、郭里口这3个断面在1月、2月、3月、4月为Ⅲ类水质，光淀张庄和王家寨分别在8月和9月为Ⅲ类水质，达到水功能区水质标准外，其他断面均不能达水功能区划要求水质目标，水体污染严重。主要超标污染物为高锰酸盐指数、化学需氧量和五日生化需氧量、氨氮等，属于有机污染类型。白洋淀水质在春季要明显优于冬季，表现为春季监测断面有13%为Ⅲ类水质，劣Ⅴ类水质17.3%~21.7%，而冬季所有断面均不能达到水功能区划要求水质目标，劣Ⅴ类水质高达34.8%。

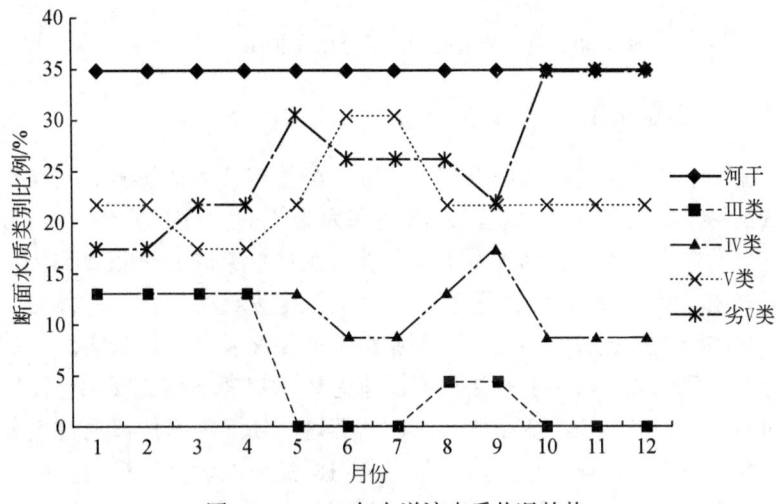

图3-39 2012年白洋淀水质状况趋势

3.6.1.4 白洋淀水质变化趋势

根据《海河流域水资源质量公报》2006~2012年的水质监测数据，总体来看，23个断面均不能达到水功能区划水质目标，水体污染严重，主要超标项目有氨氮、高锰酸盐指数、五日生化需氧量、硫化物、溶解氧、总磷和挥发酚。据2006~2012年监测资料分析，安新桥、大张庄、王家寨、安州监测断面为劣Ⅴ类，前塘、枣林庄监测断面水质在Ⅳ~Ⅴ类，采莆台断面水质类别可达Ⅳ类。

从2006年到2012年，白洋淀湿地水质变化较明显，呈逐渐恶化趋势（图3-40）。23个监测断面中，Ⅲ类水所占比例由2006年的4.3%降低为2012年的0%，Ⅴ类水由43.5%降至17.4%，劣Ⅴ类水由8.7%上升至39.1%，水质逐年恶化。2006年干涸的断面有北河庄、新盖房、博士庄、温仁、徐水和下河西河，到2012年新增加了漕河和同口两处，湿地面积呈减少趋势。2006~2009年，白洋淀湿地大部分水体较清澈，2010年以后，白洋淀湿地大部分水体略浑浊。

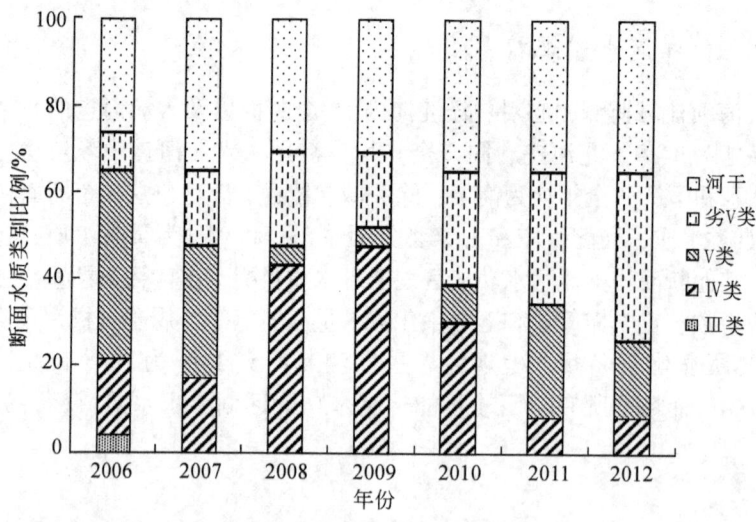

图 3-40 白洋淀水质状况百分比（2006~2012 年）

3.6.1.5 污染源分析

白洋淀受流域上游平原地区城镇及其周围人类的生产、生活影响，污染严重，河道内基本为沿途城镇污水。由于水体沿途蒸发渗漏和人为拦截，目前只有府河水体流入淀区。府河水为处理后的中水，水体仍劣于Ⅴ类，是淀区水体污染的一个重要原因。此外，白洋淀淀区及周边有 39 个临水村，约 10 万居民，每天产生大量生活污水和垃圾，但缺乏有效处理措施，对淀内水质造成很大污染；近年旅游业的快速发展，使旅游旺季游船、游客大量增加，由于人们环保意识淡薄，也给白洋淀生态环境带来不利的影响；淀区人民为了发展经济，大面积开发围堤养鱼、养蟹等人工水产养殖，使淀内水体流通性变差，并投放大量的饲料，也会对白洋淀水体造成污染；最后是白洋淀底泥污染物释放。根据白洋淀 2004 年年底泥监测资料，白洋淀底泥中有机质含量 5~40 g/kg，其中泛鱼淀、羊角淀、莲花淀、鲫鲶淀含量较高，大鸭圈、白洋淀（主淀）、东淀含量较低。白洋淀底泥中重金属主要为铜、铅、镉、锌等元素，其中铜为 30.658 mg/kg、锌 112.333 mg/kg、铅 54.612 mg/kg、镉 7.031 mg/kg。根据《土壤环境质量标准》（GB 15618—1995），锌含量超 0.12 倍、铅含量超 0.56 倍、镉含量超 34.15 倍（程朝立等，2011）。由此可见，白洋淀底泥中重金属和营养物质极其丰富，在一定条件下将向水中迁移，造成水体污染。

白洋淀湿地是全国重点水源保护地之一。水资源严重匮乏，是白洋淀现今面临的最主要问题。同时，白洋淀水污染严重。因而，在解决好白洋淀缺水危机的同时，应加强水污染防治工作，以防止白洋淀湿地生态环境继续恶化。

3.6.2 衡水湖

衡水湖是华北平原面积仅次于白洋淀的第二大内陆淡水湖，是华北平原唯一保持湿地生态系统完整的自然保护区。衡水湖位于河北衡水市、冀州市、枣强县之间的三角地带，俗称"千顷洼"。衡水湖与滏阳河相连，包括西湖、东湖和冀州小湖3个湖区，总面积187.87 km²，蓄水面积75 km²，最大蓄水能力1.88亿 m³。衡水湖地理位置显要，位于"南水北调"中线工程必经之路上。南水北调工程竣工之后，衡水湖将得到足量补给，成为南水北调途中重要蓄水地与中转站。

3.6.2.1 衡水湖水量变化规律分析

衡水湖蓄水水位21 m，最大蓄水能力1.88亿 m³，平均降水量518.9 mm，蒸发量1296 mm。降雨量远远低于蒸发量，地表径流量较小，靠流域降水很难维持衡水湖湿地。因此，人工调水是维系衡水湖湿地的主要水源。数据统计发现，自1994年以来，引黄河水成为衡水湖主要水源补给方式。衡水湖1999~2009年10年间累计引蓄黄河水约5.84亿 m³（刘振杰，2004）（表3-9）。

表3-9 近10年历次引黄入湖水量 （单位：万 m³）

时间（年.月.日）	水量
1998.12.03~1999.01.26	6860.9
1999.12.04~2000.01.17	7361.5
2001.12.17~2002.01.18	4209.1
2002.12.15~2003.01.29	5704
2003.09.23~2003.11.04	3991
2004.11.06~2004.12.30	6563
2006.11.29~2007.01.04	6351
2008.02.04~2008.05.09	6456
2009.01.06~2009.02.04	5272
2009.10.07~2009.11.26	5677
合计	58445.5

根据《海河流域水资源质量公报》2006~2012年的数据统计分析，得到衡水湖2006~2012年蓄水量变化趋势（图3-41）。可以看出，衡水湖湿地年平均蓄水量没有明显变化趋势，蓄水量保持在0.8亿 m³。衡水湖湿地蓄水量维持平衡，主要依赖于黄河水的补给。

3.6.2.2 衡水湖水位变化分析

自1994年引黄河水后，衡水湖水位基本保持平稳。引黄一般在11月至次年1月、2月，是衡水湖水量最充沛时期，从3月份开始，随着水分蒸发和农业灌溉用水增加，湖水量开始减少，至7月、8月两月进入雨季，水位保持稳定，9月份水位开始下降，到11月份引水前，水位降至最低。衡水湖2006~2012年多年平均月水位变化过程见图3-42，年最低水位一般出现在10月，而最高水位出现在2月、3月。

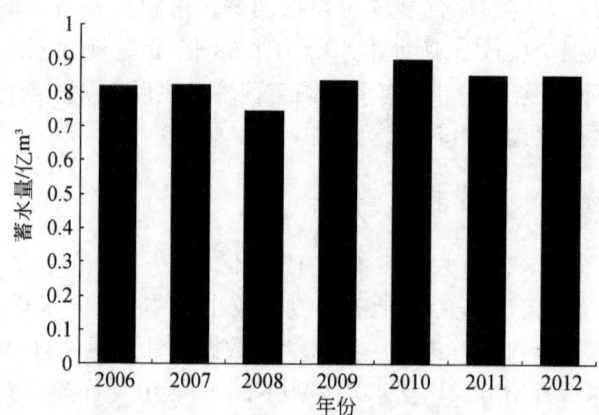

图 3-41 衡水湖年平均蓄水量变化趋势（2006～2012 年）

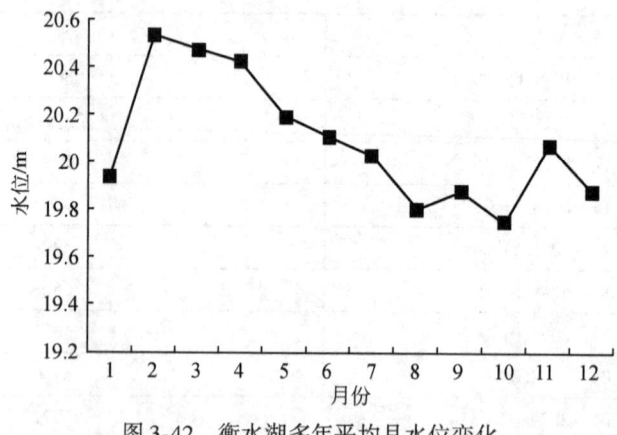

图 3-42 衡水湖多年平均月水位变化

从 2006～2012 年水位月份变化趋势发现水位随着引水时间而发生变化。从图 3-43 中可以看出，除 2008 年衡水湖水位呈现逐月上升趋势外，其他年份水位均为 11 月引水前即 10 月份最低，2 月份最高，8～12 月呈现较平稳的水平。这一变化与衡水湖引水月份以及季节变化密切相关。

3.6.2.3 衡水湖水质现状

2012 年参照《地表水环境质量标准》（GB 3838—2002）及衡水湖实际情况，对衡水湖湿地水质进行监测，评价结果见图 3-44。在所监测的洼内、小库、冀县 3 个监测点中，洼内、冀县两断面分别设在衡水湖周边大赵闸、南关闸附近，全年水质均不能达到水功能区划要求水质目标，水体污染严重。主要超标污染物包括化学需氧量和五日生化需氧量。从分析结果来看，衡水湖水质季节性变化明显。衡水湖 2012 年春季的水质最差，67% 为劣Ⅴ类水质，主要超标化合物为化学需氧量。5～12 月水质无明显变化，Ⅳ类水质占 33.3%，Ⅴ类水质占 66.7%。

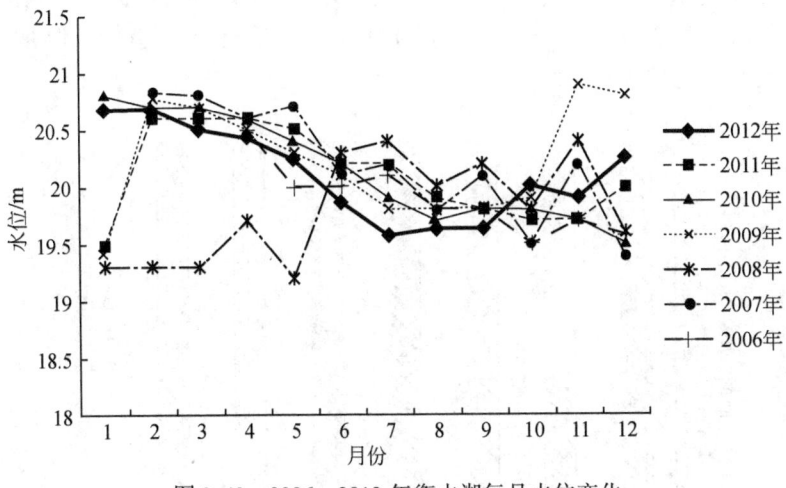

图 3-43　2006~2012 年衡水湖每月水位变化

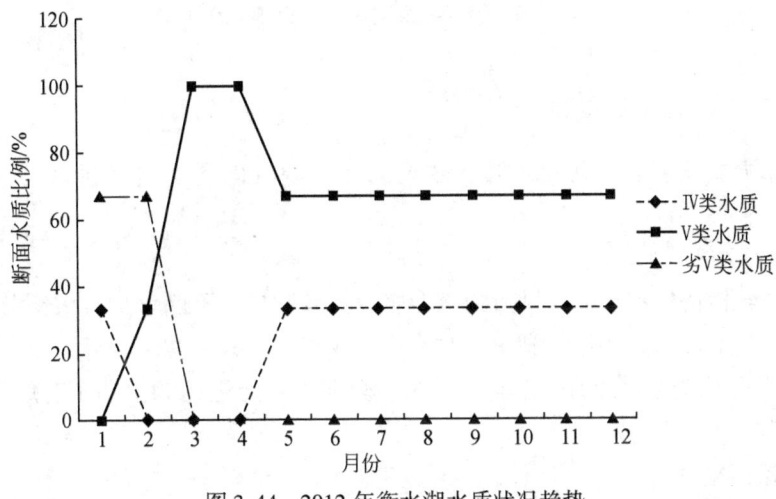

图 3-44　2012 年衡水湖水质状况趋势

3.6.2.4　衡水湖水质变化趋势

据《海河流域水资源质量公报》从 2006 年到 2012 年，衡水湖湿地水质没有明显变化趋势。洼内、小库、冀县 3 个监测点中，洼内、冀县两断面分别设在衡水湖周边大赵闸、南关闸附近，2006~2012 年，所有监测点所有年份水质均不能达到水功能区划要求水质目标，水体污染严重。主要超标化合物为化学需氧量和五日生化需氧量。从图 3-45 中可以看出，2011 年衡水湖的水质最差，全部监测点全为劣Ⅴ类水质。2006 年、2007 年和 2012 年这三年的水质基本一致，3 个监测断面中，Ⅳ类、Ⅴ类和劣Ⅴ类水均占 33.3%。2008~2010 年，衡水湖湿地水质较其他年份好，Ⅳ类水所占比例为 33.3%~66.7%，Ⅴ类水所占比例为 33.3%~66.7%，所有监测断面中没有出现劣Ⅴ类水质。总体来看，衡水湖湿地的水质污染严重，尤其以 2011 年最为严重。统计 2006~2012 年的数据，发现衡水湖湿地的水质没有明显的变化规律，从 2006 年到 2010 年，水质有好转趋势，但是从 2010 年到 2012 年，水质有恶化趋势。

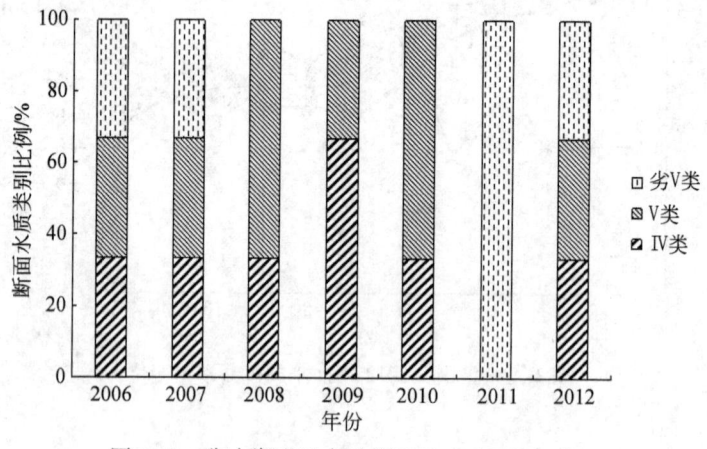

图 3-45　衡水湖湿地水质状况（2006~2012 年）

3.6.2.5　衡水湖污染源分析

衡水湖水质富营养化、污染严重，主要的污染源有以下 4 类（付藏书，2001；翟玉荣，2010）。

(1) 工业污染

随着工业经济的发展，衡水湖周边工业企业数量和规模不断增加，大部分企业没有污水处理系统，工业废水直接排入湖中，对水质造成直接污染。初步统计，仅冀州市企业每天排入衡水湖的废水就达 500 m³ 左右。另外，企业生产产生的烟尘和工艺废气落入湖内，也会造成污染。

(2) 生活污染

湖区 6000 多居民每天产生 50~60t 生活污水，都直接排入湖内。另外，生活垃圾没有进行统一的收集和处理，也没有建设符合环保要求的处置场所，均沿湖堆放，对湖水造成一定的污染。

(3) 农业面源污染

衡水湖周边土地利用以农业和林果生产为主，耕地面积 70.3 km²，果树总面积 33.3 km²。经调查发现，69.38% 的人使用化肥和农药，2008 年农药使用量达到 9423 t。化肥主要为磷肥和氮肥，农药包括乐果、毒霸、虫霸、除草剂、杀虫剂、棉铃虫防治剂等，其中有许多为剧毒或不易分解的农药，甚至为国家禁用的农药。当地主要的农田灌溉方式依然是大水漫灌，农田沥水很容易排入湖内。

(4) 养殖污染

湖区有近百个养殖户，大多数养殖户用饲料喂养，特别是有的栏网围垫的养殖户，为了肥水，增加池塘中的微生物，往湖中撒化肥，还有的收购粪便放入水中，再加上饲养物本身的排泄物，更加重了对湖水的污染威胁。

衡水湖是华北平原上唯一保持沼泽、水域、滩涂、草甸和森林等完整湿地生态系统的自然保护区，近年来水质富营养化、污染严重。为保护湖区，应采取措施加大污染综合治理力度，改善衡水湖水质，使衡水湖自然生态环境得到有效保护。

3.6.3 南大港

南大港湿地位于北纬 38°23′~38°33′、东经 117°18′~117°38′，地处河北沧州市东北部，紧邻渤海，西与沧州市区为邻，南邻黄骅港城，北邻天津北大港，距黄骅港仅 35 km，是退海河流淤积型滨海湿地。南大港湿地面积 99.3 km²，是一个由草甸、沼泽、水体、野生动植物等多种生态要素组成的湿地系统。受温带滨海气候影响，四季鲜明，多年平均降水量 608 mm。南大港湿地处于滨海海积平原，属于典型的滨海湿地类型。湿地分为潟湖洼地、浅槽型洼地、岗地和高平地等。南大港土壤盐渍化、沼泽化严重，地表水、地下水资源十分缺乏，为旱涝盐碱危害严重地区。

3.6.3.1 南大港湿地水量引入情况

南大港湿地主要有 3 条河流注入，即南排河、捷地减河、廖家洼河，平均径流量 2731.1 万 m³。地表径流主要发生在汛期，但大部分地表径流都无法直接利用，经廖家洼排水渠排入渤海。目前，由于降雨量逐年减少，南大港湿地地下水水位明显下降，水量也逐年减少，湿地水量的补充河流时常断流或者已经遭到严重污染。影响南大港湿地的水分条件是年降水量和河流径流量，由于上游水利工程的拦截和水资源开发程度高，目前，南大港水源主要是引黄河水。

3.6.3.2 南大港湿地面积变化趋势

南大港湿地类型主要为沼泽湿地、养殖塘湿地、盐田湿地和河流湿地。2000 年湿地总面积 118.45 km²，其中盐田湿地面积 62.78 km²，占 53%，河流湿地 2.81 km²。2009 年湿地总面积 102.67 km²，较 2000 年下降 15.78 km²，其中沼泽湿地减少面积最大，为 18.29 km²；唯一增长的类型为养殖塘湿地，增长 6.14 km²。十年来南大港湿地结构发生了一些变化：人工湿地持续共增加 3.52 km²，沼泽湿地和河流湿地等自然湿地减少 19.3 km²。总体来看，天然湿地大幅度减少，特别是沼泽湿地减少量最多；人工湿地快速增加，其中养殖塘增加速度最快（杨会利，2007）。

南大港属于冈、洼相间的缓坡状地形，使其具有易开发的特点。20 世纪 60 年代，为农业生产的需要，由于滩涂开发和围垦，南大港成为农田。表 3-10 为南大港湿地水面面积变化统计。2007 年南大港湿地水面面积由 20 世纪 50 年代的 210.0 km²，缩小为 98.0 km²（张恒嘉，2008；董淑萍，2010）。

表 3-10 南大港湿地水面变化统计表

时间	水面面积/km²
20 世纪 50 年代	210.0
20 世纪 60 年代	105.0
20 世纪 70 年代	61.8
20 世纪 80 年代	55.3
20 世纪 90 年代	55.3
2000 年	55.3
2007 年	98.0

3.6.3.3 南大港湿地水质现状

2012 年根据《地表水环境质量标准》（GB 3838—2002），对南大港全年水质进行监测，评价结果见图 3-46。南大港湿地全年水体较清澈，2012 年 1 月和 2 月，南大港水质全年为Ⅳ类，2012 年 3～12 月，南大港全年水质为Ⅴ类水质，全年水质均不能达到水功能区划要求水质目标，水体污染严重。超标项目主要为高锰酸盐指数、氟化物。从分析结果来看，南大港春季与其他季节相比较水质更差，春季主要为Ⅴ类水质，而夏、秋和冬季水质为Ⅳ类水质。

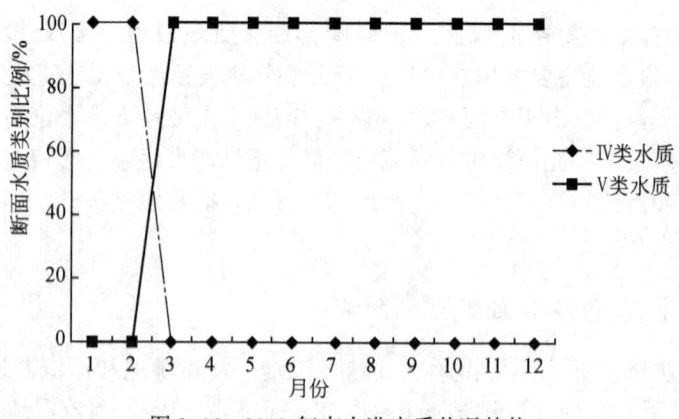

图 3-46 2012 年南大港水质状况趋势

3.6.3.4 湿地水质变化趋势

2006～2012 年，南大港水质表现出下降的趋势，2006 年、2007 年为Ⅴ类水质，从 2008 年开始直至 2012 年，水质转为劣Ⅴ类水质。此外，2006～2009 年，南大港水体较清澈，2010～2012 年，南大港水体略浑浊。2006～2008 年，南大港水体主要超标项目为高锰酸盐指数和硫化物；2009 年主要超标项目为氨氮、高锰酸盐指数和硫化物；2010 年主要超标项目为镉、高锰酸盐指数和铅；2011 年主要超标项目为高锰酸盐指数和镉；2012 年主要超标项目为高锰酸盐指数。2006 年和 2007 年，南大港全年水质为Ⅴ类水质，而后水质恶化，从 2008 年到 2012 年，南大港全年水质为劣Ⅴ类水质，污染极其严重（图 3-47）。

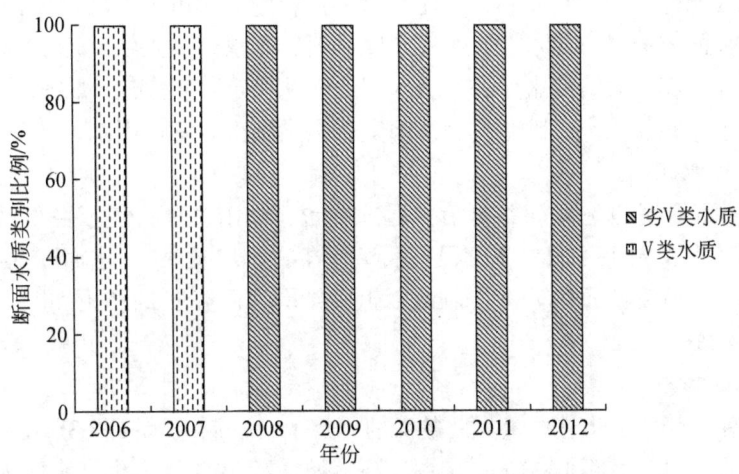

图 3-47 南大港湿地水质状况趋势（2006~2012 年）

3.6.3.5 南大港污染源分析

目前南大港湿地水质仍为Ⅴ类或劣Ⅴ类，水体中超标物质主要为氨氮、COD、总氮等。污染来源主要有农业面源污染和养殖污染。南大港上游流域主要以农业种植为主，农业生产中使用大量农药、化肥，在汛期，随地表水流进入水体，对南大港水质构成威胁。近年来，南大港养殖塘大量增加，养殖过程中大量的饲料、化肥、动物的排泄物更加重了污染。此外，由于南大港主要靠引黄河水补充，黄河水质好坏、引水渠道沿途污染源排污状况及南大港周边的排污情况也决定了南大港水质的状况。

南大港湿地生态系统类型复杂，有多样化的植物群落和种类繁多的动植物资源，在调节地区水资源和水热平衡等方面发挥着重要作用，是需要保护的重要湿地生态系统之一。针对南大港湿地水污染的严重性，应该加强湿地保护，主要包括控制上游来水质量，尽量减少入湖污染；加强生态监测与研究；制定湿地保护规划，加强和完善管理制度；坚持开发与保护并举，从而实现湖区的可持续发展。

3.7 流域主要水源地水环境现状及演变态势

3.7.1 供水水源地概况

海河流域目前主要大中型水源地水库有 21 个，分别是潘家口水库、大黑汀水库、陡河水库、洋河水库、桃林口水库、邱庄水库、密云水库、于桥水库、尔王庄水库、官厅水库、册田水库、安各庄水库、西大洋水库、王快水库、岗南水库、黄壁庄水库、东武仕水库、大浪淀水库、岳城水库、南海水库以及彰武水库。其中潘家口水库和大黑汀水库主要的供水对象是天津市和唐山市，陡河水库是唐山市供水水源地，洋河水库和桃林口水库是秦皇岛的城市供水水源地。邱庄水库的主要供水对象是唐山市，密云水库和官厅水库是北京的城市供水水源地。于桥水库和尔王庄水库承担着向天津市供水的重要任务，册田水库主要负责山西大同市的城市用水。安各庄水库、西大洋水库、王快水库、岗南水库、黄壁庄水库、东武仕水库、大浪淀水库和岳城水库为河北保定、石家庄、邯郸等城市供水。岳城水库、南海水库和彰武水库则主要为河南安阳提供城市和工业用水。

(1) 潘家口水库

潘家口水库位于承德宽城满族自治县西部罗台、塌山、独石沟三乡所辖地域结合部。潘家口水库为"引滦入津"的主体工程，水库总容量29.3亿 m^3，水面67 km^2。坝址控制面积33 700 km^2，占流域面积75%。坝址以上多年平均径流量24.5亿 m^3，占全流域多年平均径流量的53%。

(2) 大黑汀水库

大黑汀水库位于唐山市迁西县城北的滦河干流上，控制流域面积35 100 km^2，其中潘家口与大黑汀水库之间面积1400 km^2，占滦河流域面积79%。大黑汀水库为年调节水库，总库容3.37亿 m^3。大黑汀和潘家口两水库联合发挥防洪、供水作用。

(3) 陡河水库

陡河水库位于河北燕山南麓陡河上游，距离唐山15 km，总库容5.1亿 m^3，是一座具有防洪、供水、灌溉等综合性作用的大型水利枢纽工程。1986年引滦工程完成后，水库又成为终端调节库，供唐山市工业及市区居民生活用水。

(4) 洋河水库

洋河水库位于河北秦皇岛市抚宁县大湾子村北，系洋河干流上一座大（Ⅱ）型水利枢纽工程，担负着秦皇岛市区工业生活用水，以及下游抚宁县城、北戴河疗养区、京秦铁路、京山铁路、京沈高速公路、102国道和205国道等防洪安全。控制流域面积755 km^2，总库容3.86亿 m^3。1989年实施"引青济秦"工程，从青龙河引水入洋河水库，经洋河水库反调节再供秦皇岛市区，洋河成了"引青济秦"工程的重要组成部分。

(5) 桃林口水库

桃林口水库位于秦皇岛市青龙满族自治县南部，在滦河主要支流青龙河上，是秦皇岛市供水水源地，总库容8.59亿 m^3，每年可为秦皇岛市提供工业、港口和城市生活用水1.82亿 m^3，为唐秦地区补充农业水源5.2亿 m^3，对冀东地区经济和社会发展具有十分重要的意义。

(6) 邱庄水库

邱庄水库位于唐山市丰润区北20 km还乡河上游出山口处，是蓟运河支流还乡河上一座大型水库，控制流域面积525 km^2，占还乡河流域面积37.9%，总库容2.04亿 m^3，在引滦入唐跨流域调水中作为中转调节枢纽。

(7) 密云水库

密云水库是京津唐地区第一大水库，华北地区第二大水库。在北京市东北部、密云县中部。水库坐落在潮河、白河中游偏下，系拦蓄白河、潮河之水。水库担负着供应北京、天津及河北部分地区工农业用水和生活用水的任务，是首都最重要的水源。水库最大水面面积可达188 km^2，最大库容43.75亿 m^3。

(8) 于桥水库

于桥水库是天津市大型水库，国家重点水源。水库控制流域面积 2060 km²。总库容 15.59 亿 m³，正常蓄水库容量 4.2 亿 m³，承担着引滦水调蓄和向天津市供水以及防汛的双重重要任务。

(9) 尔王庄水库

尔王庄水库是引滦输水重要调节水库，水库水面 13.03 km²，库容为 4530 万 m³，为天津市供水。

(10) 官厅水库

官厅水库位于河北张家口市和北京延庆县界内，是新中国成立后建设的第一座大型水库，水库面积达 280 km²，常年水面面积为 130 km²，总库容 41.6 亿 m³。官厅水库曾经是北京主要的供水水源地之一。20 世纪 80 年代后期，库区水受到严重污染，90 年代水质继续恶化，1997 年水库被迫退出城市生活饮用水体系。2007 年 8 月被重新启用为北京饮用水水源地。

(11) 册田水库

册田水库位于永定河水系的桑干河中上游，山西大同县西册田村北，总库容 5.8 亿 m³，是一座农业与城市用水、防洪、灌溉及养鱼综合利用多年调节的大（Ⅱ）型水库。

(12) 安各庄水库

安各庄水库是海河流域大清河系中易水控制工程，位于河北保定市易县境内安各庄村西，控制流域面积 476 km²，水库总库容 3.09 亿 m³，是一座以防洪灌溉为主、结合发电养殖等综合利用的大（Ⅱ）型水利枢纽工程。

(13) 西大洋水库

西大洋水库位于大清河系唐河出山口唐县境内的西大洋村下游 1 km 处，水库控制流域面积 4420 km²，总库容 11.37 亿 m³，承担着为保定市区提供生活用水的职责，也是北京市应急用水储备地之一，是一座以防洪为主，兼顾城市供水、灌溉、发电等的综合大（Ⅰ）型水库。

(14) 王快水库

王快水库位于曲阳县城西北 25 km 处，控制流域面积 3770 km²，总库容 13.89 亿 m³，是一座以防洪为主，结合灌溉、发电等综合利用的大（Ⅰ）型水利枢纽工程。

(15) 岗南水库

岗南水库是治理滹沱河的重点工程之一，是兼防洪、灌溉、发电、城市用水和库区养鱼功能的大型水利枢纽工程。水库位于河北平山县西岗南村，地处滹沱河中游，控制流域面积 1.59 万 km²，约占流域面积的 68%。水库总库容 15.7 亿 m³，其中防洪库容 9 亿 m³。

(16) 黄壁庄水库

黄壁庄水库位于河北鹿泉市黄壁庄镇附近的滹沱河干流上，距石家庄市约 30 km，是流域子牙河水系两大支流之一滹沱河中下游重要的控制性大（Ⅰ）型水利枢纽工程，总库容 12.1 亿 m³。水库任务是以防洪为主，兼顾城市供水、灌溉、发电和养殖等。

(17) 东武仕水库

东武仕水库位于河北邯郸市磁县境内，滏阳河干流上游，担负着下游磁县县城及邯郸市等 7 县 1 市以及京广铁路、京深高速、107 国道的防洪保安任务，是一座以防洪和城市供水为主并兼顾灌溉发电等综合利用的大（Ⅱ）型水利枢纽工程，总库容 1.52 亿 m^3。目前东武仕水库是一座以防洪和供水为主，兼顾灌溉、发电等多种利用的大（Ⅱ）型综合水利枢纽工程。

(18) 大浪淀水库

大浪淀水库为河北平原水库，属大（Ⅱ）型水库，蓄水面积 16.738 km^2，总库容量 1.003 亿 m^3，每年可向沧州市区供水 8121 万 m^3。

(19) 岳城水库

岳城水库位于邯郸市磁县岳城镇，部分库区位于安阳市境内，是海河流域漳卫河系漳河上的一个控制工程，控制流域面积 18 100 km^2，占漳河流域面积 99.4%，总库容 13 亿 m^3，是以防洪、灌溉为主，兼有发电、供水功能的大（Ⅰ）型水库。

(20) 南海水库

南海水库位于安阳城西南 35 km 处安阳县张二庄村东、后驼村南洹河干流上，控制流域面积 850 km^2，库容 8888 万 m^3，兴利库容 4718 万 m^3。南海水库以拦蓄洪水为主，与下游彰武水库联合使用。

(21) 彰武水库

彰武水库位于南海水库下游 10 km 处南彰武村与北彰武村间洹水干流上，控制面积 120 km^2，总库容 7063 万 m^3，兴利库容 1703 万 m^3，是一座供安钢、电厂用水及农业引蓄灌溉，兼有发电、养殖功能的中型水库。

3.7.2 供水水源地水质现状评价

3.7.2.1 水质现状评价

海河流域典型水源地水质现状（2012 年）评价结果见表 3-11。评价流域主要饮用水水源地水库 21 个，其中河北境内 14 个，北京密云和官厅水库 2 个，河南和天津各有 2 个，山西仅有 1 个水库。2012 年有 4 个水源地水质未达到功能区要求，占全部水资源地 19.1%，主要集中在北京、河北的唐山和保定、山西的大同。官厅水库、邱庄水库、安各庄水库和册田水库等均不同程度的出现水质问题，威胁饮用水安全。

由表 3-11 可以看出，参加评价的 21 个主要水源地中，Ⅱ类水质的水源地有 12 个，占评价总数的 57.1%；Ⅲ类水质的水源地有 5 个，占评价总数的 23.8%；Ⅳ类水质的水源地有 2 个，占评价总数的 9.5%；Ⅴ类水质的水源地有 1 个，占评价总数的 4.8%；劣于Ⅴ类水质的水源地有 1 个，占评价总数的 4.8%。其中 17 个水源地达到或优于Ⅲ类水质评价标准，占评价总数的 80.9%。邱庄水库、官厅水库、册田水库和安各庄水库的水质最差，主要超标项目为五日生化需氧量、氟化物、化学需氧量，未能达到Ⅲ类水质评价标准。

从图 3-48 中可以看出，2012 年参加评价的 21 个主要水源地中，达到Ⅲ类水标准的水源地比例表现出上升的趋势，1 月和 3 月的达标率较低，分别为 76.2% 和 66.7%，9 月和 12 月的达标率较高，分别高达 90.4% 和 90.0%。

表 3-11　海河流域典型水源地水质现状评价表

序号	河流（湖库）	水库名称	水质目标	水质类别	蓄水量/亿 m³	主要超标项目
1	滦河	潘家口水库	Ⅱ	Ⅱ	16.63	
2	滦河	大黑汀水库	Ⅱ	Ⅱ	2.65	
3	陡河	陡河水库	Ⅱ	Ⅲ	0.45	
4	洋河	洋河水库	Ⅱ	Ⅲ	1.10	
5	青龙河	桃林口水库	Ⅱ	Ⅱ	6.68	
6	还乡河	邱庄水库	Ⅱ	Ⅴ	0.45	五日生化需氧量
7	州河	于桥水库	Ⅱ	Ⅱ	11.18	
8	引滦入津河	尔王庄水库	Ⅱ	Ⅱ	3.29	
9	潮白河	密云水库	Ⅱ	Ⅱ	0.38	
10	永定河	官厅水库	Ⅱ	Ⅳ	1.37	氟化物
11	桑干河	册田水库	Ⅲ	劣Ⅴ	0.21	化学需氧量、氟化物
12	中易水河	安各庄水库	Ⅱ	Ⅳ	1.41	五日生化需氧量
13	唐河	西大洋水库	Ⅱ	Ⅱ	3.07	
14	沙河	王快水库	Ⅱ	Ⅱ	4.61	
15	滹沱河	岗南水库	Ⅱ	Ⅱ	5.63	
16	滹沱河	黄壁庄水库	Ⅱ	Ⅱ	2.08	
17	滏阳河	东武仕水库	Ⅲ	Ⅲ	0.96	
18	大浪淀水库	大浪淀水库	Ⅱ	Ⅱ	0.66	
19	漳河	岳城水库	Ⅱ	Ⅱ	2.24	
20	安阳河	南海水库	Ⅱ	Ⅲ	0.26	
21	安阳河	彰武水库	Ⅱ	Ⅲ	0.26	
		合计			65.57	

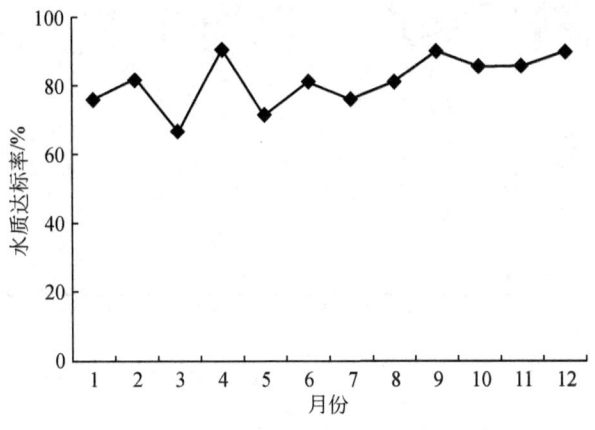

图 3-48　2012 年重点水源地水质达标率

3.7.2.2 水源地蓄水量现状评价

从图 3-49 中可以看出，2012 年 1~12 月，水源地总蓄水量 1~3 月蓄水量比较稳定，3 月开始下降，5 月达到最低，总蓄水量为 53 亿 m³，8 月开始上升，到 12 月到达最高，高达 74.5 亿 m³。2012 年 1~12 月蓄水量中达到Ⅲ类标准的水量，其中 3 月最小，仅 49.7 亿 m³，占总水量比例 76.2%。从图 3-50 中可以看出，2012 年水源地的蓄水达标率 1~3 月为下降趋势，4~12 月水源地的蓄水达标率无变化趋势，保持在 90% 以上。

2012 年 21 个主要水源地年平均蓄水量 65.6 亿 m³，Ⅱ类水源地有 59.1 亿 m³，占总蓄水量 90.0%；Ⅲ类水质水源地 3.0 亿 m³，占总蓄水量 4.6%；Ⅳ类水质水源地 2.8 亿 m³，占总蓄水量 4.3%；Ⅴ类水质水源地有 0.5 亿 m³，占总蓄水量 0.8%；劣Ⅴ类水质水源地 0.2 亿 m³，占总蓄水量 0.3%。达到或优于Ⅲ类水质水量占总蓄水量 94.6%。

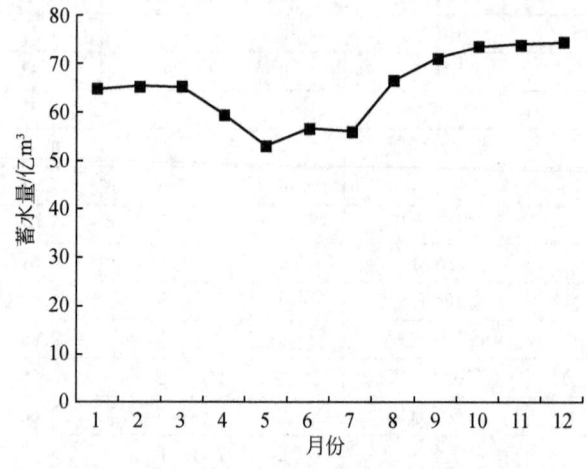

图 3-49　2012 年重点水源地蓄水总量变化趋势

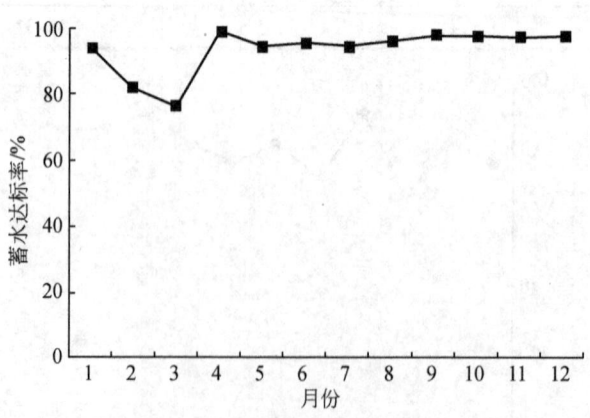

图 3-50　2012 年重点水源地蓄水达标率变化趋势

3.7.2.3 水源地营养化程度现状评价

海河流域水资源短缺,与此矛盾的是水资源的开发和需求量日益增加,工农业开发和城市生活需水量增加的同时排放了大量污废水。调查数据显示,1980~2007年,工业与城镇的生活污水产生量由31.4亿t增加到47.53亿t,大部分污水直排入河,而城镇生活污水的排放量由6.9亿t增至21.59亿t,占全部污水排放量的比例由21.97%增加到45.42%。氮、磷元素随废水的排放进入河流,导致海河流域主要河流氮、磷元素普遍超标。各种水利设施的修建导致平原段河流物理连续性变差,河流库型特征明显,平原段河流水流缓滞。河流高氮、磷含量加之河水流动性差,增加了河流爆发"藻华"等现象的风险,导致流域内主要河流富营养化问题的出现。

2012年1~12月,针对21个主要水源地的水质监测数据成果,以透明度、叶绿素、总磷、总氮、高锰酸盐指数等参数进行水源地的营养化程度评价,结果见图3-51。从整体来看,水体营养化程度呈现出先下降后上升的趋势。2012年1~8月,中营养水源地所占比例升高,显示水质好转,从10月开始水质下降。12月份富营养程度高达76.2%。

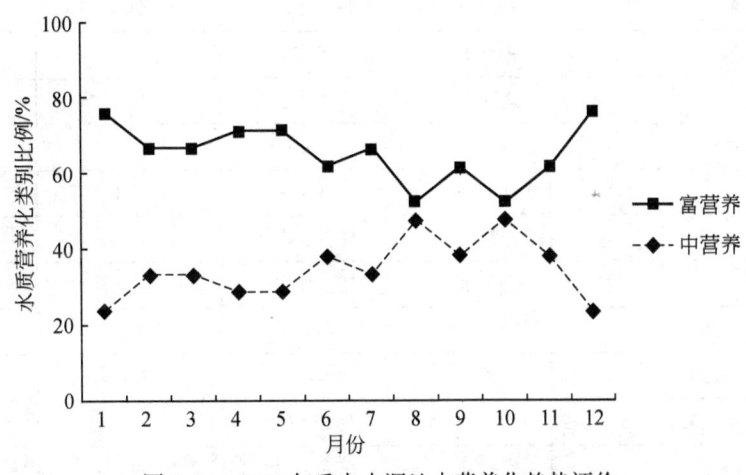

图3-51 2012年重点水源地水营养化趋势评价

统计2012年全年的监测数据,对21个水源地的营养化程度进行分析,了解水源地营养化现状。从表3-12和表3-13中可以看出,在所研究的水库中,EI值大于20、小于50的点有5个,占到全部采样点的23.8%,包括桃林口水库、于桥水库、西大洋水库、王快水库和岳城水库,处于中营养状态。EI值在50和60之间的采样点共12个,占全部采样点的57.2%,处于轻度富营养状态。EI值大于60的采样点有4个,占全部采样点的19.0%,包括邱庄水库、册田水库、东武仕水库和南海水库,处于中度富营养状态。处于重度富营养状态的采样点个数为0。总体看来,21个水库的富营养水平不高(表3-12),23.8%处于中营养状态,76.2%处于轻度富营养状态。

表 3-12 海河流域主要水源地富营养化程度

序号	水系	河流（湖库）	水库名称	营养状态指数（EI）	营养状态
1	滦河及冀东沿海诸河	滦河	潘家口水库	53.7	轻度富营养
2	滦河及冀东沿海诸河	滦河	大黑汀水库	57.4	轻度富营养
3	滦河及冀东沿海诸河	陡河	陡河水库	52.8	轻度富营养
4	滦河及冀东沿海诸河	洋河	洋河水库	55.4	轻度富营养
5	滦河及冀东沿海诸河	青龙河	桃林口水库	48.7	中营养
6	北三河	还乡河	邱庄水库	61.5	中度富营养
7	北三河	州河	于桥水库	43.6	中营养
8	北三河	引滦入津河	尔王庄水库	55.1	轻度富营养
9	北三河	潮白河	密云水库	51.9	轻度富营养
10	永定河	永定河	官厅水库	52.5	轻度富营养
11	永定河	桑干河	册田水库	66.4	中度富营养
12	大清河	中易水河	安各庄水库	51.6	轻度富营养
13	大清河	唐河	西大洋水库	46.1	中营养
14	大清河	沙河	王快水库	44.0	中营养
15	子牙河	滹沱河	岗南水库	52.0	轻度富营养
16	子牙河	滹沱河	黄壁庄水库	53.9	轻度富营养
17	子牙河	滏阳河	东武仕水库	61.6	中度富营养
18	黑云港运东	大浪淀水库	大浪淀水库	50.0	轻度富营养
19	漳卫南运河	漳河	岳城水库	39.1	中营养
20	漳卫南运河	安阳河	南海水库	63.6	中度富营养
21	漳卫南运河	安阳河	彰武水库	59.9	轻度富营养

表 3-13 海河流域主要水源地富营养化程度评价表

营养状态		评价个数	占评价总数比例/%	蓄水量/亿 m^3	占评价总数比例/%
贫营养		0	0.0	0.0	0.0
中营养		5	23.8	27.8	42.4
富营养	轻度富营养	12	57.2	35.9	54.7
	中度富营养	4	19.0	1.9	2.9
	重度富营养	0	0.0	0.0	0.0
合计		16	100	65.6	100

3.7.3 水源地水质变化趋势分析

3.7.3.1 水质变化趋势评价

对21个水库的24个项目进行分析。由表3-14可以看出，21个监测水库中，潘家口水库、大黑汀水库、陡河水库、洋河水库、桃林口水库、于桥水库、尔王庄水库、密云水库、官厅水库、西大洋水库、王快水库、岗南水库、黄壁庄水库、大浪淀水库、岳城水库和彰武水库16个水库的水质并没有呈现出明显的变化，而邱庄水库、册田水库、安各庄水库和南海水库水质出现下降的趋势，其中，邱庄水库由Ⅲ类水降为Ⅴ类水，直接导致唐山市的饮用水遭到威胁，册田水库由Ⅴ类降至劣Ⅴ类，导致山西大同市的饮用水受到威胁，安各庄水库由Ⅲ类水降为Ⅳ类水，也威胁到河北保定市的饮用水安全，南海水库由Ⅱ类水质降为Ⅲ类，仍然达到饮用水标准。东武仕水库的水质呈现出好转趋势，由2006~2008年的Ⅳ类水质逐渐好转达到地表水Ⅲ类水标准。从2006年到2012年的监测数据来看，未能达到Ⅲ类水质评价标准的水库主要有邱庄水库、官厅水库、册田水库这三大水库，威胁到河北、北京和山西的饮用水安全，这些地区的治理任务较重。

从图3-52中可以看出，评价期间，水源地水库达标率并没有明显的变化趋势，达到水质标准的水源地保持在总数的80%以上。其中，2009年中21个水库中19个水库达标，占评价总数的90.4%，达标率最高。2008年和2012年水库的达标率最低，占评价综述的81.0%。未能达标的水库主要为官厅水库和册田水库、2006~2008年东武仕水库，以及2011~2012年邱庄水库。

表3-14 海河流域主要水源地水质趋势评价（2006~2012年）

序号	河流（湖库）	水库名称	2006年	2007年	2008年	2009年	2010年	2011年	2012年	趋势
1	滦河	潘家口水库	Ⅱ	Ⅱ	Ⅲ	Ⅱ	Ⅱ	Ⅱ	Ⅱ	→
2	滦河	大黑汀水库	Ⅱ	Ⅱ	Ⅱ	Ⅱ	Ⅱ	Ⅲ	Ⅱ	→
3	陡河	陡河水库	Ⅲ	Ⅲ	Ⅲ	Ⅱ	Ⅱ	Ⅲ	Ⅲ	→
4	洋河	洋河水库	Ⅲ	Ⅲ	Ⅲ	Ⅱ	Ⅱ	Ⅱ	Ⅱ	→
5	青龙河	桃林口水库	Ⅱ	Ⅱ	Ⅱ	Ⅰ	Ⅱ	Ⅱ	Ⅱ	→
6	还乡河	邱庄水库	Ⅲ	Ⅲ	Ⅲ	Ⅲ	Ⅱ	Ⅳ	Ⅴ	↓
7	州河	于桥水库	Ⅱ	Ⅱ	Ⅲ	Ⅱ	Ⅱ	Ⅱ	Ⅱ	→
8	引滦入津河	尔王庄水库	Ⅱ	Ⅱ	Ⅱ	Ⅱ	Ⅱ	Ⅱ	Ⅱ	→
9	潮白河	密云水库	Ⅱ	Ⅱ	Ⅱ	Ⅱ	Ⅱ	Ⅱ	Ⅱ	→
10	永定河	官厅水库	>Ⅴ	>Ⅴ	Ⅳ	Ⅳ	Ⅳ	Ⅳ	Ⅳ	→
11	桑干河	册田水库	Ⅴ	Ⅴ	>Ⅴ	>Ⅴ	劣Ⅴ	劣Ⅴ		↓
12	中易水河	安各庄水库	Ⅲ	Ⅲ	Ⅱ	Ⅱ	Ⅱ	Ⅲ	Ⅳ	↓

续表

序号	河流（湖库）	水库名称	全年水质类别							趋势
			2006年	2007年	2008年	2009年	2010年	2011年	2012年	
13	唐河	西大洋水库	Ⅱ	Ⅱ	Ⅱ	Ⅱ	Ⅱ	Ⅱ	Ⅱ	→
14	沙河	王快水库	Ⅱ	Ⅱ	Ⅱ	Ⅱ	Ⅱ	Ⅱ	Ⅱ	→
15	滹沱河	岗南水库	Ⅱ	Ⅱ	Ⅲ	Ⅱ	Ⅱ	Ⅱ	Ⅱ	→
16	滹沱河	黄壁庄水库	Ⅱ	Ⅱ	Ⅲ	Ⅱ	Ⅱ	Ⅱ	Ⅱ	→
17	滏阳河	东武仕水库	Ⅳ	Ⅳ	Ⅳ	Ⅲ	Ⅲ	Ⅲ	Ⅲ	↑
18	大浪淀水库	大浪淀水库	Ⅱ	Ⅱ	Ⅱ	Ⅱ	Ⅱ	Ⅱ	Ⅱ	→
19	漳河	岳城水库	Ⅱ	Ⅱ	Ⅱ	Ⅱ	Ⅱ	Ⅱ	Ⅱ	→
20	安阳河	南海水库	Ⅱ	Ⅱ	Ⅲ	Ⅲ	—	Ⅲ	Ⅲ	↓
21	安阳河	彰武水库	Ⅲ	Ⅲ	Ⅳ	Ⅱ	Ⅲ	Ⅲ	Ⅲ	→

注：→水质无明显变化；↓水质呈现变差趋势；↑水质呈现好转趋势。

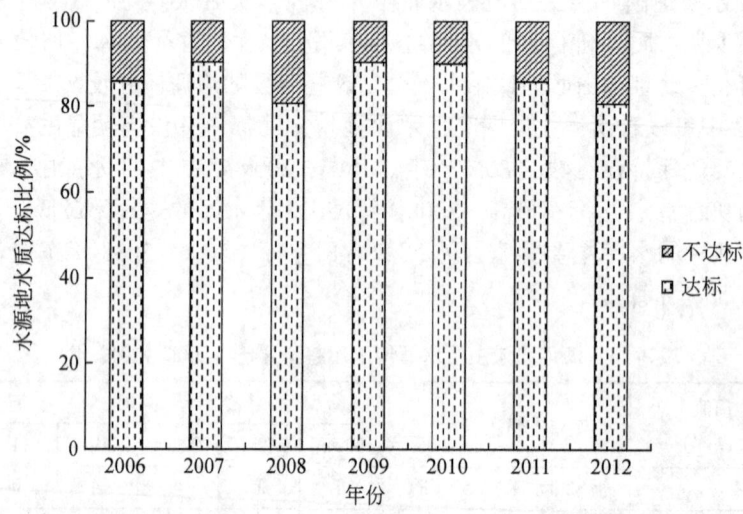

图3-52 年海河流域水源地达标率趋势评价（2006~2012年）

根据水源地水质类别比例年际变化分析，2006年以来，海河流域水源地污染较轻，Ⅰ~Ⅲ类水质水源地的比例一直在80%以上，劣Ⅴ类水质比例在5%左右。2006~2012年水源地水质无明显变化，2008年和2012年水源地水质达到或高于Ⅲ类标准的比例稍低，但均为80%以上。

3.7.3.2 水源地营养化程度趋势评价

统计海河流域21个重点水源地水库的富营养化程度，从表3-15中可以看出，潘家口水库、大黑汀水库、密云水库、黄壁庄水库和大浪淀水库、册田水库的营养化程度都有所减轻，陡河水库、洋河水库、桃林口水库、尔王庄水库、官厅水库、安各庄水库、岗南水库、东武仕水库、南海水库和彰武水库的营养化程度没有明显变化趋势。于桥水库、西大洋水库、王快水库、岳城水库、邱庄水库的营养化程度有加重趋势。

第3章 | 流域水环境特征及演变态势

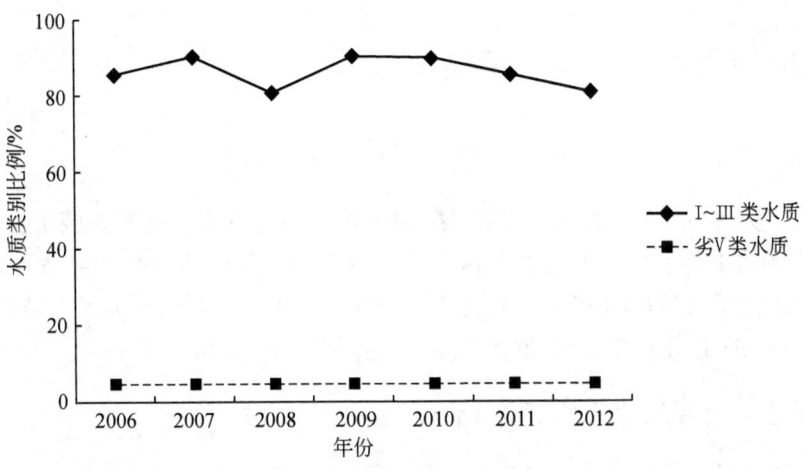

图 3-53 海河流域水源地水质类别比例变化（2006～2012 年）

表 3-15 海河流域主要水源地营养化趋势评价（2006～2012 年）

序号	河流（湖库）	水库名称	2008年营养状态	2009年营养状态	2010年营养状态	2011年营养状态	2012年营养状态	趋势
1	滦河	潘家口水库	中营养	中度富营养	轻度富营养	轻度富营养	轻度富营养	↓
2	滦河	大黑汀水库	中营养	中度富营养	轻度富营养	轻度富营养	轻度富营养	↓
3	陡河	陡河水库	轻度富营养	中度富营养	中度富营养	轻度富营养	轻度富营养	→
4	洋河	洋河水库	轻度富营养	轻度富营养	轻度富营养	轻度富营养	轻度富营养	→
5	青龙河	桃林口水库	中营养	轻度富营养	中度富营养	轻度富营养	中营养	→
6	还乡河	邱庄水库	轻度富营养	中度富营养	中度富营养	中度富营养	中度富营养	↑
7	州河	于桥水库	轻度富营养	轻度富营养	轻度富营养	中营养	中营养	↑
8	引滦入津河	尔王庄水库	轻度富营养	轻度富营养	轻度富营养	轻度富营养	轻度富营养	→
9	潮白河	密云水库	中营养	中营养	中营养	中营养	轻度富营养	↓
10	永定河	官厅水库	轻度富营养	中度富营养	中度富营养	轻度富营养	轻度富营养	→
11	桑干河	册田水库	重度富营养	中度富营养	中度富营养	中度富营养	中度富营养	↓
12	中易水河	安各庄水库	轻度富营养	中度富营养	轻度富营养	轻度富营养	轻度富营养	→
13	唐河	西大洋水库	轻度富营养	轻度富营养	中营养	中营养	中营养	↑
14	沙河	王快水库	轻度富营养	轻度富营养	中营养	中营养	中营养	↑
15	滹沱河	岗南水库	中营养	轻度富营养	中营养	中营养	轻度富营养	→
16	滹沱河	黄壁庄水库	中营养	轻度富营养	轻度富营养	轻度富营养	轻度富营养	↓
17	滏阳河	东武仕水库	中度富营养	中度富营养	中度富营养	中度富营养	中度富营养	→
18	大浪淀水库	大浪淀水库	中营养	轻度富营养	中度富营养	轻度富营养	轻度富营养	→
19	漳河	岳城水库	轻度富营养	轻度富营养	中营养	轻度富营养	中营养	↑
20	安阳河	南海水库	中度富营养	中度富营养		中度富营养	中度富营养	→
21	安阳河	彰武水库	轻度富营养	轻度富营养	轻度富营养	轻度富营养	轻度富营养	→

注：↑水源地营养化程度加重趋势；→水源地营养化程度无明显变化；↓水源地营养化程度呈现减轻趋势。

3.7.4 典型污染水源地的污染评价

3.7.4.1 潘家口、大黑汀水库水源地污染源分析

潘家口、大黑汀水库水源地主要污染来源：水源地上游工业点源和城市生活污水排放占总污染负荷的40%，水库网箱养鱼污水排放占总污染负荷的30%，水库上游及周边农业面源排放占总污染负荷的30%。据统计，2009年潘家口水库以上地区年排放废污水1.3亿 m^3，其中COD排放量3万t，氨氮5600 t（王少明等，2010）。

3.7.4.2 陡河水库污染源分析

污染源排入陡河水库的废污水量为0.74亿t，其中COD 0.8万t，氨氮513 t（王少明等，2010）。

3.7.4.3 邱庄水库水源地污染源分析

邱庄水库污染主要来自面源污染和水库内源污染。面源污染包括还乡河上游地区水土流失和化肥、农药的不合理使用造成的污染。上游基本没有工矿企业生产造成的水污染现象。水库内源污染包括水库内网箱养鱼、水库旅游业和餐饮业带来的污染，如网箱养殖使用的饲料大量浪费造成污染（郝书君等，2012）。

3.7.4.4 官厅水库污染源分析

官厅水库污染源由3个部分组成：一是工业废水和城市生活污水形成的点污染源；二是由降雨径流、水土流失、农田中农药化肥等形成的面污染源；三是由水库沉积底泥形成的内污染源。官厅水库的主要污染物质是氨氮、COD和总磷，年入库污水总量为9328万 m^3，其中永定河入库8600万 m^3，妫水河入库540万 m^3，库区周边188万 m^3。点源污染占65%~70%，面源污染20%~30%，内源污染5%~10%（李靖洁，2011；刘培斌，2010）。

3.8 流域水生态现状及演变态势

流域水生态系统包括生物环境和非生物环境。非生物环境涵盖水资源、水环境、栖息地等；生物环境在非生物环境的综合作用下逐步演替。海河流域包括海河、滦河及徒骇马颊河三大水系，共有滦河、北三河、永定河、大清河、子牙河、漳卫南运河及徒骇马颊河七大河系。海河水系呈扇形分布，河系分散，海河干流较短。流域上游燕山和太行山连成一线，水源区南北分布广泛，各成系统；流域中游河道纵横、相互交叉，湖泊散落，京杭大运河纵贯其间；流域下游河口分散，众多滨海湿地和长长的潮间带环绕着渤海湾。太行山脉、京杭大运河和海岸带三线纵贯南北，形成海河流域上游、中游、下游纵贯南北的三

大生态特征带,而永定河、大清河、漳卫南运河等七大河系又横贯东西,连通着流域上游、中游、下游,形成了横贯东西的水生态走廊。三纵七横的生态带分布是海河流域特有的水生态特征。下面根据流域水生态系统中主要物种不同时期的特征,分析流域水环境变化对水生态系统的影响。

3.8.1 流域浮游植物

浮游植物作为水体生态系统初级生产者,是水体生态系统食物链中最基础的环节,其区系组成不仅反映水环境特征,同时影响着生态系统中动物区系的组成,其种类和数量变化直接或间接地影响着水生生物分布和丰度,影响生态系统的稳定。浮游植物与水质关系密切,在指示水质水生生物种类中,浮游植物数量达到25%,不同类群浮游植物对水环境变化敏感性和适应能力各异。

(1) 流域现状

据研究2009年流域浮游植物为451种,隶属8门121属,其中绿藻门50属160种,占种类总数的35.48%;硅藻门31属154种,占种类总数的34.15%;蓝藻门19属63种,占种类总数的13.97%;裸藻门6属49种,占种类总数的10.86%;隐藻门2属7种,占种类总数的1.55%;甲藻门4属5种,占种类总数的1.10%;金藻门4属7种,占种类总数的1.55%;黄藻门5属6种,占种类总数的1.33%。流域浮游植物群落优势种在蓝藻门、绿藻门和硅藻门均有分布,其中出现频率较高的优势藻类为:蓝藻门中的蓝纤维藻（*Dactylococcopsis acicularis*）、阿氏颤藻（*Oscillatoria agardhii*）、极大螺旋藻（*Spirulina maxima*）、微小色球藻（*Chroococcus minutus*）；绿藻门中的水溪绿球藻（*Chlorocoecum nifusionum*）、四尾栅藻（*Scenedesmus quadricuanda*）、小球藻（*Chlorella vulgaris*）；硅藻门中的梅尼小环藻（*Cyclotella meneghiniana*）、菱形藻（*Nitzschia* sp.）、舟形藻（*Navicula* sp.）。

(2) 流域不同区域演变

根据在海河流域上游、中游以及下游不同类型水库、河流、湿地中的调查,这里基于山区、山前平原和滨海下游进行分析。

山区的漳泽水库从1987年至2003年,有藻类植物5门29科62属196种及变种和变型（表3-16）,其中1987年4月有19科34属104种及变种和变型,1995年4月有15科22属47种及变种和变型,2002年7月有10科14属23种及变种和变型,2002年10月有17科31属84种及变种和变型,2003年4月有20科32属62种及变种和变型。从漳泽水库藻类植物的细胞密度变化情况来看,各季中以绿藻植物的生物量最多,硅藻其次,其他藻类植物细胞密度较小。运用污水生物系统法、硅藻生物指数法和硅藻指数法分析表明,漳泽水库水质的营养状况从1987年到2003年有由清洁向中污、重污发展的趋势。

表 3-16　1987~2003 年漳泽水库藻类植物比例特征

时间(年-月)	项目	蓝藻门	绿藻门	硅藻门	甲藻门	裸藻门	物种总数
1987-04	种数	8	24	71	0	1	104
	比例/%	7.77	23.08	68.27	0	0.96	
1995-04	种数	5	19	23	0	0	47
	比例/%	10.64	40.43	48.94	0	0	
2002-07	种数	5	9	8	1	0	23
	比例/%	21.74	39.13	34.78	4.35	0	
2002-10	种数	14	55	9	2	4	84
	比例/%	16.67	65.48	10.71	2.38	4.76	
2003-04	种数	3	43	14	1	1	62
	比例/%	4.84	69.35	22.85	1.61	1.61	

根据密云水库 1980 年、1996 年、1998 年、2000 年、2001 年、2003 年和 2011 年的浮游植物监测，不同时期的变化特征见表 3-17。1996 年浮游植物分属 7 个门共计 50 属：绿藻门 18 属，硅藻门 10 属，蓝藻门 11 属，甲藻门 3 属，隐藻门 2 属，金藻门 3 属，裸藻门 3 属。浮游植物生物量：平均 1.05 mg/L（0.07~15.7 mg/L）。其中硅藻门占 55.14%，绿藻门占 23.17%，甲藻门（含隐藻门）占 16.45%，金藻门占 2.69%，蓝藻门占 1.45%，裸藻门占 1.03%，优势类群为硅藻门、绿藻门。2000 年浮游植物共 7 门 58 属 99 种，其中：蓝藻门 6 属 6 种，占浮游植物种类的 6.06%；硅藻门 18 属 29 种，占 29.29%；金藻门 3 属 3 种，占 3.03%；甲藻门 3 属 5 种，占 5.05%；隐藻门 2 属 3 种，占 3.03%；黄藻门 1 属 1 种，占 1.01%；绿藻门 25 属 51 种，占 51.52%。优势种有硅藻门的美丽星杆藻（*Asterianella formosa*）、巴豆叶脆杆藻（*Fragilaria crotonensis*），金藻门的分歧锥囊藻（*Dinobryon sertularia*），甲藻门的飞燕角甲藻（*Ceratium hirundinella*）、格孔盘星藻（*Pediastrum clathratum*），硅藻门的丹麦尺骨针杆藻（*Stauroneis anceps*）。2001 年浮游植物 7 门 60 属 114 种，其中：蓝藻门 7 属 7 种，占种属的 6.14%；硅藻门 19 属 32 种，占 28.07%；金藻门 3 属 4 种，占 3.51%；甲藻门 3 属 8 种，占 7.02%；隐藻门 2 属 3 种，占 2.63%；黄藻门 1 属 1 种，占 0.88%；绿藻门 25 属 59 种，占 51.75%。优势种有美丽星杆藻、巴豆叶脆杆藻、分歧锥囊藻、飞燕角甲藻、十二单突盘星藻、丹麦尺骨针杆藻、格孔盘星藻。2002~2003 年在密云水库共采集到浮游藻类 8 门 58 属 124 种，种类最多的是绿藻门，共 28 属 72 种，占 57.1%；其次为硅藻门 12 属 30 种，占 23.8%；蓝藻门 10 属 14 种，占 11.1%；隐藻门 2 属 2 种，占 1.6%；甲藻门、金藻门、黄藻门均为 3 属 2 种，裸藻门 2 属 2 种，各占 1.6%。蓝藻门的微囊藻（*Microcystis sp.*）、铜绿微囊藻（*Microcystis aeruginosa*），绿藻门中的盘星藻（*Pediastrum sp.*）和栅裂藻（*Scenedesmus obliquus*），硅藻门的梅尼小环藻、巴豆叶脆杆藻和颗粒直链藻，金藻门的分歧锥囊藻，隐藻门的隐藻（*Chroomonas acuta*），甲藻门的角甲藻（*Ceratium hirundinella*）、沃尔多甲藻（*P. volzii* Lemm）为优势种。2011 年全年密云水库浮游植物调查共鉴定出 8 门 113 种（属），其中硅藻门 38 种（占浮游植物总数的 34%）、绿藻门 47 种（41%）、蓝藻门 14 种

（12%）、甲藻门5种（4%）、裸藻门和金藻门各4种（4%）、黄藻门为1种（1%）。浮游植物种类具有明显的季节性变化特征，全年密云水库浮游植物8个门间物种丰度相差悬殊，其中绿藻门、硅藻门和蓝藻门为三大优势门，而甲藻门、金藻门、隐藻门和黄藻门物种稀少。

表 3-17　1980~2011 年密云水库浮游植物种类比例特征

时间	项目	蓝藻门	绿藻门	硅藻门	甲藻门	裸藻门	金藻门	黄藻门	物种总数
1980~1981年	种数	6	23	65	1	0	3	—	98
	比例/%	5.85	23.59	66.54	0.97	0.02	3.03	—	
1996~1998年	种数	2	25	60	18	1	3	—	109
	比例/%	1.45	23.17	55.14	16.45	1.03	2.76	—	
2000年	种数	6	51	29	5	3	3	1	98
	比例/%	6.06	51.52	29.29	5.05	3.03	3.03	1.01	
2001年	种数	7	59	32	8	3	4	1	114
	比例/%	6.14	51.75	28.07	7.02	2.63	3.51	0.88	
2002~2003年	种数	14	72	30	2	2	2	2	124
	比例/%	11.10	57.10	23.8	1.60	1.60	1.60	1.60	
2011年	种数	14	47	38	5	4	4	1	113
	比例/%	12.28	41.23	33.33	4.39	3.51	3.51	0.88	—

根据对平原湖泊白洋淀20世纪50年代、90年代和21世纪等不同阶段的调查，1958年浮游植物有甲藻门、金藻门、硅藻门、裸藻门、绿藻门、蓝藻门6门129属。1990~1992年浮游植物8门135属398种，其中绿藻门65属191种，占总种数的47.99%；硅藻门27属98种，约占24.62%；蓝藻门27属68种，约占17.09%；裸藻门6属16种（约占4.02%）；甲藻门4属10种，约占2.51%；黄藻门3属7种，约占1.76%；金藻门2属4种，约占1.00%；隐藻门1属4种，约占1.00%。2006年监测到浮游植物8门155种，其中绿藻门81种，约占总数的52.3%；蓝藻门29种，约占18.7%；硅藻门17种，约占11.0%；裸藻门14种，约占9.0%；甲藻门6种，约占3.9%；黄藻门4种，约占2.6%；隐藻门3种，约占1.9%；金藻门1种，约占0.6%。

根据中下游河流的调查，1998年在天津区域采集到浮游植物71种，其中绿藻门23种、蓝藻门18种、硅藻门15种、裸藻门4种、甲藻门3种、隐藻门3种、黄藻门3种和金藻门2种。浮游植物群落的种类组成主要以绿藻门和蓝藻门为主，分别占32%和25%。2004年拒马河北京段浮游植物203种，隶属8门29科64属，其中硅藻门10科23属130种，约占总种数的64.04%；绿藻门11科14属45种，约占22.17%；蓝藻门3科10属17种，约占8.37%；隐藻门1科3属5种，约占2.46%；黄藻门1科1属1种，约占0.49%；隐藻门1科1属3种，约占1.48%；甲藻门1科1属1种，约占0.49%；金藻门1科1属1种，约占0.49%。

根据流域不同区域、不同类型河流浮游植物种类的调查,可以看出藻类的优势种群一般是绿藻门或蓝藻门种类,优势种群是绿藻-硅藻型;从时间演替上看,在水环境变化的情景下,藻类优势种群变化较小,依旧为绿藻-硅藻型。

3.8.2　流域浮游动物

浮游动物是一类悬浮在水体中的水生生物,通常个体微小,游泳能力很弱或者完全不具备,种类组成极其复杂,与水生态系统关系密切。浮游动物对环境条件变化非常敏感,存在着明显的种间差异,浮游动物种群结构是水质监测的重要指标。

根据相关研究,2009年海河流域共监测到浮游动物196属426种,原生动物占浮游动物种类组成的49.77%,轮虫占34.98%,枝角类占11.03%,桡足类仅占4.22%。水系浮游动物种类组成除滦河、黑龙港运东水系以轮虫为主外,其他水系均以原生动物为主。永定河水系共监测到浮游动物82属124种,其中原生动物占45.16%,轮虫占39.52%,枝角类占9.68%,桡足类占5.64%;滦河水系共监测到88属129种,轮虫占51.16%,原生动物34.88%,枝角类9.30%,桡足类仅4.66%;子牙河水系共监测到92属132种,原生动物占浮游动物种类组成的43.94%,轮虫42.42%,枝角类8.33%,桡足类仅5.31%;黑龙港运东水系共监测到98属125种,轮虫占浮游动物种类组成的44%,原生动物41.60%,枝角类8.80%,桡足类仅5.60%;漳卫南运河水系共监测到122属160种,原生动物占浮游动物种类组成的45.63%,轮虫40.60%,枝角类9.38%,桡足类仅4.38%;徒骇马颊河水系共监测到111属147种,原生动物占浮游动物种类组成的48.98%,轮虫为34.69%,枝角类为10.89%,桡足类仅为5.44%;大清河水系共监测到103属172种,原生动物占浮游动物种类组成的49.42%,轮虫为34.30%,枝角类为12.21%,桡足类仅为4.07%;北三河水系共监测到124属211种,原生动物占浮游动物种类组成的43.60%,轮虫为34.12%,枝角类为18.01%,桡足类仅为4.27%。

根据密云水库不同时期(1980~1981年、1996~1998年、2002~2003年和2011年)的浮游动物历史调查数据(表3-18),1996~1998年采到原生动物11属,轮虫11属,枝角类6属,桡足类3属;2002年监测出浮游动物4门30属36种,其中原生动物9属11种(30.6%),轮虫类14属15种(41.7%),枝角类3属6种(16.7%),桡足类4属4种(11.1%)。浮游动物以弹跳虫(*Halteria grandinella*)、急游虫(*Stronmbidium vidiue*)、针簇多肢轮虫(*Polyarthra trigla*)、螺形龟甲轮虫(*Keratella eoehlear*)、广布中剑水蚤(*Mesoeyelops leuekarti*)、长额象鼻蚤(*Bosmina longirostris*)等最为常见。其中广布中剑水蚤为重污染水体的指示种类,螺形龟甲轮虫为中污染型水体的指示种类,说明密云水库有一定污染。2008年密云水库共有浮游动物109种,其中原生动物38种,占总种数的34.86%,隶属于2门7纲14目28科34属;轮虫54种,占总种数的49.54%,隶属于3个亚目9科24属;枝角类14种,占总种数的12.84%,隶属于6科8属;桡足类3种(不含无节幼体),占总种数的2.75%,隶属于3科3属3目。浮游动物优势种有:原生动物以寡污性种类球形砂壳虫、中污性种类针棘匣壳虫为主。此外,还有多污性种类,如小口钟虫、树状聚缩虫等。轮虫主要以中污性种类为主，如针簇多肢轮虫、角突臂尾轮虫（*Brachionus angularis*）、螺形龟甲轮虫、前节晶囊轮虫（*Asplachna priodonta* Gosse）等。另外，也存在由中污性到多污性的种类，主要有蒲达臂尾轮虫（*B budapestiensis*）、壶状臂尾轮虫（*Brachionus urceus*）等。枝角类中以喜欢生活在较清洁水体中的种类长额象鼻蚤、透明蚤（*Daphnia hyalina*）为主。桡足类中以桡足类幼体最多。2011 年密云水库浮游动物调查共鉴定出 4 大类 128 种，其中原生动物 36 种（占浮游动物总数的 28%）、轮虫类 56 种（44%）、枝角类 24 种（19%）、桡足类 12 种（9%）。轮虫类所占的比例最大，其中以臂尾轮属（8 种）、多肢轮虫属（5 种）、同尾轮虫属和异尾轮虫属（4 种）尤为丰富，常见种有萼花臂尾轮虫（*Brachionus calyciflorus* Pallas）、角突臂尾轮虫（*Brachionus angularis*）、疣毛轮虫（*Synchacta tremula*）、螺形龟甲轮虫（*Keratella cochlearis*）、矩形龟甲轮虫（*Keratella quadrata*）、曲腿龟甲轮虫（*Keratella valga*）、前节晶囊轮虫（*Asplanchna priodonta*）、多肢轮虫（*Polyarthra trigla*）、长三肢轮虫（*Filinia longisela*）等；枝角类中简弧象鼻蚤为样品中常见种；桡足类中则以广布中剑水蚤等广布性兼性种类为主。从 1980 年到 1998 年，密云水库浮游动物总数急剧减少，浮游动物物种多样性低，这可能是由密云水库水质恶化、水库水体富营养化加剧引起的。直到 2008 年，浮游动物总数基本恢复到 1980 年水平。尤其是近年密云水库浮游动物群落组成相对稳定，浮游动物总数显著增加，各类群种类也不断增加，物种多样性逐年恢复，可能是近年密云水库采用管理措施、工程措施以及生物措施逐步对水库进行治理和保护，有效缓解和改善了水库水环境富营养化状况。

表 3-18　密云水库不同时期浮游动物种属特征

时间	项目	原生动物	轮虫	枝角类	桡足类	种类数量
1980~1981 年	种数	1	15	42	48	106
	比例/%	0.94	14.15	39.62	45.28	—
1996~1998 年	种数	66	6	7	6	85
	比例/%	77.65	7.06	8.24	7.06	—
2002~2003 年	种数	11	15	6	4	36
	比例/%	30.56	41.67	16.67	11.11	—
2008 年	种数	38	54	14	3	109
	比例/%	34.86	49.54	12.84	2.75	—
2011 年	种数	36	56	24	12	128
	比例/%	28.13	43.75	18.75	9.38	—

3.8.3　流域底栖动物

根据海河流域山区湖泊密云水库 1980~1981 年、1985~1986 年、1996~1998 年、2002 年、2011 年的监测资料，1980~1981 年密云水库底栖动物主要有 3 大类 24 种（包括幼虫），即寡毛类 5 种、摇蚊幼虫 9 种、软体动物 6 种、甲壳动物 3 种、爬行动物 1 种（表 3-19）。在种群密度和生物量组成上，1980 年和 1981 年各监测点都以寡毛类和摇蚊幼虫为主。

表 3-19　密云水库底栖动物名录

种类		时间			
		1985~1986 年	1996~1998 年	2002 年	2011 年
节肢动物	粗腹摇蚊（*Pelopia*）				+
	菲氏摇蚊幼虫（*Fridmanal* sp. n.）				+
	黑内摇蚊（*Endochir onomusnigricans*）				+
	花纹前突摇蚊（*Procladius choreus*）	+			+
	灰跗多足摇蚊幼虫（*Polypedilum leucopus* Meigen）	+			+
	箭蜓（*Gomphidae*）				+
	六附器毛突摇蚊（*Chactocladius sexpnpilosus*）				+
	平铗枝角摇蚊（*Cladopetna edwardsi*）				
	梯形多足摇蚊（*Polyedilum scalaenum*）				
	细长摇蚊幼虫（*Tendipes attenuatus*）	+			+
	幽蚊幼虫（*Chaoboridae*）				
	羽摇蚊幼虫（*Tendipes plumosus*）	+			
	长足摇蚊幼虫（*Pelopia* sp.）				
	中华米虾（草虾）（*Caridina denticulate* Sinensis）				+
	日本沼虾（青虾）（*Macrobrachium nipponensis*）				+
	大红德永摇蚊（*Tokunagayusurikaakamusi*）	+	+		+
	微刺菱附摇蚊（*Clinitanypus microtrichos*）	+			
	指突隐摇蚊（*Cryptochironomus digitatus*）	+	+		
	小云多足摇蚊（*Polypedilum nubeculosum*）		+		
	异腹鳃摇蚊（*Einfeldia* sp.）	+			
	侧叶雕翅摇蚊（*Glyptotendipes lobiferus*）	+			
	流水长附摇蚊（*Rheotanytarsus* sp.）				
环节动物	霍甫水丝蚓（*Limnodrilus hoffmeisteri* Claparède）	+			
	瑞士水丝蚓（*Limnodrilus helveticus* Piguet）	+	+		+
	克拉泊水丝蚓（*Limnodrilus claparedeianus* Ratzel）	+	+		+
	苏氏尾鳃蚓（*Bran-chiura sowerbyi*）	+	+		+
	中华颤蚓（*Tubifex sinicus*）				+
	正颤蚓（*Tubifex tubifex*）	+	+	+	+
	奥特开水丝蚓（*Limnodrilus udekemianus* Claparède）	+			
软体动物	中国圆田螺（*Cipangopaludina chinensis*）				+
	中华圆田螺（*Cipangopaludina cathaynsis*）				+

1980年底栖动物平均密度为1673个/m^2，生物量为3.858 g/m^2；1981年底栖动物平均密度为3875个/m^2，生物量为7.03g/m^2。寡毛类平均密度为2299个/m^2，平均生物量为3.257g/m^2；摇蚊幼虫平均密度为206.5个/m^2，生物量为2.014 g/m^2。1985~1986年寡毛类有6种，摇蚊幼虫10种；1996~1997年寡毛类有4种，摇蚊幼虫3种，种类减少了一半。特别是摇蚊幼虫由10种减为3种，减少了60%，但也是以寡毛类和摇蚊幼虫为主，底栖动物的平均密度为2478.05个/m^2，生物量为19.76 g/m^2。2002年密云水库底栖大型无脊椎动物的寡毛类只有正颤蚓一种，摇蚊幼虫也只有大红德永摇蚊一种。正颤蚓是一种耐污染的种类，密云水库以正颤蚓为绝对优势种，说明密云水库底质受到有机污染。大红德永摇蚊一般分布在富营养湖泊中，是富营养湖泊中底栖大型无脊椎动物群落的优势种群。密云水库底栖大型无脊椎动物种类逐年减少，耐污染种类逐年占优势，说明其水质逐年变劣。2011年采集到底栖动物21种，隶属3门5纲6目6科，其中节肢动物15种，包括粗腹摇蚊、菲氏摇蚊幼虫、黑内摇蚊、花纹前突摇蚊、灰跗多足摇蚊幼虫、箭蜓、六附器毛突摇蚊、平铗枝角摇蚊、梯形多足摇蚊、细长摇蚊幼虫、幽蚊幼虫、羽摇蚊幼虫、长足摇蚊幼虫、中华米虾（草虾）、日本沼虾（青虾）；环节动物4种，即克拉泊水丝蚓、苏氏尾鳃蚓、中华颤蚓、正颤蚓；软体动物2种，即中国圆田螺、中华圆田螺。优势种主要为节肢动物门摇蚊科和环节动物门寡毛类颤蚓科，与1980~1981年以及1996~1998年所调查的优势种基本一致。

平原湖泊的白洋淀1958年底栖动物包括环节动物、软体动物和节肢动物共35种。1975年底栖生物有环节动物、软体动物、节肢动物、甲壳动物、昆虫幼虫等38种。2007年调查出现底栖动物17种，其中软体动物14种，占82%，环节动物2种，占12%，水生昆虫1种，占6%。2009年调查发现底栖动物18种，其中软体动物10种、节肢动物4种、及少量摇蚊幼虫。常见种有椭圆萝卜螺（*Radix swinhoei*）、中国圆田螺、绘环棱螺（*B. limnoophila*）、梨形环棱螺（*Bellamya purificata*）和中华圆田螺。

3.8.4 流域鱼类

根据历史资料，海河流域原有鱼类11目22科59种，1979年刘修业等发现流域鱼类已经降至7目18科50种，其中鲱形目3种，鲤形目28种，鳗鲡目、颌针鱼目、刺鳅目、鲻形目、鳢形目各1种，鲈形目7种，减少的鱼类主要为海产鱼类。海河流域主要经济鱼类有鲫（*Carassius auratus*）、鲤（*Cyprinus carpio* Linnaeus）、翘嘴红鲌（*Erythroculter ilishaeformis*）、鲶（*Silurus* spp.）、鲢（*Hypophthalmichthys molitrix*）、鲈（*Lateolabrax japonicus*）、刀鱼（*Trichiurus lepturus*）等，其中鲫、翘嘴红鲌等为优势种；洄游鱼类主要有鲈、银鱼、刀鲚、翘嘴红鲌、红鳍鲌、草鱼、赤眼鳟等。随着流域水资源严重不足、水污染严重和水利工程阻隔等的影响，鱼类生存环境日益受到威胁。流域山区河流由于水库修建，造成部分洄游鱼类通道阻隔以及水文情势变化，土著物种数量急剧降低；河流中下游由于生态水量不足、水污染严重等，区域分布鱼类主要为纳污物种，并分布在水量比较有保障的河流、湖泊区域。

根据流域密云水库鱼类资源调查，水库初期鱼类组成以潮河、白河原有的鲤、鲫、逆鱼、鳜虎鱼、麦穗鱼、乌鳢、鲇、黄颡、泥鳅等为主。20世纪60年代人们开始向密云水库中人工增殖放流，使水库中增加了鲢、鳙、青、草、鲮等鱼种。北京市水产局1980~1981年鉴定出鱼类33种（表3-20），隶属于3个目，其中鲤形目28种，占84.8%，鲈形目3种，占9.1%，鲇形目2种，占6.1%。主要种类为鲤科鱼类，主要品种为草鱼、鲢鱼和鳙鱼，其次是鳊、鲷、鲤、鲫。1996~1998年北京市水产科学研究调查表明，密云水库有鱼类42种，隶属于6目12科31属。其中以鲤科鱼类为主，共28种，占总数的66.7%；其次为鳅科鱼类，计3种，占总数的7.1%；人工引进种类13种，分别是匙吻鲟、大银鱼、池沼公鱼、华鳈、黑鳍鳈、中华鳑鲏、洛氏鱼岁、彩石鲋、斑条刺鳑鲏、黄颡鱼、中华花鳅、中华多刺鱼、中华刺鳅，占总数的31.0%。2011年鱼类资源调查结果表明，密云水库有鱼类43种，隶属于6目12科31属。组成以鲤科鱼类为主，计33种，占总数的76.7%。与1980~1981年和1996~1998年的调查数据相比，2011年调查得到了两个新品种，即细鳞斜颌鲴，均属于鲤形目鲤科鱼类，均是近些年来人工增殖放流而引入的鱼类；大口鲇，属鲇形目鲇科鱼类，是20世纪80~90年代密云水库网箱养殖带到水库中的。密云水库主要经济鱼类有鲢、鳙、鲤、鲫、池沼公鱼和大银鱼等，与历史上相比，鱼类小型化比较严重。密云水库中的华鳈、黑鳍鳈、长春鳊、马口鱼、宽鳍鱲、赤眼鳟、洛氏鱥、中华多刺鱼和鳜鱼属于北京市二级保护水生野生动物，属于北京市地方的经济鱼类的有鲤鱼、鲫鱼、青鱼、草鱼、团头鲂、鲢鱼和鳙鱼等。从密云水库鱼类调查结果来看，鱼类种类数近30年来逐渐增加，这可能与人工引种数量增加有关。由于水库受人为因素干扰，鱼类种群结构变化较大，年际鱼类种群结构没有明显的变化规律，主要鱼类群体均为人工增殖放流品种。

表3-20 密云水库鱼类名录

目	科	序号	种类	1980~1981年	1996~1998年	2011年
鲤形目	鲤科鲤亚科	1	鲤鱼（*Cyprinus carpio* Linnaeus）	+	+	+
		2	镜鲤（*C. carpio* sp.）	+	+	+
		3	荷包鲤（*C. carpio* sp.）	+	+	+
		4	鲫鱼[*Carassius auratus*（Linnaeus）]	+	+	+
		5	银鲫[*C. auratus gibelio*（Bloch）]		+	+
	鮈亚科	6	唇鱼骨[*Hemibarbus labeo*（Pallas）]	+	+	+
		7	花鱼骨（*Hemibarbus maculates* Bleeker）		+	+
		8	麦穗鱼[*Pseudorasbora parva*（Temminck et Schlegel）]	+	+	+
		9	华鳈（*Sarcocheilichthys sinensis* Bleeker）		+	+
		10	黑鳍鳈[*Sarcocheilichthys nigripinnis*（Gunther）]		+	+
		11	棒花鱼[*Abbottina rivularis*（Basilewsky）]	+	+	+

续表

目	科	序号	种类	1980~1981年	1996~1998年	2011年
鲤形目	雅罗鱼亚科	12	青鱼 [*Mylapharyngodon piceus*（Richarddson）]	+	+	+
		13	鳡鱼 [*Luciobrama macrocephalus*（Lacépède）]	+	+	
		14	草鱼 [*Ctenopharyngodon idellus*（Cuvier et Valencien）]	+	+	
		15	洛氏鱥 (*Phoxinus lagowskii* Dybowski)		+	+
		16	马口鱼 (*Opsariichthys bidens* Gunther)	+	+	+
		17	宽鳍鱲 [*Zacco platypus*（Temminck et Schlegel）]		+	+
		18	赤眼鳟 [*Squaliobarbus curriculus*（Richardson）]	+		
	鳊亚科	19	鲌 [*Hemiculter leucisculus*（Basilewsky）]	+	+	+
		20	贝氏鲌（高体白条）(*Hemiculter bleekeri* Warpachowsky)	+	+	
		21	红鳍鲌 (*Culter erythropterus* Basilewsky)	+	+	+
		22	长春鳊 [*Parabramis pekinensis*（Basilewsky）]		+	
		23	团头鲂（又名武昌鱼）(*Megalobrama amblycephala*)	+	+	+
		24	戴氏红鲌 [*Erythroculter dabryi*（Bleeker）]	+		
	鲴亚科	25	逆鱼 (*Acanthobrama simoni* Bleeker)	+	+	+
		26	细鳞斜颌鲴 (*Plagiognathops microlepis* Bleeker)			+
		27	银鲴 (*Xenocypris argentea* Gunther)	+		
	鳑鲏亚科	28	中华鳑鲏 (*Rhodeus sinensis* Gunther)	+	+	+
		29	彩石鲋 (*Pseudoperilampus lighti* Wu)	+	+	+
		30	斑条刺鳑鲏 (*Acanthorhodeus taenianalis* Gunther)		+	+
		31	兴凯刺鳑鲏 [*Acanthorhodeusc hankaensis*（Dybowski）]	+	+	+
	鲢亚科	32	鲢鱼 [*Hypophthalmichthys molitrix*（Cuvier et Valenciennes）]	+	+	+
		33	鳙鱼 [*Aristichthys nobilis*（Richardson）]	+	+	+
	鳅科花鳅亚科	34	中华花鳅 (*Cobitis sinensis* Sauvage)		+	+
		35	泥鳅 [*Misgurnus anguilli caudatus*（Cantor）]	+	+	+
鲇形目	鲇科	36	鲇 (*Silurus asolus* Linnaeus)	+	+	+
		37	大口鲇 (*Silurus meridionalis* Chen)			+
	鲿科	38	黄颡鱼 [*Pelteobagrus fulvidraco*（Richardson）]	+	+	+
刺形目	刺鱼科	39	中华多刺鱼 [*Pungitius sinensis*（Guichenot）]		+	+
鲈形目	塘鳢科	40	黄䱂 [鱼幼][*鱼 Hypseleotris swinhonis*（Gunther）]		+	+
	鰕虎鱼科	41	普栉鰕虎鱼 [*Ctenogobius giuriuus*（Rutter）]	+	+	+
	鳢科	42	乌鳢 [*Channa argus*（Cantor）]	+	+	+
	鮨科	43	鳜鱼 [*Siniperca chuatsi*（Basilewsky）]	+		
	刺鳅科	44	中华刺鳅 (*Mastacembelus sinensis*)		+	+

续表

目	科	序号	种类	1980~1981年	1996~1998年	2011年
鲟形目	鲟科	45	匙吻鲟（*Polyodon spthula*）		+	
鲑形目	胡瓜科	46	池沼公鱼（*Hypomesus olidus* Pallas）		+	+
	银鱼科	47	大银鱼 [*Protosalanx hyalocranius* (Abbott)]		+	+
合计				33	42	43

根据对白洋淀的调查统计，白洋淀鱼类共11目18科55属63种，以中国江河平原区系复合体为主，其中鲤科38种，占绝对优势。郑葆珊等于1958年调查共得11目17科50属54种，期间20世纪50年代平均入淀水量为18.27亿 m^3，水量极为丰富，以大清河作为出口，与海河相通，淀内水生植物、浮游生物和底栖动物繁茂，鱼的种类和数量都很丰富，尚存在洄游性的鱼类，如鲻科（Mullet）、鳗鲡科（Anguillidae）等。1975~1976年调查仅得到35种鱼类，减少的主要是沿海河溯水入淀和上游河流产卵入淀的鱼类，如鳗鲡、梭鱼、银鱼、鳡、赤眼鳟和青鱼等。2001~2002年调查得到33种，但仍然没有洄游性的鱼类。2007~2009年仅仅得到鱼类7目11科25种，且很多为人工养殖种类，与1958年调查结果相差很远，除了洄游性鱼类，一些大型的经济鱼类也相继消失。主要是因1958~1960年在入淀河系上游相继建库拦洪，仅100万 m^3 容量的水库就有10个，如王快水库、西大洋水库、横山岭水库等，小型水库134座，总库容量36.19亿 m^3，超过了流域多年平均径流量23.66亿 m^3（1956~2005年）。上游拦洪建库加上大清河下游筑坝和围水造田，不但阻截了顺河入淀鱼类，切断洄游鱼类的入淀通道，且使得白洋淀除汛期排洪外，很少有水入淀，20世纪70年代平均入淀量为11.43亿 m^3，较50年代下降了37%；进入80年代后，上游生活、灌溉用水大幅度增加，入淀水量持续下降，平均2.77亿 m^3，甚至1983~1988年连续干淀，导致环境进一步恶化，鱼类资源遭到严重破坏。同时，流域污染负荷的不断增加，包括点源和非点源污染，其中点源污染主要来自上游城市工业及市政污水的排放入淀，非点源污染主要包括农业污染源和城镇生活污染源等。农业污染源主要来自于淀周边和淀内台地上开垦耕地的水土流失、农业弃水；城镇污染源包括淀区内的生活污水和雨水冲刷村落、街道、家禽畜牧业产生的废弃物，还包括游客、游船向淀中排放的废物。近30年，白洋淀地区的水质经历了一个由好变差，而后又有一定控制的过程（表3-21）。

表 3-21 白洋淀历年水质指标对比 （单位：mg/L）

地点	年份	COD$_{Cr}$	BOD$_5$	TN	TP
南刘庄（府河口）	1975	23.01	—	—	—
	1989	45.25	5.32	—	0.234
	1993	62.0	11.5	11.49	1.125
	1998	32.5	5.3	27.86	1.4
	2007	43.9	—	23.52	1.71

续表

地点	年份	COD$_{Cr}$	BOD$_5$	TN	TP
淀中	1975	15.5	—	—	—
	1989	21.57	1.69	—	0.044
	1993	46.9	2.8	2.17	0.08
	1998	20.4	3.4	1.5	0.1
	2007	44.5	—	2.23	0.26

3.9 小　　结

海河流域水环境问题很多，水污染严重和生态供水不足是目前流域水生态最为严重的问题，如何保持或增加现有水域、改善水质，是流域水资源保护和水生态修复最为核心的问题，流域生态修复的重点和布局宜根据海河流域特有的生态特征和有利条件来安排和实施。

流域水环境问题中，首先是流域水质污染严重，主要体现在流域水质状况较差，2009年全年优于和达到Ⅲ类水质标准的河长4516.3 km，占评价河长的35.3%，Ⅳ类至劣Ⅴ类河长为8543.6 km，占评价河长的64.7%，其中严重污染河长有6850.9 km，占评价河长的53.5%。枯水期水质略好于丰水期。主要的超标项目有氨氮、化学需氧量、高锰酸盐指数、五日生化需氧量、溶解氧、挥发酚和总磷，部分河段氟化物、镉、汞、铅等超标。其次，流域河流生态基流严重不足，导致水环境承载力急剧降低和水生态严重受损。主要表现在河道干枯断流、湿地萎缩、入海水量锐减以及河口淤积、地下水位下降以及环境地质问题等。再次，流域除上游山区及滦河水系之外，基本没有自然径流，污染物排放量远超过环境容量。国控断面中劣Ⅴ类断面占到44.3%，60%以上断面水质仍超标。饮用水安全形势不容乐观，水源保护区内的污染源和风险源较多，污染事故时有发生。最后，流域水生态的生境急剧退化、生物多样性急剧降低。主要体现在栖息地的水量不足、水质恶化以及水利工程阻隔明显，使得流域原有的土著物种分布数量、范围等急剧降低，导致部分区域水生态系统结构和功能严重受损。

第4章 典型湿地水环境特征及驱动因素

4.1 白洋淀湿地概况

4.1.1 地理位置

白洋淀流域位于河北省中部,太行山东麓,东经113°40′~116°20′,北纬38°10′~40°00′,流域面积31 200 km²,涉及河北的保定、廊坊、沧州、张家口、石家庄及衡水以及北京和山西,其中保定市境内流域面积22 091 km²,占总流域面积的70.8%。地势自西北向东南倾斜,依次形成山区、平原、洼地三大地貌类型。西北部为山区,海拔为100~2500 m;中部为平原,海拔为10~100 m;东部为低洼地区和白洋淀,海拔为7~10 m。以黄海高程100 m等高线划分,山区面积16 536 km²,占总面积53%,平原面积14 664 km²,占总面积47%。白洋淀内有村庄、园田、3700多条沟壕和12万亩苇田,将整个淀区分割成一个个大小不等的淀泊,形成淀中有淀、园田交错、沟壕纵横相连、水域辽阔的特有自然景观。白洋淀有143个大小不等的湖泊,芦苇环抱,幽静恬逸。其中苇田、园田及村庄等陆地面积约占淀区面积的46.95%,水面约占53.05%,在水域范围,沟壕水面占7.4%,泊淀面积约占41.1%。白洋淀水浅、光照充足、气候适宜,动植物种类繁多,生物资源丰富。

4.1.2 水系

白洋淀流域承接大清河水系来水,水系分南、北、中三支,呈扇形分布,向东汇入白洋淀。大清河北支,上游是拒马河,支流有琉璃河、胡良河、小清河、中易水、北易水、兰沟河等。拒马河下游又分为南拒马河和北拒马河。北拒马河与琉璃河、胡良河、小清河汇合为白沟河;白沟河与南拒马河汇合后为大清河。1970年开挖白沟引河,将白沟河及南拒马河引入白洋淀。

大清河南支沙河发源于山西繁峙县东白坡头,在河北阜平县不老台村进入保定境内,有北流河、鹞子河、板峪河等支流汇入,到王快流出水库后有磁河、郜河等河流汇入,北郭村以下称为潴龙河,流入白洋淀。大清河中支是指均以白洋淀为归宿的河流,包括唐河、漕河、萍河、瀑河、府河、清水河、孝义河等。白洋淀直接承接大清河南支及中支来水,白沟河及南拒马河通过白沟引河引入白洋淀。白洋淀是地处河北平原与滨海平原交接地带的湖冲积洼地(宋中海,2005)。

4.1.3 气候与降水

全区处于温带半干旱大陆性季风气候区，具有春季干旱少雨，夏季炎热多雨，秋季晴朗、寒暖适中，冬季寒冷少雨的特征。年平均气温 7.5～12.7 ℃，最高气温 43.3 ℃，最低气温-30.6 ℃。降水年内分配极不均匀，年际差异也很大，易造成旱涝灾害。

冬春季节雨雪稀少，尤其是在春季气温回升又多风，天气干燥，夏季多雨湿润，秋季适中。全区年相对湿度为 52%～65%，平均 62%；8 月最大（74%～84%），平均为 81%；3 月最小（42%～56%），平均 51%。水面蒸发量平均 967.1 mm，西部山区较大，东部平原较小。一年之中 5～8 月蒸发量最大，约占全年 54%，春秋次之，冬季最小。

全区多年平均降水量 570.2 mm。降水量在空间分布不均匀，山区降水量多于平原，以太行山区迎风坡紫荆关—水口—阜平一线最大，为华北著名的一个暴雨中心。暴雨中心与太行山脉走向近于平行，多年平均降水量 650～750 mm。西部山区多年平均降水量 550～700 mm，东部平原多年平均降水量 450～600 mm。降水量年内分配极不均匀，汛期（6～9 月）降水量一般占全年降水量 70%～80%，而 7 月、8 月两月降水量占年降水量 65% 以上，非汛期 8 个月降水量占年降水量 20%～30%，冬季降水量占年降水量 2% 左右。

全区主要暴雨易发生在每年的 7 月、8 月两个月，尤其是在 7 月下旬至 8 月上旬。暴雨中心降水强度大、历时长，一般持续 3 天左右，最长持续 6～7 天。流域降水量年际变化较大，最大年平均降水量为 1056.6 mm，最小年平均降水量为 366.1 mm，二者相差 2.9 倍，山区丰枯水年降水量相差 2.8 倍，平原丰枯水年降水量相差 4.1 倍。保定、紫荆关、阜平、倒马关 4 个站 50 多年降水观测资料表明，20 世纪 50 年代到 1964 年为丰水期，年均降水量 743.7 mm，1965～1980 年为平水期，年均降水量 590.1 mm，80 年代以后进入枯水期，年均降水量 560.1 mm，占丰水期年均降水量 75.3%。特别是在 1997～2003 年干旱进一步加剧，平均降水量为 489.6 mm，占丰水期年降水量 65.8%，最大年降水量 536.5 mm，最小年降水量 418.6 mm。

流域多年平均径流量 22.3 亿 m³，平均径流深 71.5 mm，其中 85% 来自山区。山区多年平均径流深 115 mm，平原多年平均径流深 23 mm。各河径流随降水具有丰枯变化，年际差异极大，常年出现暴雨洪水与偶尔出现的特大暴雨洪水相差悬殊。如山区各河最大年径流量与最小年径流量相差 7～50 倍。平原河道进入 80 年代以后经常出现河干断流，丰枯水年水量相差更为悬殊，如集水面积 10 000 km² 的新盖房水文站最大年径流量 45.4 亿 m³（1956 年），最小径流量为零（2003 年）。丰水年与枯水年（非河干年份）年最大洪峰流量相差 194～521 倍，特别是在 2003 年，全区最大洪峰流量仅为 12.1 m³/s，为历史罕见。

径流年内分配极不均匀，随降水变化具有明显的丰枯水期，丰水期（7～9 月）径流量占全年 55%～70%，平水期 10 月、11 月占全年径流量的 15%～12%，枯水期 12～6 月占年径流量 30%～18%。最大月径流量发生在 7 月或 8 月，最小月径流量发生在 5 月。除拒马河、唐河、沙河外，其余河流多数月份河干。

流域处在半干旱地带，尤其是冬春季节，干旱少雨，蒸发量较大，年最大水面蒸发能力在 637.2~1288.3 mm，多年平均水面蒸发能力（E601）为 967.1 mm。流域蒸发能力分布与降水量时空分布相反，蒸发量年内分配不均匀，5~8 月为一年中蒸发量最大的 4 个月，约占年蒸发量 54%，春秋次之，分别占 20.6% 和 17.9%，冬季最小，占 7.5%。

4.1.4 水质

全区历史上水质优良，除洪水期河流夹有泥沙外，平时水质良好，无色无味，广泛用于城镇生活、工农业生产、水生养殖。1949 年后，特别是进入 20 世纪七八十年代以后，随着经济的发展，大量城市工业废水和生活污水排放及农业上大量农药、化肥的使用，造成了水质严重污染。

全区河流、水库除沙河为重碳酸−钙（HCO_3-Ca）型水外，多数是重碳酸−钙镁（HCO_3-CaMg）型水。矿化度 0.113~0.228 g/L，pH 7.5~8.2，总硬度 7.66~11.3 德国度。河流进入平原，水化学类型无变化，而矿化度一般增加到 0.23~0.367 g/L，总硬度增加到 10.5~15.6 德国度。河流汇入白洋淀后，矿化度增高到 0.47g/L，水化学类型转为重碳酸−钠镁（HCO_3-NaMg）型水。

4.1.5 土壤

白洋淀流域土壤复杂多样，土壤母质主要是第四上纪冲积物。淀区（安新县）土壤共分为 4 个土类：褐土、潮土、沼泽土、水稻土；8 个亚类：潮褐土、潮土、盐化潮土、湿潮土、盐化湿潮土、沼泽土、草甸沼泽土、潜育型水稻土；21 个土属；还有 128 土种和一个复区。淀区以沼泽土为主，土质肥沃，分布于地势低洼、常年积水地区；有机质含量平均为 3.0%，TN 含量 0.20%，速效氮含量 140.9 mg/kg，速效磷平均含量 7.1 mg/kg，速效钾平均含量 224.2 mg/kg，有机质含量低，土壤水稳性团粒结构不良。土壤酸碱度 pH 一般为 0.85 左右，变化幅度为 8.0~8.6，表现为微碱性。淀区土壤养分含量较高，但表层土质地较黏重。

4.2 白洋淀湿地生物多样性及其特性

4.2.1 生物多样性特征

白洋淀常见大型水生植物按生活类型分有 47 种，包括挺水植物 21 种、浮游植物 7 种、漂浮植物 4 种、沉水植物 15 种，分别占总种数的 44.68%、14.89%、8.51% 和 31.92%。按植物科属组成来看，优势种为芦苇、莲、马来眼子菜、光叶眼子菜、菹草、轮叶黑藻、水鳖及紫背浮萍等。陆生植物主要以针阔叶树种为主，林木覆盖率 11.5%；在植物区系中，木本植物有杨、柳、刺槐、苹果、梨等；灌木有紫穗槐、枸杞、柽柳、桑树等。草类以禾本科、菊科、豆科为主，狗尾草、小飞蓬（碱蓬）、蟋蟀草、虎尾草、野芦苇分布较广。农作物有小麦、玉米、水稻、高粱、谷子、甘薯、大豆等。经济作物有花生、棉花、芝麻、烟草、蔬菜、瓜类等。

赵芳等（1995）研究表明，组成白洋淀水生植物的大型水生植物种类共 32 种，隶属 15 科，其中单子叶植物有 7 科，双子叶植物有 8 科。按生活类型划分，沉水植物 12 种，占总数的 37.50%；浮叶植物 6 种，占 18.75%；漂浮植物 4 种，占 12.50%；挺水植物 10 种，占 31.25%。较重要科有眼子菜科、茨藻科、禾本科、睡莲科、金鱼藻科和小二仙草科。优势物种为芦苇、篦齿眼子菜、五刺金鱼藻、黑藻、茨藻和光叶眼子菜。

在挺水植物群落类型中，白洋淀区域芦苇群落分布面积最大，生长在淀泊台地上，平均芦苇株高 3 m，与其共生的还有荆三棱、萤蔺等。漂浮植物群落类型中，主要有紫萍、浮萍群落，分布在浅水区尤其是在避风静止的水面上，常见伴生种有金鱼藻等沉水植物。浮叶植物群落类型中，尤以睡莲、荇菜为多见。沉水植物群落类型中，金鱼藻群落、篦齿眼子菜群落为最多，常与黑藻、茨藻、光叶眼子菜和微齿眼子菜共生。

刘立华等（2005）指出，白洋淀栖息着鱼类资源 16 科 54 种，野生鸟类资源 11 目 19 科 52 种，浮游植物 7 门 129 属，底栖动物 35 种，构成了比较完整的水生生物资源体系。白洋淀内水生动物主要有浮游动物、底栖生物、鱼类。浮游动物中最常见的是轮虫，其次是桡足类。底栖生物常见的有节肢动物、软体动物和环节动物，其中优势种类是软体动物和甲壳动物，以田螺数量为最丰富。鱼类主要有鲤鱼、鲫鱼、鳊、黄鳝、乌鳢及鳜等。白洋淀分布有鸟类 192 种，其中夏候鸟 78 种，留鸟 19 种，冬候鸟 7 种，旅鸟 88 种，分别占白洋淀鸟类总种数的 40.63%、9.89%、3.65% 和 45.83%。其中国家 I 级保护鸟类 3 种，即丹顶鹤、白鹤、大鸨，占鸟类总种数的 1.56%；国家 II 级保护鸟类 26 种，占鸟类总种数的 13.54%。哺乳动物有 14 种，隶属 5 目 8 科 12 属，共有国家级保护动物 5 种，即普通刺猬、草兔、赤狐、黄鼬、猪獾。

4.2.2 水陆交错带特征

白洋淀是一个水陆交错的大水体，具有发育良好的水陆交错带，主要由芦苇群落、苇地间小沟以及浅水区组成。白洋淀共有苇地 9333 hm^2（尹澄清，1995），陆地面积占 30%，水域面积占 70%。苇地之间共有 3700 多条小水沟，沟宽 3~4 m，少数达 5 m。苇地和水沟分布在陆地和淀水面之间以及淀与淀之间。交错带中有不同的微景观斑块的结构、植被类型。

白洋淀是渤海湾西面低洼地经海陆变迁形成的湿地生态系统，淀内纵横沟壕有 3700 多条，交织错落，将全淀分割成 143 个大小不等的淀泊，淀区内村庄、苇地、园田星罗棋布，构成淀中有淀、沟壕相连、园田和水面相间分布的特殊地貌。其水路交错带地貌特征如图 4-1 所示。

白洋淀污水主要来自府河上游保定市工业废水和生活污水、沿途农业污水及生活废水，水中含有较多铵态氮和溶解态磷酸盐，两部分无机营养物质最易被生物吸收，也最易被土壤颗粒吸附。水陆交错带对总磷截留大于总氮及有机质。白洋淀具有发育良好的岸边

图 4-1　白洋淀水陆交错带地貌特征
注：图片作者为尹澄清

带，其沟壑能有效截留来自陆源的污染物质，水陆交错带对来自府河的营养物质有强烈的截留作用，特别是铵态氮和正磷酸态溶解磷。这种截留程度的差别使径流能够把被截留程度较小的有机质和氮物质运送到水陆交错带较后靠近水体的地方，而磷元素较多地沉积在水陆交错带的前方。从水质指标空间分布看，处于污染较严重的府河河口区域水体 TP、COD 含量明显大于污染较轻的湿地中心区域，而且呈空间递减趋势，结合溶解氧、全盐量及水中总固体溶解量（TDS）的空间分布表明白洋淀水陆交错系统对营养物质具有强烈的截留作用，可以达到净化白洋淀水体的效果。

湿地对污染物质净化与湿地内生物密切相关。白洋淀具有沼泽和水域等生态系统，芦苇在白洋淀湿地分布面积很广，在白洋淀形成优势群落。芦苇对污染物抗性强，并具有一定的分解净化能力，芦苇湿地对工业和生活污水中的有害物质有较强的吸收和吸附能力。国内学者（韩顺正，1992）通过研究发现太湖区芦苇中六六六和 DDT 含量分别为水体含量的 125 倍和 2933 倍。芦苇对氮、磷的净化作用对象主要是湿地土壤、土壤、根茎以及根茎附着物构成复杂生态环境。鉴于芦苇在湿地系统中的重要性，对白洋淀湿地芦苇的保护具有非常重要的意义。

4.2.3　白洋淀芦苇群落

大型水生维管束植物（简称大型水生植物）是水生生态系统的重要组成部分，在湖泊水体生物生产中占有极其重要的地位，是湖泊生态系统中的物质与能量流的主要传递者，种群数量对湖泊生态及水域环境有着重大影响。大型水生植物的新陈代谢过程可净化水质、吸收和吸附大量的营养物质和其他物质，但是大型水生植物的死亡、腐烂不仅形成湖泊营养物质的再生源，而且加速了湖泊的淤积及沼泽化过程，使湖泊走向衰亡。芦苇是白洋淀湿地中最重要的水生植物，其生长面积大。芦苇具有调节气候、净化污水、净化水质、抑制藻类和维持生物多样性等生态功能，也是白洋淀重要的经济作物。

芦苇具有较高的经济和生态价值，营养生长期粗蛋白含量在禾草中居于上等，是优良的饲草；叶、茎、花序、根皆可入药；成熟以后纤维素含量高达 44%，与木材相仿，是优质的造纸原料,在我国造纸工业中居重要的地位,被人们誉为"第二森林"。芦苇湿地素有"大型天然水库"之称;且芦苇湿地对水污染物质有较强的吸收和吸附能力,还可减缓水流速度和加快泥沙沉降。除此之外,芦苇湿地是珍稀禽类的栖息与繁殖场所,且部分芦苇湿地已被列入国际重要湿地名录。白洋淀地势低洼,是芦苇理想的产地,芦苇广泛分布于整个淀区中。在淀内,芦苇主要分布在水域边缘和台地上。

芦苇[Phragmites australis (Cav.) Trin. ex Steudel],禾本科,芦苇属(Phragmites),多年生高大草本植物,茎秆直立,叶片带状披针形,圆锥花序。该属在全球范围内分布有10余种。芦苇在我国分布广泛,全国范围内有14个芦苇主产区,芦苇面积130万 hm² 以上。芦苇是白洋淀湿地中最重要的水生植物,主要是芦苇的变种之一白洋淀苇(Phragmites australis var. baiyangdiasis)。芦苇具有较宽的生态幅和较强的资源利用能力,其适应能力较强,既可在淡水中生长,也可在盐度较高的半咸水中生长;既可生存于长期积水的环境,又可生存于相对较干的生境中(李博,2010)。

4.3 白洋淀水环境现状

4.3.1 白洋淀水质年际变化特征

4.3.1.1 2006年年平均白洋淀湿地水质状况

2006年淀内断面的关城、同口、前塘和采莆台为Ⅳ类水质,主要超标项目为高锰酸盐指数和五日生化需氧量;光淀张庄和枣林庄为Ⅴ类水质,主要超标项目为氨氮、高锰酸盐指数和硫化物;安新桥、端村、大张庄、留通、郭里口、王家寨、涝网淀和圈头为劣Ⅴ类水质,主要超标项目为氨氮、高锰酸盐指数、五日生化需氧量、挥发酚和硫化物。北河庄淀干。

入淀河道中,高阳为Ⅲ类水质;安州和漕河为劣Ⅴ类水质,主要超标项目有氨氮、化学需氧量、五日生化需氧量、挥发酚和硫化物。新盖房、博士庄、温仁、徐水和下河西河干。白洋淀湿地大部分水体较清澈(海河水利委员会,2006b)。

4.3.1.2 2007年年平均白洋淀湿地水质状况

淀内断面的同口、圈头、光淀张庄和采莆台为Ⅳ类水质,主要超标项目为高锰酸盐指数和五日生化需氧量;关城、端村、留通、郭里口、涝网淀、前塘和枣林庄为Ⅴ类水质,主要超标项目为五日生化需氧量、高锰酸盐指数、氨氮和硫化物;安新桥、大张庄、王家寨和安州为劣Ⅴ类水质,主要超标项目为氨氮、高锰酸盐指数、五日生化需氧量、氟化物和硫化物。北河庄淀干。

入淀河道中安州为劣Ⅴ类水质,主要超标项目有氨氮、化学需氧量、五日生化需氧量、氟化物和硫化物。新盖房、博士庄、高阳、温仁、漕河、徐水和下河西河干。白洋淀湿地大部分水体较清澈(海河水利委员会,2007)。

4.3.1.3 2008年年平均白洋淀湿地水质状况

淀内断面的大张庄、留通、郭里口、王家寨、涝网淀、圈头、光淀张庄、前塘、采莆台和枣林庄为Ⅳ类水质，主要超标项目为高锰酸盐指数和五日生化需氧量；端村为Ⅴ类水质，主要超标项目为五日生化需氧量、高锰酸盐指数和硫化物；关城、同口和安新桥为劣Ⅴ类水质，主要超标项目为氨氮、高锰酸盐指数、五日生化需氧量和氟化物。北河庄淀干。

入淀河道中安州、高阳为劣Ⅴ类水质，主要超标项目有氨氮、化学需氧量、五日生化需氧量和氟化物。新盖房、博士庄、温仁、漕河、徐水和下河西河干。白洋淀湿地大部分水体较清澈（海河水利委员会，2008）。

4.3.1.4　2009年年平均白洋淀湿地水质状况

淀内断面的关城、同口、端村、留通、郭里口、涝网淀、圈头、光淀张庄、前塘、采莆台和枣林庄为Ⅳ类水质，其中关城、同口、端村、留通、郭里口主要超标项目为高锰酸盐指数和五日生化需氧量，其余监测断面主要超标项目为高锰酸盐指数；王家寨为Ⅴ类水质，主要超标项目为五日生化需氧量和高锰酸盐指数；大张庄和安新桥为劣Ⅴ类水质，主要超标项目为氨氮、高锰酸盐指数和五日生化需氧量。北河庄淀干。

入淀河道中安州和高阳均为劣Ⅴ类水质，其中安州主要超标项目为氨氮、化学需氧量和五日生化需氧量，高阳主要超标项目为氨氮、高锰酸盐指数和五日生化需氧量。新盖房、博士庄、温仁、漕河、徐水和下河西河干。白洋淀湿地大部分水体较清澈（海河水利委员会，2009）。

4.3.1.5　2010年年平均白洋淀湿地水质状况

淀内断面的关城、涝网淀、圈头、光淀张庄、前塘、采莆台和枣林庄为Ⅳ类水质，其中前塘、采莆台和枣林庄主要超标项目为高锰酸盐指数，其余监测断面主要超标项目为高锰酸盐指数和五日生化需氧量；端村为Ⅴ类水质，主要超标项目为五日生化需氧量和高锰酸盐指数；安新桥、大张庄、留通、郭里口和王家寨均为劣Ⅴ类水质，其中安新桥主要超标项目为氨氮和高锰酸盐指数，其余监测断面主要超标项目为氨氮和五日生化需氧量。北河庄、同口均为淀干。

入淀河道中高阳为Ⅴ类水质，主要超标项目为五日生化需氧量和氨氮；安州为劣Ⅴ类水质，主要超标项目为氨氮和化学需氧量，新盖房、博士庄、温仁、漕河、徐水和下河西河干。白洋淀湿地大部分水体略浑浊（海河水利委员会，2010）。

4.3.1.6　2011年年平均白洋淀湿地水质状况

2011年淀内除留通和采莆台为Ⅳ类水质外，其他断面水质基本为Ⅴ类及劣Ⅴ类水质，主要超标项目为氨氮、高锰酸盐指数、化学需氧量和五日生化需氧量。入淀河道均为Ⅴ类及劣Ⅴ类，主要超标项目为氨氮、化学需氧量和五日生化需氧量（表4-1）。水体略浑浊。

4.3.1.7　2012年年平均白洋淀湿地水质状况

2012年白洋淀内断面除部分断面为Ⅳ类水质，大部分断面为Ⅴ类及劣Ⅴ类水质，主要

表 4-1 白洋淀湿地 2011 年主要入淀断面及监测断面水质情况

时间	主要入淀断面	水质	超标物质	主要监测断面	水质	超标物质	水位/m	蓄水量/亿m³
2011年1月	安州	劣Ⅴ类	氨氮和化学需氧量	端村	Ⅳ类	五日生化需氧量	7.2	1.17
	高阳	劣Ⅴ类	氨氮和五日生化需氧量	安新桥	劣Ⅴ类	氨氮和高锰酸盐指数		
	新盖房、博士庄、温仁、漕河、徐水和下河西	河干	—	同口和北河庄	淀干	—		
2011年2月	安州	劣Ⅴ类	氨氮和化学需氧量	端村	Ⅳ类	五日生化需氧量	7.4	1.41
	高阳	劣Ⅴ类	氨氮和五日生化需氧量	圈头	Ⅳ类	高锰酸盐指数和五日生化需氧量		
	新盖房、博士庄、温仁、漕河、徐水和下河西	河干	—	安新桥	劣Ⅴ类	氨氮和高锰酸盐指数		
				同口和北河庄	淀干	—		
2011年3月	安州	Ⅴ类	氨氮、化学需氧量和五日生化需氧量	端村	Ⅴ类	化学需氧量和五日生化需氧量	7.4	1.39
	高阳	Ⅴ类	氨氮	安新桥	劣Ⅴ类	氨氮、高锰酸盐指数和五日生化需氧量		
	新盖房、博士庄、温仁、漕河、徐水和下河西	河干	—	同口和北河庄	淀干	—		
2011年4月	安州	劣Ⅴ类	氨氮、化学需氧量和五日生化需氧量	前塘	Ⅳ类	化学需氧量	7.32	1.29
	高阳	劣Ⅴ类	氨氮	圈头	Ⅳ类	高锰酸盐指数和五日生化需氧量		
	新盖房、博士庄、温仁、漕河、徐水和下河西	河干	—	采蒲台	Ⅳ类	化学需氧量、五日生化需氧量		
				安新桥	Ⅴ类	溶解氧、五日生化需氧量		

续表

时间	主要入淀断面	水质	超标物质	主要监测断面	水质	超标物质	水位/m	蓄水量/亿m³
2011年4月	新盖房、博士庄、温仁、漕河、徐水和下河西	河干	—	关城	V类	五日生化需氧量	7.32	1.29
				端村	V类	高锰酸盐指数和五日生化需氧量		
				留通	V类	高锰酸盐指数		
				枣林庄	V类	化学需氧量和五日生化需氧量		
				大张庄	劣V类	氨氮、化学需氧量、五日生化需氧量		
				郭里口、王家寨、捞网淀、光淀张庄	劣V类	化学需氧量		
				同口和北河庄	淀干	—		
2011年5月	安州	劣V类	氨氮、化学需氧量	留通、采蒲台和枣林庄	IV类	高锰酸盐指数和五日生化需氧量	7.15	1.0
	高阳	劣V类	氨氮、五日生化需氧量	郭里口	V类水质	高锰酸盐指数和五日生化需氧量		
	新盖房、博士庄、温仁、漕河、徐水和下河西	河干	—	关城、端村王家寨、捞网淀、圈头和前塘	V类水质	五日生化需氧量		
				安新桥、大张庄	劣V类	氨氮、五日生化需氧量		
				光淀张庄	劣V类	五日生化需氧量		
				同口和北河庄	淀干	—		

续表

时间	主要入淀断面	水质	超标物质	主要监测断面	水质	超标物质	水位/m	蓄水量/亿m³
2011年6月	安州和高阳	劣Ⅴ类	氨氮	留通、采蒲台和枣林庄	Ⅳ类	高锰酸盐指数、五日生化需氧量	6.69	0.64
	新盖房、博土庄、温仁、漕河、徐水和下河西	河干	—	关城、鄂里口、王家寨、捞网淀、前塘	Ⅴ类	五日生化需氧量		
				安新桥、端村、圈头、大张庄、光淀张庄	劣Ⅴ类	氨氮、五日生化需氧量		
				同口和北河庄	淀干	—		
2011年7月	安州	劣Ⅴ类	溶解氧、五日生化需氧量	捞网淀、采蒲台和枣林庄	Ⅳ类	高锰酸盐指数、五日生化需氧量	6.88	0.79
	高阳	Ⅴ类	溶解氧、氨氮、五日生化需氧量	关城、端村、留通、鄂里口、前塘	Ⅴ类	五日生化需氧量		
	新盖房、博土庄、温仁、漕河、徐水和下河西	河干	—	安新桥、大张庄、王家寨和光淀张庄	劣Ⅴ类	氨氮和五日生化需氧量		
				同口和北河庄	淀干	—		
2011年8月	安州	劣Ⅴ类	溶解氧、五日生化需氧量	捞网淀、圈头和枣林庄	Ⅳ类	高锰酸盐指数、五日生化需氧量	6.95	0.86
	高阳	Ⅴ类	溶解氧、氨氮、五日生化需氧量	关城、大张庄、王家寨、留通、鄂里口和前塘	Ⅴ类	高锰酸盐指数、五日生化需氧量		
	新盖房、博土庄、温仁、漕河、徐水和下河西	河干	—	安新桥、大张庄、王家寨、光淀张庄	劣Ⅴ类	氨氮、五日生化需氧量		
				同口和北河庄	淀干	—		

续表

时间	主要入淀断面	水质	超标物质	主要监测断面	水质	超标物质	水位/m	蓄水量/亿 m³
2011年9月	安州	劣V类	氨氮、化学需氧量、五日生化需氧量	光淀张庄	IV类	高锰酸盐指数和氟化物	6.97	0.89
	高阳	劣V类	溶解氧、五日生化需氧量	采蒲台和枣林庄	IV类	高锰酸盐指数和五日生化需氧量		
	新盖房、博士庄、温仁、漕河、徐水和下河西	河干	—	关城	V类	溶解氧和五日生化需氧量		
				端村、圈头	V类	高锰酸盐指数和五日生化需氧量		
				王家寨	V类	氨氮和五日生化需氧量		
				涝网淀、前塘	V类	五日生化需氧量		
				安新桥、大张庄	劣V类	氨氮和五日生化需氧量		
				留通和邸里口	劣V类	氨氮		
				同口和北河庄	淀干	—		
2011年10月	安州	劣V类	氨氮、化学需氧量和五日生化需氧量	光淀张庄	IV类	高锰酸盐指数和氟化物	6.98	0.90
	高阳	劣V类	溶解氧和五日生化需氧量	采蒲台和枣林庄	IV类	高锰酸盐指数和五日生化需氧量		
	新盖房、博士庄、温仁、漕河、徐水和下河西	河干	—	关城	V类	溶解氧、为五日生化需氧量		
				端村、圈头	V类	氨氮和五日生化需氧量		
				王家寨	V类	五日生化需氧量		
				涝网淀、前塘	劣V类	氨氮和五日生化需氧量		
				安新桥、大张庄	劣V类	氨氮		
				留通和邸里口	淀干	—		
				同口和北河庄				

续表

时间	主要入淀断面	水质	超标物质	主要监测断面	水质	超标物质	水位 /m	蓄水量 /亿 m³
2011年 11月	安州	劣Ⅴ类	氨氮、化学需氧量和五日生化需氧量	关城、留通和郭里口	Ⅲ类	—	6.95	0.86
	高阳	Ⅴ类	五日生化需氧量	端村、采蒲台和枣林庄	Ⅳ类	五日生化需氧量		
	新盖房、博士庄、温仁、漕河、徐水和下河西	河干	—	涝王淀、圈头、光淀张庄和前塘	Ⅴ类	五日生化需氧量		
				安新桥、大张庄和王家寨	劣Ⅴ类	氨氮		
				同口和北河庄	淀干	—		

资料来源：海河水利委员会，2011

表 4-2 白洋淀 2012 年主要入淀断面及监测断面水质情况表

时间	主要入淀断面	水质	超标物质	主要监测断面	水质	超标物质	水位 /m	蓄水量 /亿 m³
2012年 1月	安州	劣Ⅴ类	氨氮、化学需氧量和五日生化需氧量	关城、留通和郭里口	Ⅲ类	—	7.59	1.59
	高阳	Ⅴ类	五日生化需氧量	圈头、采蒲台和枣林庄	Ⅳ类	高锰酸盐指数和五日生化需氧量		
	新盖房、博士庄、温仁、漕河、徐水和下河西	河干	—	端村、涝王淀、光淀张庄和前塘	Ⅴ类	五日生化需氧量		
	安州	劣Ⅴ类	氨氮、化学需氧量和五日生化需氧量	安新桥、大张庄和王家寨	劣Ⅴ类	氨氮		
2012年 2月	高阳	为Ⅴ类	五日生化需氧量	淀内断面中、关城、留通和郭里口	Ⅲ类	—	7.53	1.59
				圈头、采蒲台和枣林庄	Ⅳ类	高锰酸盐指数和五日生化需氧量		

续表

时间	主要入淀断面	水质	超标物质	主要监测断面	水质	超标物质	水位/m	蓄水量/亿m³
2012年2月	新盖房、博士庄、温仁、漕河、徐水和下河西	河干	—	端村、涝网淀、光淀张庄和前塘	V类	五日生化需氧量	7.53	1.59
	安州、高阳	劣V类	氨氮、化学需氧量和五日生化需氧量	安新桥、大张庄和王家寨	劣V类水质，主要超标项目为氨氮	—		
				同口和北河庄	淀干	—		
2012年3月	新盖房、博士庄、温仁、漕河、徐水和下河西	河干	—	关城、留通和郭里	Ⅲ类	—	7.50	1.50
	安州	劣V类	氨氮、化学需氧量和五日生化需氧量	圈头、采蒲台和枣林庄	Ⅳ类	高锰酸盐指数和五日生化需氧量		
	高阳	劣V类	氨氮	端村、涝网淀、光淀张庄和前塘	V类	五日生化需氧量		
				安新桥、大张庄和王家寨	劣V类	氨氮		
				同口和北河庄	淀干	—		
2012年4月	新盖房、博士庄、温仁、漕河、徐水和下河西	河干	—	关城、留通和郭里	Ⅲ类	—	7.38	1.35
	安州	劣V类	氨氮、化学需氧量和五日生化需氧量	圈头、采蒲台和枣林庄	Ⅳ类	高锰酸盐指数和五日生化需氧量		
				端村、涝网淀、光淀张庄和前塘	V类	五日生化需氧量		
				安新桥、大张庄和王家寨	劣V类	氨氮		
				同口和北河庄	淀干	—		
2012年5月	安州	劣V类	氨氮、化学需氧量和五日生化需氧量	前塘、圈头和采蒲台	Ⅳ类	化学需氧量和五日生化需氧量	7.16	1.10

第4章 典型湿地水环境特征及驱动因素

续表

时间	主要入淀断面	水质	超标物质	主要淀测断面	水质	超标物质	水位/m	蓄水量/亿 m³
2012年5月	高阳	劣V类	氨氮和五日生化需氧量	安新桥、关城、端村、留通和枣林庄	V类	化学需氧量和五日生化需氧量	7.16	1.10
	新盖房、博士庄、温仁、漕河、徐水和下河西	河干	—	大张庄、郭里口、王家寨、涝网淀和光淀张庄	劣V类	氨氮和化学需氧量		
2012年6月	安州和高阳	劣V类	主要超标项目为氨氮和化学需氧量	前塘和采莆台	Ⅳ类	—	6.87	0.78
	新盖房、博士庄、温仁、漕河、徐水和下河西	河干	—	圈头、安新桥、关城、端村、留通、枣林庄、王家寨、涝网淀和泥李庄	V类	氨氮和化学需氧量		
2012年7月	安州和高阳	劣V类	氨氮和化学需氧量	大张庄、郭里口、王家寨、涝网淀和泥李庄	劣V类	氨氮和化学需氧量	5.23	0.60
	新盖房、博士庄、温仁、漕河、徐水和下河西	河干	—	前塘和采莆台	Ⅳ类	—		
2012年8月	安州和高阳	劣V类	氨氮和化学需氧量	泥李庄和光淀张庄	Ⅲ类	—	6.06	1.49
	新盖房、博士庄、温仁、漕河、徐水和下河西	河干	—	前塘、端村和采莆台	Ⅳ类	—		
				圈头、安新桥、关城、端村、留通和枣林庄	V类	氨氮和化学需氧量		
				大张庄、郭里口、王家寨、涝网淀	劣V类	氨氮和化学需氧量		
				同口和北河庄	淀干	—		

续表

时间	主要入淀断面	水质	超标物质	主要监测断面	水质	超标物质	水位/m	蓄水量/亿m³
2012年9月	安州和高阳	劣Ⅴ类	氨氮和化学需氧量	王家寨	Ⅲ类	—	6.65	2.58
	新盖房、博土庄、温仁、漕河、徐水和下河西均为	河干	—	泥李庄、前塘、端村、光淀张和采莆台	Ⅳ类	—		
				圈头、安新桥、关城、留通和枣林庄	Ⅴ类	—		
				大张庄、鄂里口和涝网淀	劣Ⅴ类	氨氮和化学需氧量		
2012年10月	安州和高阳	劣Ⅴ类	氨氮和化学需氧量	前塘和采莆台	Ⅳ类	—	6.80	2.92
	新盖房、博土庄、温仁、漕河、徐水和下河西	河干	—	王家寨、安新桥、关城、留通和枣林庄	Ⅴ类	—		
				泥李庄、圈头、端村、光淀张庄、大张庄、鄂里口和涝网淀	劣Ⅴ类	化学需氧量		
				同口和北河庄	淀干	—		
2012年11月	安州和高阳	劣Ⅴ类	氨氮和化学需氧量	前塘和采莆台	Ⅳ类	—	6.90	3.13
	新盖房、博土庄、温仁、漕河、徐水和下河西	河干	—	王家寨、安新桥、关城、留通和枣林庄	Ⅴ类	—		
				泥李庄、圈头、端村、光淀张庄、大张庄、鄂里口和涝网淀	劣Ⅴ类	主要超标项目为化学需氧量		
				同口和北河庄	淀干	—		
2012年12月	安州和高阳	劣Ⅴ类	氨氮和化学需氧量	前塘和采莆台	Ⅳ类	—	6.90	3.13
	新盖房、博土庄、温仁、漕河、徐水和下河西	河干	—	王家寨、安新桥、关城、留通和枣林庄	Ⅴ类	—		
				泥李庄、圈头、端村、光淀张庄、大张庄、鄂里口和涝网淀	劣Ⅴ类	主要超标项目为化学需氧量		
				同口和北河庄	淀干	—		

资料来源：海河水利委员会，2012

超标项目为氨氮、高锰酸盐指数、五日生化需氧量和化学需氧量。入淀河道中基本为Ⅴ类及劣Ⅴ类水质，主要超标项目为氨氮、化学需氧量和五日生化需氧量（表4-2）。水体略浑浊。白洋淀断面水质图详见图4-2。

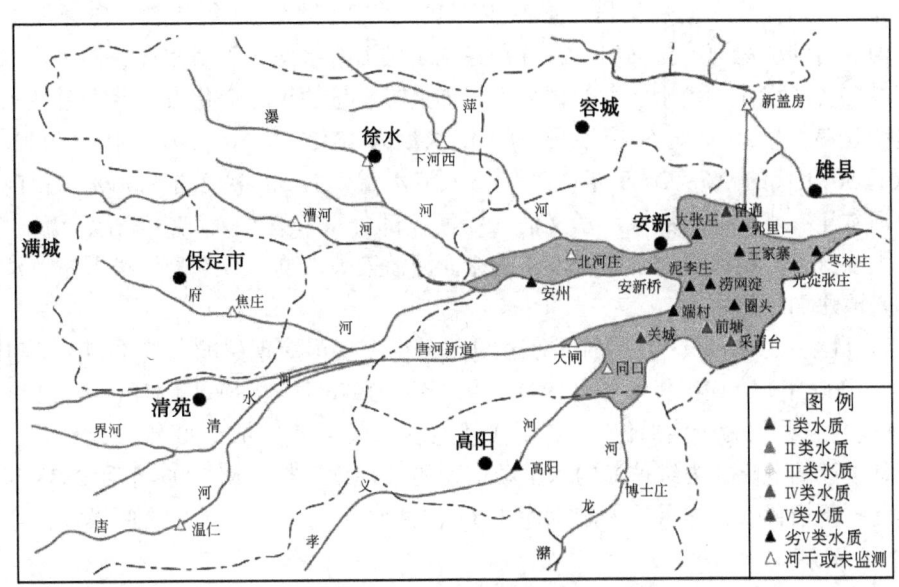

图4-2　白洋淀断面水质图
资料来源：海河水利委员会，2012

4.3.2　白洋淀水质变化规律

从2006年至2012年白洋淀水质多数断面维持在Ⅳ类、Ⅴ类及劣Ⅴ类水质状态，其主要超标物质为氨氮、高锰酸盐指数、化学需氧量及五日生化需氧量等相关指标。

入淀河道中，除2006年高阳为Ⅲ类水质外，其他年份各断面基本为Ⅴ类及劣Ⅴ类水质，主要超标项目有氨氮、化学需氧量、五日生化需氧量等。新盖房、博士庄、温仁、徐水和下河西河干。从白洋淀湿地整体感观上，已经从大部分水体较清澈转变为水体略浑浊。

从2011年及2012年各月主要入淀及淀内水质看，2011年与2012年入淀水质没有明显差别，多数为劣Ⅴ类，但是主要淀内监测断面上半年水质相对好于下半年，主要是由于上半年水位及水量明显高于下半年，因此白洋淀水环境现状与水量、水位关系密切。

4.4　白洋淀水环境问题

4.4.1　水量不足

白洋淀在大清河中游，承纳上游流域太行山众多支流来水，多年平均径流量35.7亿 m^3，属大陆半湿润季风气候区。从历史上看，白洋淀月降水量和年降水量均波动较大。有的年份频繁出现洪涝灾害，而有的年份又连续干旱，最丰年和最枯年可相差3倍以上。降雨量年内分配不均匀，75%~85%集中在6~9月的汛期，而汛期又主要集中在7月、8月两月的几次较大的降雨中。

近年来，白洋淀入淀水量呈明显减少态势。自20世纪50年代起，白洋淀上游漪龙河、唐河、潴河、瀑河、拒马河上游分别建立了横山岭水库、王快水库、西大洋水库、龙门水库及安各庄水库。由于水库拦蓄洪水，加上降水量的年际变化大，使上游注入白洋淀的水量明显减少。20世纪50年代平均入淀水量为18.27亿 m^3，80年代下降到1.47亿 m^3，仅为50年代的8%；2000年以来平均入淀水量仅为50年代的3.56%。目前仅拒马河、府河常年有水入淀，漕河、孝义河、瀑河仅部分季节有水入淀，其余河流长期断流。而且，大部分入淀河流受上游区域以及沿途面源污染等影响，其本身污染严重，注入白洋淀的不是清水而是污水。

在20世纪60~90年代，年内部分时间或全年出现干淀现象的共有11年，其中60年代1年（1966年），70年代4年（1971~1973年、1976年），80年代有6年（1983~1988年），而全年各月均为干淀的仅在80年代就连续出现5年。进入90年代以来，白洋淀曾多次面临干淀的危险，为维护淀内水生动植物的可持续繁衍，从1997年到2003年，水利部和河北省不惜代价，先后从上游水库中11次调水9亿多立方米补给白洋淀，才使白洋淀免遭干涸之灾。

白洋淀从20世纪50年代至今，由于水量的持续减少，淀区面积缩小了约35%（丁秋伟等，2011），干淀次数也逐渐频繁。白洋淀水位、水面积、容量变化情况见表4-3。入淀水量减少，致使白洋淀水位降低，水面呈萎缩减小趋势，50年代以来，淀区最大水面面积是最小水面面积的3.86倍。白洋淀属于浅水湖，汛期水位与干淀水位相差很小，其汛限水位为8.0m，汛后最高水位为8.3m，周边农业停用水位7.3m，水位低于6.5m为干淀（李建国，2005）。

由于生态用水补给不足，水位过低，产生一系列问题。首先，过低水位不能维持湿地生态系统最基本需求，使得生物资源减少、生物多样性降低。以芦苇为例，水位过低使苇地面积显著减小；其次，水位过低使水陆交错带净化功能不能很好发挥，污染物质在淀中积累，使湿地环境恶化。最后，湿地水量减少使其区域气候调节功能变弱，水运等功能衰退。水资源量匮乏是近几年关乎白洋淀生存的关键因素。

表4-3 白洋淀水位、面积、容量变化情况

水位/m	水面积/km²	容量/亿 m³	水位/m	水面积/km²	容量/亿 m³	水位/m	水面积/km²	容量/亿 m³
5.5	2.1	0.025	6.0	46.0	0.180	6.5	72.0	0.450
5.6	11.0	0.050	6.1	53.0	0.250	6.6	75.0	0.500
5.7	21.0	0.075	6.2	59.0	0.275	6.7	78.0	0.575
5.8	30.0	0.100	6.3	64.0	0.325	6.8	82.0	0.650
5.9	38.0	0.150	6.4	69.0	0.375	6.9	86.0	0.750

续表

水位/m	水面积/km²	容量/亿 m³	水位/m	水面积/km²	容量/亿 m³	水位/m	水面积/km²	容量/亿 m³
7.0	91.0	0.850	8.4	279.0	3.28	9.80	306.0	7.355
7.1	99.0	0.950	8.5	292.0	3.55	9.90	306.0	7.725
7.2	109.0	1.055	8.6	296.7	3.83	10.00	306.0	8.025
7.3	120.0	1.070	8.7	300.0	4.10	10.10	307.0	8.350
7.4	134.0	1.30	8.8	300.7	4.40	10.20	307.0	8.600
7.5	150.0	1.45	8.9	302.7	4.70	10.30	307.0	8.775
7.6	161.0	1.60	9.0	302.7	5.00	10.40	307.0	9.250
7.7	170.0	1.75	9.1	304.0	5.33	10.50	308.0	9.575
7.8	176.0	1.93	9.2	304.7	5.63	10.60	308.0	9.875
7.9	184.0	2.10	9.3	304.7	5.925	10.70	308.0	10.200
8.0	193.0	2.30	9.4	304.7	0.620	10.80	308.0	10.500
8.1	210.0	2.50	9.5	305.0	0.653	10.90	308.0	10.825
8.2	236.0	2.75	9.6	305.0	0.683	11.00	309.0	11.120
8.3	262.7	3.00	9.7	306.0	0.733			

资料来源：安新县地方志编撰委员会，2000

经历了 80 年代连续 6 年干淀，1988 年淀区流域大汛之后，白洋淀再次蓄水，水位曾达到 9m，恢复了湖泊的水生态系统。之后的 12 年中，除 1996 年白洋淀水位达到过 9 m 外，其余年份只有少量径流入淀，基本靠水库补水维持不干淀，历年入淀水量见图 4-3（李经纬，2008）。

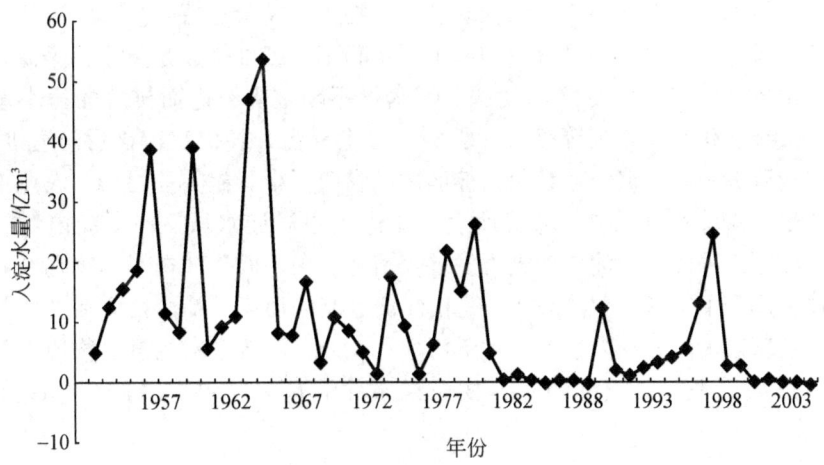

图 4-3　白洋淀历年入淀水量

4.4.2 水污染严重

白洋淀污染源类型按排放方式划分，主要包括点源和非点源两类。点源污染主要来自上游城市工业及市政污水排放。非点源主要包括农业污染源和城镇生活污染源等。农业污染源主要是淀周边和淀内台地上开垦耕地的水土流失、农业弃水；城镇污染源包括淀区内的生活污水和雨水冲刷村落、街道、家禽畜牧业产生的废弃物，还包括游客、游船向淀中排放的废物。

虽然保定市全力治理点源污染，但上游其他地区经济快速发展，使得水污染问题也凸显出来，个别地区向河流偷排现象仍未得到遏制。由于上游多年污染物排放的累积，加上周边非点源氮、磷营养物质向水体输送，以及近年来的多区调水补给，水质状况更为复杂。

水质恶化将引发很多不良后果：河水黑臭，影响白洋淀的观光旅游价值。水质恶化导致鱼类大面积死亡，许多珍贵水生生物减产、质量下降，给当地渔民带来巨大经济损失。另外，打破了湿地原有的物质能量平衡，加速湿地的退化。

目前，白洋淀正面临巨大生态危机。因气候变化和人类不合理开发利用，白洋淀入淀水量逐渐减少，水质污染严重，水域环境恶化，淀区生态功能严重萎缩。"华北明珠"失去昔日的风采而慢慢退化、萎缩，水乡特色难以维持；生态环境脆弱、水环境承受能力降低、水质污染加剧、污染事故时有发生；生物资源遭到严重破坏、结构发生更替、珍贵生物种群绝迹。白洋淀已经由畅流动态的环境向封闭或半封闭环境转化，即由具有旺盛生命力的湖泊演替到接近死亡的湖泊。白洋淀正面临着湮废的威胁，不仅直接影响到淀区人民的生产、生活，而且会影响到华北经济发展和生态环境的平衡。

白洋淀水域的污染有来源广、途径多、污染物种类复杂等特点。其污染体系可分为淀外系统和淀内系统。其中淀外系统中的城市污水和工业废水排放是主要污染源。白洋淀上游的保定市由于近年来的经济飞速发展，用水量不断增多，进而排放的污水量也逐年增加，其中的造纸、化纤、化工等废水占了52%以上，污水经保定市排污河道进入白洋淀，给水环境造成巨大压力。淀内系统包括淀区内的农业污染和旅游业污染。农业上广泛使用的化肥富含氮、磷等营养元素，随着地表径流进入白洋淀水域，使得淀内氮、磷浓度增加。同时，淀区内居民利用淀水面大力发展养殖业，向水面投放饵料，鸡鸭及其他动物粪便进入水体，加剧了富营养化。表4-4是白洋淀入淀的污染负荷。白洋淀主要污染源为入淀河流携带的城市污水和淀内生产、生活污水。此外，河流带来的悬浮物质以及水生生物死亡后一起进入底泥，底泥中的营养物质在条件适宜时向水体释放，造成水体的二次污染。

表 4-4 白洋淀入淀的污染负荷

污染源种类	总氮 输入量/（t/a）	总氮 占总量比例/%	总磷 输入量/（t/a）	总磷 占总量比例/%
府河	476.28	22.4	48.69	27.8
7条河流	706.45	33.3	54.67	31.2
扬水泵站	368.09	17.3	5.16	2.9
降水	41.17	1.9	3.04	1.7
居民生活及水上娱乐	510.58	24.1	60.75	34.6
淀水养殖	20.15	1	3.07	1.8
合计	2 122.72	100	175.38	100

4.4.3 景观格局破坏

近30年来淀区农业不再以单一的芦苇种植为主，而趋于向玉米、棉花、西瓜、水稻等农作物多种化种植模式转变。另外，长期干淀地区，或夏季淹水、冬季干淀的地区，人类生产活动方式会发生改变与之适应，造成这些地区永久性退化。如淀区西部开垦沼泽地为农田的现象突出，形成集约化、灌溉系统完善的旱地景观，致使湿地面积减小，在一定程度上破坏白洋淀特有的草型湖泊景观、多沟壕及岸边带景观格局。许多地区旅游业和养殖业开发忽视湿地自然风貌保护。人为活动改变了白洋淀原有的景观格局，不利于其生态系统的稳定。

王学东等（2007）对白洋淀1 m以上土层土壤含水量进行观测，发现健康芦苇湿地土壤含水量达20.43%，高于退化芦苇湿地。土壤中重金属含量的研究表明，大部分淀区的底泥中都有高含量的镉，淀区西部发现有相当高含量的汞、铅和酚。在2006年对淀区麦地和芦苇底泥重金属浓度进行分析，镉浓度超过全国土壤质量三级标准，分别为1.35~1.59 mg/kg和1.078~1.16 mg/kg（滑丽萍等，2006）。另外，土壤营养物质含量累积加重，碳、磷含量比不断降低，对保持湿地生态系统稳定性或有不利影响。对污染较重地区的磷酸酶活性监测结果说明，低碳、磷比可降低磷酸酶活性，降低有机污染物质的降解和转化，从而降低了湿地本身的自净和恢复能力。

4.4.4 生物多样性减少

20世纪60年代以来，上游水库建成、下游闸涵使用和水体污染严重使得白洋淀水生生物种群结构发生了变化。80年代初，浮游植物减少了28.6%，浮游动物减少了18.3%~36.8%，而个体数分别增加了96.0%和15.1%；鱼类从1958年的54种减少为1993年的30种；栖息于淀内的鸟类也日益减少（张素珍，2007）。许木启（1998）等利用原生动物群落结构和功能方法（PFU），在淀区9个采样点共鉴定出77种原生动物，通过原生动物群落观察，揭示了白洋淀富营养化污染加重的趋势。2000年以后由于湿地保护力度加大，观测鸟类已恢复到180种，淀内鱼类种群也有所恢复，其中一度绝迹的马口鱼、棒花鱼、鳜鱼等又重现白洋淀。

李凤超等（2005）于2003年在白洋淀区用PFU法在微型生物群落中监测出有机氯农药（OCPs）和多氯联苯（PCBs）。从总量来看，府河河口附近POPs（OCPs+PCBs）浓度明显高于淀中区域，说明入淀河流水质对淀区水质有显著影响。同时，退化湿地系统物种的性状也发生了变化。以芦苇为例，白洋淀正常苇地和退化苇地中的芦苇在株高、密度上有很大差别，健康芦苇株高4.2 m，密度61株/m^2，而退化芦苇分别为2.2 m和86株/m^2，健康芦苇茎和地下根干重均大于退化湿地芦苇。

4.4.5 芦苇湿地的保护

白洋淀湿地担负着农业、养殖业和旅游业等多重功能，人为外源营养大量输入，早已成为富营养化水体。研究表明，富营养浅水湖泊生态系统中可能出现两类相对稳定状态：一类是清澈见底且拥有丰富沉水植被的草型清水状态——"草型湖泊"；另一类则是水体高度浑浊且富含高浓度浮游植物和悬浮泥沙颗粒的藻型浊水状态——"藻型湖泊"。这两种完全相对状态下湖泊的主要初级生产者分别为水生植物和藻类。白洋淀湿地以芦苇为优势群落，是处于发育后期的草型富营养化湖泊。芦苇对藻类的抑制是多方面的，其在营养盐竞争方面明显优于藻类：芦苇既可以通过根部吸收沉积物及土壤中营养盐，又可通过茎叶吸收水中营养盐；光能竞争上占有绝对优势：水生植物和浮游藻类都属于植物，都需要吸收利用光能来维持生长，相对于浮游藻类而言，芦苇群落具有发达的茎叶，可以优先获得光照。另外，芦苇在生长旺盛时能向湖水中分泌某些生化物质，杀死藻类或抑制其生长繁殖。密集的芦苇群落可以创造出比较稳定的水体环境，并提供庞大的栖息表面积，可抚育出高密度的大型浮游生物，大量捕食浮游藻类，从而有效控制藻类的群体数量。

但是草型湖泊与藻型湖泊跳转实例很多，位于美国佛罗里达州的阿波普卡（Apopka）湖和新西兰的尔斯米尔（Ellesmere）湖，暴雨事件迫使其从"草型清水状态"跳转为"藻型浊水状态"，且一直处于"藻型浊水状态"。1870年，瑞典的Tämnaren水位较高，植被稀疏，20世纪50年代由于水位降低湖中水生植被迅速扩张，湖水稳定于"草型清水状态"，然而20世纪70年代水位的上升又迫使湖泊由"草型清水状态"突然跳转到"藻型浊水状态"。这种转变不仅制约湖泊资源可利用性，而且影响人类健康生存与社会经济持续发展。对白洋淀湿地的保护应着眼于各种类型生物种群的功能研究，探讨湖泊生态系统中藻类暴发主要原因，防止白洋淀湿地发生类型跳转（王亮，2010）。

保护和恢复白洋淀芦苇型水陆交错带在一定程度上能够更好地发挥水陆交错带的截留、净化和缓冲作用，从而有效保护白洋淀湿地。然而，白洋淀湿地保护最根本的途径是截断和控制污染源，包括流域上游的陆源污染物质（工业废水、生活污水、农业面源等）以及淀区和淀周边生产、生活排放污废水的截流控源。其次，实施流域生态补水和淀区用水节水，从而保持白洋淀基本的水资源用量需求和生态蓄水水位，也是保护和维持白洋淀湿地生态功能的有效举措。

自20世纪70年代以来,由于遇到干旱周期,加之上游工农业用水不断增加,湿地面积不断萎缩、苇地面积相应波动、芦苇品质变差、芦苇产量也由20世纪60年代的8万t下降到1996年的1.5万t,不仅影响到当地农民的收入,也影响到湿地生物多样性的保护及其生态服务功能的发挥。由此,对白洋淀湿地典型植被芦苇的生长特性和生态服务功能进行深入和系统的研究,从而合理利用生物资源、维持整个系统的稳定,具有越发重要的意义。

4.4.6 小结

根据湖泊演变规律,湖泊在中期时水量大、生物种群结构复杂、生物链长、生物量大。当生物群落结构趋于简单、生物链缩短、生物量增大、湖底淤积加剧、富营养化严重、水面缩小时,湖泊则开始进入衰退期,并向沼泽化方向发展。从以上5个方面要素分析来看,白洋淀无疑已进入湖泊演变的衰退期。另外,张晓龙等(2004)提出7个有效的湿地状态表征指标,包括湿地面积变化、组织结构状况、湿地功能、社会价值、物质能量平衡、持续发展能力、外界胁迫压力等方面。按照这一标准的描述判断,白洋淀安新大桥以西部分属于重度退化;白洋淀主淀属于轻度退化。长期以来,白洋淀除发挥水产养殖业、农业、旅游业功能以外,还承担着污水排放净化地的角色;由于承担功能过重,污染物积累,湿地实际发挥的功能进一步减退。

4.5 水环境主要影响因素

4.5.1 自然因素

首先从湖泊演替历史来看,它有发生、发展、缩小、消亡的自然演变过程。由于几百年来泥沙的沉积使白洋淀淀底高程不断抬高,营养物质的积累使之进一步富营养化,目前白洋淀正向沼泽演变。这种趋势不可避免,但可以通过人为保护使其减缓,更大程度地为人类服务。

近年来,湿地对全球气候变化的响应研究受到普遍关注。Pittock(2008)指出,气候变化的不利影响包括水气季节分布对水文状况的影响、水温升高对水质和生物多样性的影响等,还包括一些使气候恶化的人为措施所导致的水生态破坏。

刘春兰等(2006)对白洋淀地区近40年来的气候进行研究,结果表明,白洋淀所在的保定地区年平均气温从20世纪60年代到2000年40年升高约1.13℃,2001~2003年蒸发量比60年代增加348 mm,增加了27.8%。作者分析认为气候变化在白洋淀湿地退化中起决定作用,其中降水对湿地的影响最大。气候变化主要通过改变湿地的水文特征、减少湿地水源补给、增加水分消耗而使湿地退化萎缩。

4.5.2 人为活动

白洋淀湿地处于华北平原人口密集地区，2006年保定市人口总数1106.1万，并以5%的速度增长，而GDP也以每年10%左右快速增长。经济发展过程中忽视了生态平衡，过度开发利用湿地资源的现象很突出。邓培雁等（2005）从经济和社会角度出发，认为湿地退化的人为经济原因主要有以下几点：首先，由于湿地是公共资源，在使用过程中不能排除他人使用这种资源的权利，以致造成对湿地的抢先使用和过度开发；其次，湿地保护的行为（称为正外部行为）未得到应有的补偿，湿地破坏的行为（负外部行为）未付出应有代价，缺乏补偿与制约造成湿地退化。

另外，湿地资源的产权不完整、湿地稀缺资源市场价格偏低，都使湿地保护者未得到完整稳定的收益，造成湿地资源退化或丧失，这在白洋淀地区表现在：①农业种植模式改变。由于芦苇、莲子等资源的市场价格偏低，或者由于缺水使种植芦苇经济效益降低，许多农民改种其他经济作物，破坏了原有湿地植被格局，不利于维护湿地生态系统健康。②养殖业结构不合理。养殖业的高投入、低收益现象普遍，许多珍贵的鱼类价格偏低，渔民只有靠扩大规模来实现可观收益。其根源无不是经济失灵（聂大刚，2008）。

除此之外，邓培雁等（2005）还指出政府失灵，主要表现在一些政策的不得当，为求发展透支资源，管理体制不完善等。白洋淀地区农村生活废物不能妥善处理、旅游业重开发轻保护、土地开发及污染排放监管不严等种种不合理的现象是社会发展观念和政策体制落后的体现。

以上自然和人为两个方面共同作用，使湿地生态水量短缺、景观格局破坏，土壤、水体污染，生物多样性减小，这些环境因子的不利量变或不协调，进而又使湿地出现物质能量循环方式改变、功能衰退、生产力下降、抗外界胁迫能力变弱、资源价值逐渐丧失等一系列恶化现象，发生退化演替。这些过程之间复杂的关联和影响，尚难全面揭示，但是在不断的实践中人们认识到：生态系统有一定的恢复能力，当采取一定措施减少人为胁迫，抓住关键受损要素进行修复，湿地会向着健康的状况演替。

4.5.3 白洋淀湿地保护建议

（1）控制污染源

加强产业结构调整，大力发展循环经济，降低能耗。同时加强市政废弃物及企业生产中废弃物的治理。20世纪90年代末，保定市日平均排放污水总量为26.3万t，而仅有两个8万t/d的污水处理厂和一个粉煤灰污水处理厂，污水处理率不足60%。2007年10月，保定市污水处理厂二期建成运行，日处理能力增至32万t，污水处理率达到85%以上，出水优于国家Ⅱ级标准，减轻了白洋淀的负担。

白洋淀内除工业排放的有机污染物外，更为严重的是氮、磷等营养型污染物的累积。有研究结果表明，在富营养化地区高的土壤氮、磷含量促进有机碳的矿化，提高了纤维素的分解速率，而且高营养物质的输入导致磷矿化（有机变无机）程度的降低。Verhoeven 等（2006）指出，湿地作为氮、磷营养物质的汇，人们往往关注其净化水质的有利一面，但长期的高负荷氮、磷会使生物多样性降低、温室气体大量排放，应当对湿地氮、磷营养物浓度有一个限定。

植物及其根孔对营养物的吸收是显著的，在白洋淀进行的野外实验表明，水陆交错带中的芦苇群落能有效截留来自陆源的营养物质。以年产芦苇和草类 7500kg/hm² 计，全白洋淀 9333 hm² 芦苇水陆交错带通过收割方式，每年可截留 52.5 t 磷和 1110 t 氮；而且 4 m 芦苇根区土壤对地表下径流总氮和总磷的截留率分别为 64% 和 92%。

除植物吸收外，水陆交错带土壤对营养物质也有很高的截留作用，根据土壤环境容量来计算，白洋淀水陆交错带地表下 50 cm 以内的土壤共可以持留 1245 t 的磷。另外，土壤干湿交替有利于硝化、反硝化反应的进行，从而截留陆源的氮素。

国外有学者（Fisher，2008）对不同地区的 57 个湿地的营养物截留效果进行分析，发现大部分湿地营养物质持留于陆向，但也有少数湿地岸边带营养持留效果不佳，这主要取决于岸边带的管理和利用。

大型水生植物与浮游水生植物在氮、磷营养利用方面存在竞争作用，当大型水生植物生长茂盛时，藻类等浮游植物的生长受到抑制，富营养化不容易发生。另外，模拟实验表明，芦苇在不同水深条件下，对氮、磷营养物质的吸收效果不同，较浅水深有利于芦苇对氮、磷的去除。在非芦苇生长季种植一些控磷的沉水和浮水植物以补充对氮、磷的吸收，对防治初夏芦苇生长初期的水体营养累积过剩有帮助。另外，每年有大量的浮水和沉水植物沉积在淀内，腐败造成营养物质的再释放，应设法对这些物质进行回收利用。

从营养物质来源看，农业污染源是白洋淀的第一大污染源，其氮、磷输入量占总输入量的 50.6% 和 34.1%，其次是生活污染源，氮、磷输入量占总输入量的 24.1% 和 34.6%，工业污染源负荷量居第 3 位。因此，采取有效手段，遏制白洋淀非点源污染是减少营养物源头的关键。为此，要加强农村生产、生活营养盐排放管理和旅游区环境卫生管理。建设淀区村庄生活垃圾和生活废水回收点。应设法更好地利用淀区底泥、植物所吸收的营养物质，开发推广绿色有机农肥，减少含磷化肥、农药的用量。施肥上应实施测土施肥，深层施肥，避免雨前施肥，尤其是在敏感水体上游流域。开发绿色饲料，减少养殖饲料的浪费。

在严格控制上游工业市政污水的二级处理达标排放基础上，加强府河及唐河重污染、干涸河段的生态治理和重建，使这一带成为上游污水的深度处理区，也是废水进入淀区前的缓冲带，控制氮、磷和其他污染物的点源排放。

（2）调控生态水量

白洋淀地区降水量的波动较大，加上上游水库截流的影响，水位波动很大。这种水位波动造成岸边带环境的干湿交替，强烈地影响岸边带土壤和水中微生物活动和地球化学反应，从而影响到水向区和陆向区之间的物质能量交换。水体和陆地间物质的迁移转化受多种因素影响，其中水文波动是重要的因素之一。在野外实验中发现，初夏时节水位下降后，岸边带土壤由湿润变得干燥，使得微生物磷酸酶活性大大提高，有机磷转化为磷酸盐。当秋季水位上升后，再次淹水，这部分磷酸盐就释放到水体中。要使水体中有更多的氮、磷通过岸边带被土壤吸附截留，向陆向迁移，就必须使白洋淀维持一个合理的水位水平，为此需建立稳定的补水机制。

满足不同生态功能所需的水位是不同的。最佳的生态水位是既要最大化地满足周边水资源的使用，又要满足湿地自身的生态需水。赵翔等（2005）计算得出，白洋淀水位一旦低于 7.3m，将会导致一系列的生态环境问题。以 7.3m 作为白洋淀最低生态水位是科学的、符合白洋淀实际情况的。在苇地面积与水位的关系研究中，发现白洋淀水位在 6.9 m 以上时，水位增加会使苇地面积减小；而低于 6.9 m 时，水位增加苇地面积也增加，同时地下水埋深也影响到芦苇根系的长度、密度及直径。水位变化对植物生长动力影响很大，在德国康斯坦茨（Constance）湖研究发现，每次洪水过后的一两年，苇地面积都会显著减小。

近年来，白洋淀生态缺水问题得到广泛认识，自 1998 年，水利部和河北省先后多次从上游水库河流调水补给白洋淀。仅 2004 年的"引岳济淀"工程，水利部和河北省就斥资 2540 万元，用 4 个多月的时间从岳城水库引水 4.17 亿 m^3，使白洋淀水位提高到 7.3 m（大沽高程，下同）左右。2006 年底到 2007 年 3 月白洋淀首次实施"引黄补淀"工程，调水共计约 1 亿 m^3。但根据 2007 年河北省水文局监测数据显示，目前白洋淀水位年平均仍不足 7 m，蓄水量不足 1 亿 m^3，由此可见，仅靠人为补水不能从根本上解决白洋淀的水资源供需矛盾，必须大力节约生产、生活及农业灌溉用水，同时应该限制对地下水的超采。

从水循环角度来看，白洋淀地区各个小区域水循环特征不同，西北部和西南部水循环相对独立，污染物不易扩散稀释。要想保持较好的水质，一方面是要保证水量充足，另一方面要使白洋淀的水活起来，应尽量减少人为改直河道、修筑不合理的水利工程，但目前国内对白洋淀水质模拟预测的研究开展得还很不够。

(3) 加强湿地功能及景观的保护

白洋淀湿地长期承载的功能有维持生物多样性、调蓄洪水、调节区域气候、降解污染物、提供丰富的动植物产品、提供水资源、能源和水运、旅游、教育与科研。从张素珍等（2006）对白洋淀功能评价的结果来看，白洋淀湿地涵养水源、缓洪滞沥、水分调节的生态系统服务功能价值最为重要，约 25.44 亿元/a；维护白洋淀生态系统的完整性和自然过程、芦苇生产和渔业生产、旅游业次之；粮食生产功能价值最小，为 344.4 万元/a。另外，白洋淀每年净化水质的价值仅为 2012.1 万元，而破坏湿地生态导致其他功能退化的损失应该远远大于这个收益，因此目前来说，应当减轻白洋淀的纳污和提供农业水源的功能负荷，恢复脆弱的生态环境。

优化农业产业结构。白洋淀流域 1998 年后平均粮食单产较 1980 年翻了两番，农业活动需水量逐年增加。王学东（2007）在 4 种种植方式（芦苇、玉米、人工林、人工林-玉米）保持湿地土壤水分效果的对比研究中，发现芦苇持水效果最好，因此保护芦苇资源是维持白洋淀生态功能、解决水资源矛盾的重要措施。可推广种植适宜的经济作物，如莲子等。而水资源消耗大、对湿地生态损害较大的水稻、玉米等作物的种植应当限制。

养殖业一定要合理规划，一些生态脆弱带和重污染地区应禁止水产养殖开发。近年来，白洋淀多利用网箱、围栏养鱼，这种高密度、高投入、高产出的养殖模式容易造成局部水体的富营养化，使湖底沉积加重，加剧湖泊老化。目前，白洋淀渔业养殖规模也在逐年下降，2006年淀区鱼类养殖面积2067 hm²，养殖户数578户，分别比2005年同期减少了22%和66%，养殖品种和养殖方式得到了明显优化，渔民开始选择经济价值高的精品鱼种——罗非鱼、青虾、河蟹等，收入得到提高，既保护了环境，又促进了经济，形成良好发展的势头。另外，鸭、鹅食草量很大，1只鹅1天可食鲜草0.25 kg，饲养量达10万只，一年可消耗水草9000 t、氮20 t、磷1.8 t，故大力发展食草水禽养殖有利于营养物质的转化，但前提是要做好水禽粪便收集利用。目前白洋淀水禽养殖规模较大，养殖户约360户，鸭存栏量常年保持在120万~130万只，多采用半圈养，减少和水域的接触，有利于污染的防治。为解决过剩粪肥的处理问题，荷兰政府制定了粪肥运输补贴计划和脱水加工成粪丸出口计划，并由国家补贴建立粪肥加工厂。政府进一步规定在水源附近地区的土地上不得堆施粪肥。在白洋淀还未见有粪便的回收。应采取可行的养殖污染控制措施，降低水产养殖的负面影响，开发鱼塘系统工程技术，探寻可循环的高效养殖之路。

村庄及旅游点需做好生态规划，营造一个苇绿荷红、烟波浩渺的白洋淀水乡自然风光，开创具有白洋淀民俗风情的特色旅游业。

区域景观（植被、沟壑、农田、村庄、水塘等）的空间格局决定区域生态系统内部的一系列生态过程。适宜的景观格局可以改变污染物的趋向，降低污染物输出，而且有利于湿地内的生物栖息、繁衍和迁移，能有效促使系统中的物质、能量的流动和转化，维持系统在一种平衡状态下稳定发展。退化的湿地往往表现为景观结构组成不协调、景观破碎化严重。景观生态规划即是基于以上原理进行的。通过景观生态规划对区域土地利用进行调整，采用适宜的景观模型，并有机结合最佳管理措施（BMPs）控制，才能真正实现非点源污染的有效控制。

白洋淀景观变化明显的地方主要集中在林牧农交错带，并且白洋淀流域水域面积缩小地区的景观要素变化较大，这说明流域景观格局受自然条件尤其是水资源条件的控制比较明显。由于土地资源的开发程度取决于对水资源的利用程度，因此，越是水资源丰富的地区，人类活动越强烈，景观的破碎度和形状的复杂程度越高。如何解决这一矛盾，使得资源开发和自然保护并举，需要合理进行景观生态规划，有序开发建设。

强化多沟壑芦苇湿地系统的"汇"型景观构造，提高岸边带营养物降解截留能力。白洋淀沟壑系统、水陆交错带对氮、磷的截留效果十分显著，沟渠水流和苇地亚表层流在岸边带的交换过程中，极大地过滤和削减了水体中的营养物质。利用生态工程方法对沟壑景观进行科学合理的设计，强化岸边带自净功能，是高效率、低风险的污染物控制举措。通过对白洋淀水陆交错带的结构、功能及其开发利用的研究，提出充分利用自然水陆交错带的边际效应的水流域污染治理工程设想，并结合将城市污水经过一系列的人工治理、自然净化、污水回用、土地处理与水产养殖等配套工程技术，实现污水多级利用。

改善白洋淀地区的环境，景观生态工程技术的应用是必不可少的。比较成熟的有多水塘系统、植被缓冲带、湿地系统、生态农业、坡面生态工程和污染物生态处理技术等，要因地制宜，并且可以结合使用。

主淀区内主要问题为面源污染。淀中村落，大多数依水而居，生活废弃物直接排放到淀内，为此，建议在村庄周围和淀区之间建立植被缓冲带或湿地、滞留池，对居民生活废水进行生物处理。生活垃圾可派专人收集或沼气化。为增强自然沟渠和岸边带系统的截污净化能力，可适当培育管理沟渠内水生植被群落，对岸边带进行优化改造。

在安新大桥以西退化湿地，需积极进行人工生态环境恢复。首先，在点源治理上应提高污水处理能力，建议采用生态处理技术将二级处理后的市政和工业污水收集并进行深度净化。可将污水流经构建好的湿地或土壤净化工艺，出水再经过人工多水塘系统，最终达到水质深度净化目的。沿岸还可采用人工介质岸边生态净化工程技术、河流廊道水边生物恢复技术等，使流入主淀的水质提高一个等级，保障水安全。其次，对于已退化湿地，建议植草植树，或开挖恢复原有的湿地景观恢复芦苇为主的农业种植模式，可通过发展旅游来补充当地村民的收入，让这一区域的生态好起来。

上游地区可运用仿自然型堤坝工程技术、防护林或草林复合系统工程技术，进行水土保持。

(4) 监管体系和科研评价

湿地保护是一个涉及经济、社会、环境多方面的系统工程，需要在资金、管理、技术和提高环境意识等方面进行全方位的投入，需要流域上游、下游地区通力合作，需要上下级各部门明确分工和有力配合。国家应加强立法和管理力度，完善生态建设与功能区划。同时要加强基础科学理论和工程技术的研究，才能保证使地区内生态环境整体改善。淀区保护工作应当与当地居民收益相协调，形成居民积极自觉参与的良性机制。2008年春季中国生态大讲堂上，Jamie（2008）介绍了世界自然基金会对淡水生态系统保护的策略，其中值得借鉴的主要有：对部门湿地保护给予奖励；将某市成功的案例推广到周边省市；将地区、国家、国际力量联系起来；建立国家湿地保护的法律、法规及委员会组织；让周边居民从湿地保护中获得生活改善、洪水调控等收益；引导公众参与湿地保护工作。

为保证相关管理部门工作的系统全面性，需利用信息技术将区域规划、流域环境监测、环境健康评价、污染物总量控制、社会经济可持续发展力、管理实施情况等信息系统地整合起来，形成一个系统化、数字化的宏观管理控制体系。

目前，从不同研究角度出发，国外在湿地生态系统评价上有多种方法。比较著名的如美国陆军工程师团于1995年提出的水文地貌评价法（HGM），该方法侧重湿地系统功能的评估，有非常全面的评价步骤，指标繁多。1990年欧共体启动开发了"欧洲湿地生态系统功能评价"（简称FAEWE）项目，采用了与水文地貌法类似的研究思路，选取自然湿地系统N1作为参照标准，通过对水文地貌单元的变化评价，对湿地演变做出评估。这些评价体系一般具有很强的针对性，同一块湿地不同评价方法的评价结果可能相差很大。借鉴这些模型，并结合白洋淀地区的特点，有助于提出更有效的评价和管理措施。

重视湿地脆弱性评价。联合国政府间气候变化专门委员会（IPCC）第三次评估报告中就气候变化研究中的"脆弱性"给出了明确的定义：一个自然的或社会的系统容易遭受来自气候变化（包括气候变率和极端气候事件）的持续危害的范围或程度，是系统内的气候变率特征、幅度和变化速率及其敏感性和适应能力的函数。白洋淀湿地的脆弱性目前还未见研究。

几十年来，国内各大科研院所、省市高校和流域管理部门的专家在白洋淀进行了大量的科研工作，取得了许多可喜的成果，形成了一系列对策和技术，为白洋淀湿地保护提供了理论支持。但同时，湿地的研究也存在很多问题和不足。

首先，应加强基础理论研究。在20世纪90年代前，关于白洋淀生态环境研究主要为大量的资料性工作，90年代后逐渐深入到湿地生物地球化学过程的机理性研究，但尚有很多研究欠缺，主要有：人类活动和气候变化的大环境下，湿地退化、演替过程中宏观、微观的要素的响应和机理；湿地及流域水文特征、水文模型、影响径流的因素；湿地健康评价、湿地功能、经济价值评价、湿地环境容量、适应性评价等量化研究；地下水变化对湿地水量平衡的影响研究。

其次，应重视研究的系统性和继承性。湿地科研工作者一般只能从有限的角度去深入研究，应将这些成果之间联系起来综合分析。另外，很多研究结论仅仅适用于很小的特定的时间和空间尺度。湿地研究属于自然生态的范畴，要想客观认识湿地自然规律，必须进行长时间尺度下的继承性研究。政府应重视在这方面的投入。

另外，加强研究成果向应用技术的转化。将研究成果进行分析，结合应用生态学、经济学、湿地科学的相关理论，形成科学的指导建议及保护策略，并努力开发与之相应的技术和实施办法。科研工作者应该把技术应用看成更高层次的研究。

第5章 典型河流水环境特征及驱动因素

北运河发源于北京昌平县燕山南麓,通州区北关闸以上称温榆河,北关闸以下称北运河,沿途纳通惠河、凉水河、凤港减河等平原河道,至于北汇合口入海河,干流长143 km。流域面积6214 km²。多年平均降雨量643 mm,6~9月降雨约占全年84%。流域中游段温榆河是北京主要排水河道,流域内用水量和排水量逐渐增加,河道水体污染严重,水生态系统退化明显。流域内除外调水河道外水体(包括干流和支流)水质全部为劣Ⅴ类,制约了北运河流域生态环境改善和流域生态健康发展。

5.1 流域环境概况

5.1.1 自然环境

北运河穿过河北省香河县西南、天津武清县城北于屈家店与永定河交汇,至天津大红桥入海河。北运河流域特征见表5-1。

表5-1 北运河流域特征

河系	河长/km	山区流域面积/km²	平原流域面积/km²	流域面积小计/km²
北京境内(沙河闸—市界)	90	1000	3348	4348
河北境内(乔上—双街)	21	0	237.5	237.5
天津境内(土门楼—屈家店)	75	0	1628.5	1628.5
合计	186	1000	5214	6214

5.1.1.1 地形、地貌

北运河流域地势西北高、东南低。山峰海拔约1100 m,山地与平原直接交接,丘陵区河流源短流急;中下游平原地势开阔,按成因分为山前洪积平原、中部湖积冲积平原和滨海海积冲积平原。

5.1.1.2 降雨

北运河流域属温带大陆性季风气候,特点是冬季寒冷干燥、夏季炎热多雨、春旱多风。陆地多年平均蒸发量400~500 mm,水面多年平均蒸发量1120 mm。多年平均(1956~2000年)降雨量643 mm。

5.1.1.3 土壤

北运河流域北京区域土壤主要以褐土为主，区中平原区域以壤土、砂土、黏土和潮土为主。香河区域分布土壤有土类3个、亚类8个、土属10个、土种56个，有褐土类、潮土类和风沙土类（香河县农业局，1983）。天津区域土壤按质分为砂土、砂壤土、轻壤土、中壤土、重壤土、黏土6类，其中沙性土和壤质土分布地区交叉，但以壤质土分布较广，黏性土主要分布在离河较近的河间或交接平洼地中。

5.1.1.4 土地利用

北运河流域土地利用面积中，农用地、建设用地、未利用地面积分别占流域面积的63.10%、35.78%和1.12%。北京、天津区域土地利用主要以农用地为主，其次为建设用地和未利用地。农用地中天津以耕地为主、北京以林地为主；建设用地中主要以居民点及工矿用地为主；未利用地中北京主要以荒草地为主。

5.1.1.5 植被

流域植被分为3个类型区：山区海拔900 m以上地区主要植被是自然次生林和萌生林；山区海拔900 m以下地区主要植被是灌丛、灌草丛、人工林、经济林、自然次生林、灌丛；平原区原生地带性植被为温带落叶阔叶林等。

5.1.1.6 水系结构

北运河水系共有干流和一级支流20条，较大支流包括东沙河、北沙河、南沙河、蔺沟、小中河、清河、坝河、通惠河、凉水河、龙凤河等；主要二级、三级支流110条。

5.1.2 社会环境

2005年北运河流域人口数量1074.8万，其中北京区域人口963.5万，占流域人口89%以上。流域人口中城市人口864.36万，农村人口210.44万，城市化率达到80.4%。2007年流域GDP 4617.05亿元，其中北京区域占97.0%以上，是流域人口最集中、产业最聚集、城市化水平最高的区域。流域平均人口密度1716人/km^2，其中北京区域为2310人/km^2，河北和天津区域分别为654人/km^2、514人/km^2。流域主要区县社会经济基本情况见表5-2。

表5-2　2005年北运河流域主要区县社会经济基本情况

行政区	土地面积/km^2	总人口/万人	城市人口/万人	农业人口/万人	人口密度/(人/km^2)	GDP/亿元
中心城及海淀山后	1232	765.5	754	11.5	7332	3116
昌平区	1273.8	78	39	39	578	439

续表

行政区	土地面积/km²	总人口/万人	城市人口/万人	农业人口/万人	人口密度/(人/km²)	GDP/亿元
顺义区	412.6	25	8	17	648	506
通州区	828.4	55	25	30	610	188
大兴区	481	40	16	24	381	230
北京小计	4227.8	963.5	842	121.5	2310	4479
河北香河县	458	30.2	8.6	21.6	654	55.56
天津武清区	1575.6	81.1	13.76	67.34	514	82.49
合计	6261.4	1074.8	864.36	210.44	1716	4617.05

注：海淀区（山后地区除外）和朝阳区计入中心城。

5.1.3 水文地质

北运河流域北京区域主要分布第四系松散堆积物。第四系含水层除山前坡积、洪积的亚砂土、碎石外，大部分均由永定河冲洪积砂卵石、含砾石砂及砂组成，主要接受大气降水、河谷潜流、山前侧向径流、河渠、灌溉及人工回灌水的入渗补给。

香河区域受第四纪沉积物覆盖，境内地热资源较为丰富。地下水矿化度较低，一般为 0.3~1.0 g/L，盐度小于 15，碱度小于 0，pH 为 7~7.8，属于标准淡水。

武清区域境内地层从元古界、古生界到中生界、新生界都有分布，地层分布范围、厚度及岩性等相差悬殊。处于华北沉降带的冀中凹陷，其基底埋深达 8000~9000 m，武清凹陷北、东、南三面被断裂线所控制，是一个长期发育的深凹陷。全区是一个被深厚新生代松散沉积覆盖的平原地区，地表坦荡低平，地下岩石基底断裂构造则比较复杂。

5.1.4 主要水利工程

流域目前共有中小型水库 14 座，干流上建有 9 座橡胶坝，防洪、节制闸 17 座。北京在流域上游山区共建有中、小型水库 12 座。其中十三陵、桃峪口 2 座中型水库，总库容 0.91 亿 m³；王家园、响潭、沙峪口 3 座小（Ⅰ）型水库，总库容 0.20 亿 m³；南沟、水沟、德胜口、苏峪口、五七、南庄、黑山 7 座小（Ⅱ）型水库，总库容 286 万 m³。北运河流域主要水库基本情况见表 5-3。

北运河干流共有 9 座主要橡胶坝，天津在龙凤河上建有新房子橡胶坝。北运河干流共有防洪、节制闸 17 座，其中北京 5 座，包括北关拦河闸、榆林庄拦河闸、杨洼拦河闸等，河北 1 座（木厂节制闸），天津 11 座。根据相关资料，北运河流域主要闸坝情况详见表 5-4。

表 5-3 北运河流域主要水库基本情况

水库	类型	地点	所在支流	流域面积/km²	建成年份	库容/万 m³	坝高/m	最大泄量/(m³/s) 正常溢洪道	最大泄量/(m³/s) 输水洞
十三陵	中	昌平区	东沙河	223	1958	8100	29	1091	28.5
桃峪口	中	昌平区	蔺沟河	39.91	1960	1008	21.1	682	4.8
沙峪口	小Ⅰ	怀柔区	蔺沟河	16	1960	775	25	117.5	2.8
响潭	小Ⅰ	昌平区	北沙河	57.5	1967	750	42.2	778	2.0
王家园	小Ⅰ	昌平区	北沙河	42.7	1960	512	36.8	1230	22.1
德胜口	小Ⅱ	昌平区	东沙河	48.9	1960	70	26.0	500	1.2
南庄	小Ⅱ	昌平区	蔺沟河	39	1959	60	8.0	121	1.5
黑山	小Ⅱ	怀柔区	苏峪沟	6.2	1960	39	6.0	31.2	0.5
苏峪口	小Ⅱ	怀柔区	苏峪沟	0.8	1972	28	13.0	20	1
五七	小Ⅱ	海淀区	南沙河	0.5	1969	24	20.0	5	—
水沟	小Ⅱ	昌平区	北沙河	25	1977	39	33	72	2.3
南沟	小Ⅱ	昌平区	北沙河	16.2	1981	26	30	51	2.0
于庄水库	小Ⅰ	武清区	—	—	1960	737			
上马台水库	中	武清区	—	—	—	2680			

表 5-4 北运河流域主要闸坝基本情况

名称		工程作用	建设地点	建设年份	所在流域	孔数	闸底高程/m	设计 水位/m	设计 流量/(m³/s)	校核 水位/m	校核 流量/(m³/s)
北关拦河闸		蓄洪	北京通州区	2007	北运河	7	15.77	22.40	1766	23.14	2030
榆林庄拦河闸		拦污	北京通州区	1969	北运河	15	11.70	18.31	1346	18.86	1835
杨洼拦河闸		防洪	北京通州区	2007	北运河	15	9.4	15.65	2220	16.79	3300
木厂节制闸		调洪	河北香河县	1960	北运河	9	8.00	13.50	225	13.70	309
老米店节制闸		调洪	天津武清区	1972	北运河	16	1.70	5.43	160	7.63	200
六孔旧拦河闸		挡水分洪	天津武清区	1960	北运河	6	5.00	8.20	65	—	100
筐儿港枢纽	三孔新拦河闸	挡水分洪	天津武清区	1972	北运河	3	4.00	8.20	86	8.80	141
	十一孔分洪闸	分洪	天津武清区	1960	北京排污河	11	4.00	6.50	237	7.26	367
	十六孔分洪闸	分洪	天津武清区	1960	北运河	16	6.20	8.00	256		
	六孔节制闸	调节水位	天津武清区	1972	北京排污河	6	3.00（中）	6.72	237	7.51	367
北运河节制闸		调洪泄洪	天津北辰区	1931	北运河	6	0.80	5.75	400	6.50	400
大南宫节制闸		—	天津武清区	1972	北京排污河	10	1.69	6.23	256	7.02	378
里老节制闸		—	天津武清区	1972	北京排污河	4	—	8.46	50	10.58	72
大三庄节制闸		—	天津武清区	1971	北京排污河	12	4.50	268	5.21	398	
北京排污河防潮闸		—	天津北辰区	1971	北京排污河	42	3.90	325	4.45	445	

5.2 流域水环境现状及演变特征

5.2.1 污染源

5.2.1.1 生活污染源

北运河流域生活污染源包括居民生活污染源、服务行业污染源等。生活污染源直接排放化学需氧量约2.25万t/a，氨氮约0.21万t/a。按行政区和子流域统计生活污染源污染物排放量分别见表5-5和表5-6。北京区域污染物来源中城镇居民生活COD$_{Cr}$和氨氮排放总量明显高于城镇服务业污染物排放量，占总排放量的94.2%，丰台区、坝河子流域生活污染物排放量全部来自服务业。此外，昌平区、朝阳区、温榆河子流域、凉水河子流域的服务业污染物排放量占有较大比例。从空间分布上看，生活污染物排放量最大的是昌平区和通州区，两区生活污染物排放量占北京区域生活污染物排放总量60.0%，其次是海淀，占18.0%。生活污染物排放量最大子流域是南沙河、北沙河、凤河、北运河干流和温榆河，上述支流接纳的污染总量占流域的69%。

表5-5 生活污染源污染物排放量按行政区分布

行政区		COD$_{Cr}$排放量/(t/a)			COD$_{Cr}$所占比例/%	氨氮排放量/(t/a)			氨氮所占比例/%
		居民	服务	总计		居民	服务	总计	
北京	昌平	5 326.68	605.44	5 932.12	30.11	532.67	64.48	597.15	30.22
	朝阳	954.62	156.51	1 111.13	5.64	95.46	16.17	111.63	5.65
	顺义	994.68	39.53	1 034.21	5.25	99.47	4.08	103.55	5.24
	通州	5791.20	102.89	5 894.09	29.92	579.12	10.42	589.54	29.84
	大兴	1 984.28	161.16	2 145.44	10.89	198.43	16.87	215.30	10.90
	海淀	3 494.51	48.20	3 542.71	17.98	349.45	5.02	354.47	17.94
	石景山	—	—	—	—	—	—	—	—
	丰台	—	40.95	40.95	0.21	—	4.10	4.1	0.21
	合计	18 546	1 155	19 701	100.0	1 855	121	1 976	100.0
天津	北辰区	—	—	2 070	74.53	—	—	87.50	55.34
	武清区	—	—	707.20	25.47	—	—	70.60	44.66
	合计	—	—	2 777.2	100.0	—	—	158.1	100.0
流域		—	—	22 478.2	—	—	—	2 134.1	—

表 5-6 生活污染源污染物排放量按子流域分布

子流域	COD$_{Cr}$排放量/(t/a) 居民	服务	总计	COD$_{Cr}$所占比例/%	氨氮排放量/(t/a) 居民	服务	总计	氨氮所占比例/%
东沙河	1 053.24	100.62	1 153.86	5.86	105.32	11.60	116.92	5.92
北沙河	2 741.68	64.32	2 806	14.25	274.17	6.43	280.6	14.21
南沙河	3 250.64	36.73	3 287.37	16.69	325.06	4.50	329.56	16.68
蔺沟河	1 139.13	3.75	1 142.88	5.80	113.91	0.51	114.42	5.79
温榆河	1 659.72	460.44	2 120.16	10.76	165.97	47.95	213.92	10.82
清河	387.87	2.87	390.74	1.98	38.79	0.31	39.1	1.98
坝河	—	41.36	41.36	0.21	—	4.35	4.35	0.22
小中河	899.65	9.38	909.03	4.61	89.97	0.95	90.92	4.60
通惠河	347.01	54.75	401.76	2.07	34.70	5.57	40.27	2.07
凉水河	1 047.58	321.67	1 369.25	6.93	104.76	32.62	137.38	6.93
凤港减河	776.88	0.23	777.11	3.95	77.69	0.02	77.71	3.93
凤河	2 619.27	40.89	2 660.16	13.49	261.93	4.50	266.43	13.48
港沟河	—	—	—	—	—	—	—	—
北运河	2 623.30	17.67	2 640.97	13.41	262.33	1.83	264.16	13.37
北京合计	18 546	1 155	19 701	100.0	1 855	121	1 976	100.0
北运河天津段	—	—	2 304.50	82.98	—	—	111.1	70.27
北京排污河	—	—	472.70	17.02	—	—	47.00	29.73
天津合计	—	—	2 777.2	100.0	—	—	158.1	100.0
流域合计	—	—	22 478.2	—	—	—	2 134.1	—

5.2.1.2 工业污染源

根据北京区域调查，COD$_{Cr}$、氨氮排放量分别为2904.53t/a、173.16t/a。COD$_{Cr}$排放量主要集中在通州、大兴区域，排放量占北京区域的24.94%、31.13%，其次为朝阳，比例为18.14%。氨氮排放量主要集中在昌平、大兴和朝阳区域，三者氨氮排放量分别占北京区域的29.69%、24.55%和22.10%（表5-7）。COD$_{Cr}$主要集中在凉水河、北运河干流区域，两者的排放比例分别为36.98%、19.18%，约占北京区域排放量的56.16%；其次为温榆河、凤河，两者比例分别为9.16%、8.05%，最小的为东沙河；氨氮排放主要集中在温榆河、凉水河、凤河和通惠河，排放比例分别为27.64%、21.22%、20.23%和16.29%，约占区域排放量的85.38%（表5-8）。

表 5-7　北运河流域北京境内工业污染源污染物排放量按行政区域分布

行政区	COD$_{Cr}$ 排放总量/(t/a)	比例/%	氨氮 排放总量/(t/a)	比例/%
昌平	271.95	9.36	51.41	29.69
朝阳	526.95	18.14	38.26	22.10
顺义	279.51	9.62	6.38	3.68
通州	724.43	24.94	16.02	9.25
大兴	904.07	31.13	42.51	24.55
海淀	138.02	4.75	1.64	0.95
石景山	40.96	1.41	15.70	9.07
丰台	18.64	0.64	1.24	0.72
合计	2904.53	100.0	173.16	100.0

表 5-8　北运河流域北京境内工业污染源污染物排放量按子流域分布

	COD$_{Cr}$ 总量/(t/a)	比例/%	氨氮 总量/(t/a)	比例/%
东沙河	3.31	0.11	0.24	0.14
北沙河	48.18	1.66	0.22	0.13
南沙河	153.89	5.30	1.85	1.10
蔺沟河	69.53	2.39	0.00	0.00
温榆河	265.95	9.16	47.85	27.64
清河	10.91	0.38	0.00	0.00
坝河	182.05	6.27	0.73	0.42
小中河	105.66	3.64	2.84	1.64
通惠河	183.03	6.30	28.20	16.29
凉水河	1074.19	36.98	36.74	21.22
凤港减河	16.75	0.58	4.36	2.52
凤河	233.88	8.05	35.03	20.23
北运河	557.20	19.18	15.03	8.68
合计	2904.53	100.0	173	100.0

根据天津区域统计，工业污染源主要包括金属制品与加工类、化工类、食品制造与加工企业、纸制品制造与加工企业、其他行业。工业点源污水排放去向主要包括北京排污河、北运河、龙凤河和永定新河，其中永定新河受纳污水 62%，北京排污河受纳污水 23%。

5.2.1.3　非点源污染源

流域非点源污染源主要来自畜禽养殖和种植，农业非点源化学需氧量排放量为 4.70 万 t/a，氨氮排放量 0.74 万 t/a，其中北京市化学需氧量排放量约 30 209 t/a，氨氮排放量约 4866 t/a，分别占流域排放量的 64.2%、65.8%，是流域主要非点源污染产生区域（表

5-9)。非点源污染源化学需氧量排放总量按行政区划分,通州最大(所占比例44.4%),大兴、昌平和顺义次之,分别为16.6%、16.5%和16.0%;按子流域划分,凤河最大(所占比例23.6%),温榆河和凉水河次之,所占比例分别为13.4%和13.0%(表5-10)。

表5-9　农业非点源污染物排放量按行政区分布

行政区域		化学需氧量		氨氮	
		排放量/(t/a)	比例/%	排放量/(t/a)	比例/%
北京	昌平	4 975	16.5	828.5	17.0
	朝阳	760	2.5	124	2.6
	顺义	4 829	16.0	731.1	15.0
	通州	13 411	44.4	2 081.4	42.8
	大兴	5 022	16.6	882	18.1
	海淀	1 141	3.8	205	4.2
	石景山	—	—	—	—
	丰台	71	0.2	14	0.3
	合计	30 209	100.0	4 866	100.0
天津	北辰区	8 085	48.0	1 260	47.3
	武清区	8 760	52.0	1 405	52.7
	合计	16 845	100.0	2 665	100.0
流域		47 054		7 531	

表5-10　农业非点源污染物排放量按子流域分布

子流域		化学需氧量		氨氮	
		排放量/(t/a)	比例/%	排放量/(t/a)	比例/%
北京	东沙河	1 091	3.6	195.2	4.0
	北沙河	1 693	5.6	269.4	5.5
	南沙河	1 250	4.1	229.1	4.7
	蔺沟河	1 711	5.7	248.1	5.1
	温榆河	4 058	13.4	638.9	13.1
	清河	91	0.3	18	0.4
	坝河	200	0.7	28.7	0.6
	小中河	2 923	9.7	464.9	9.6
	通惠河	78	0.3	16	0.3
	凉水河	3 923	13.0	607.6	12.5
	凤港减河	2 573	8.5	383.4	7.9
	凤河	7 126	23.6	1 200.9	24.7
	港沟河	0	0.0	0	0.0
	北运河	3 492	11.5	565.6	11.6
	合计	30 209	100.0	4 866	100.0

续表

子流域		化学需氧量		氨氮	
		排放量/(t/a)	比例/%	排放量/(t/a)	比例/%
天津	北运河天津段	8 085	48.0	1 260	47.3
	北京排污河	8 760	52.0	1 405	52.7
	合计	16 845	100.0	2 665	100.0

5.2.1.4 集中处理设施污染源

北运河流域主要污水处理厂20座，其中北京区域已建成中心城污水处理厂16座，天津区域4座。集中污水处理设施污染源化学需氧量排放量约为3.58万t/a，氨氮排放量约为0.57万t/a。集中处理设施化学需氧量排放量按行政区划分，朝阳最大（所占比例64.12%），海淀次之（21.19%）（表5-11）；按子流域划分，凉水河最大（所占比例38.98%），通惠河次之（25.51%）（表5-12）。

表5-11 集中处理设施污染源污染物排放量按行政区分布

行政区		化学需氧量		氨氮	
		排放量/(t/a)	比例/%	排放量/(t/a)	比例/%
北京	昌平	625	1.82	105	1.97
	朝阳	22 047	64.12	2 958	55.59
	顺义	560	1.63	8	0.15
	通州	832	2.42	133	2.50
	大兴	1 373	3.99	554	10.41
	海淀	7 287	21.19	1 459	27.42
	石景山	20	0.06	3	0.06
	丰台	1 639	4.77	101	1.90
	合计	34 383	100.0	5 321	100.0
天津	天津重科水处理公司	118.64	—	17.07	—
	天津世升水治理公司	161.17	—	29.92	—
	武清第一污水处理厂	766.5	—	191.63	—
	武清第二污水处理厂	372.3	—	93.08	—
	合计	1 418.61	—	331.7	—
总计		35 801.61		5 652.7	

表 5-12　集中处理设施污染源污染物排放量按子流域分布

子流域	化学需氧量 排放量/(t/a)	比例/%	氨氮 排放量/(t/a)	比例/%
东沙河	447	1.30	53	1.00
南沙河	205	0.60	33	0.62
温榆河	725	2.11	74	1.39
清河	7 174	20.86	1 446	27.18
坝河	3 503	10.19	1 148	21.57
小中河	130	0.38	4	0.08
通惠河	8 770	25.51	879	16.52
凉水河	13 402	38.98	1 679	31.55
凤港减河	16	0.05	3	0.06
凤河	11	0.03	2	0.04
北京合计	34 383	100.0	5 321	100.0
北京排污河	279.81	—	46.99	—
北运河干流	1 418.61	—	331.7	—

5.2.1.5　污染源排放状况汇总

流域污染源化学需氧量总排放量72437.2t/a，其中生活源排放量为22 478.2 t，工业2905 t，农业47 054 t，分别占流域的31.0%、4.0%和65.0%；北京区域排放量为52 814 t，其中生活源、工业源、农业源排放比例分别为37.3%、5.5%和57.2%；天津区域排放量为19 622.2 t，其中生活源、农业源排放比例分别为14.2%和85.8%（图5-1）。流域氨氮排放量约为0.97万t/a，其中生活源2134.1 t、工业源173 t、农业源7351 t，分别占流域排放量的22.1%、1.8%和76.1%；北京区域排放量为7015 t，其中生活源、工业源、农

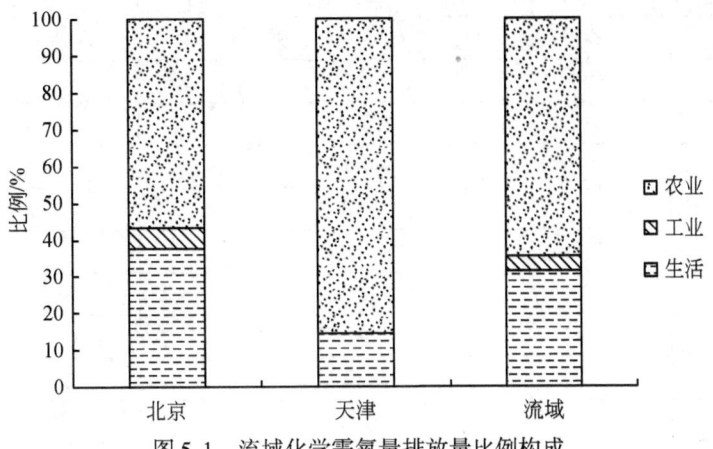

图 5-1　流域化学需氧量排放量比例构成

业源排放比例分别为28.2%、2.4%和69.4%;天津区域排放量2823.1 t,其中生活源、农业源排放比例分别为5.6%和94.4%。流域化学需氧量、氨氮排放量主要集中在北京区域,分别占流域的72.91%和71.30%(图5-2)。

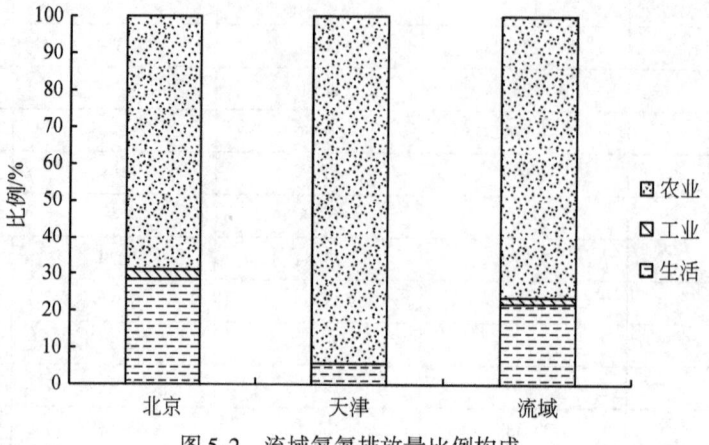

图5-2 流域氨氮排放量比例构成

5.2.2 河流水质

5.2.2.1 水质测站

北运河水系上游干流有8条一级支流(含干流本身),下游干流有6条一级支流(含干流本身),共可划分为14个子流域。依据子流域划分,北京市、天津市在北运河水系设置41条监测河段,100个监测断面。主要水质监测断面见表5-13。

表5-13 主要水质监测断面

序号	河流名称	断面位置	所在行政区
1	南沙河	玉河橡胶坝	海淀
2	蔺沟	后蔺沟	昌平
3	方氏渠	于庄	顺义
4	小中河	李天路	顺义
5	小中河	刘庄坝	通州
6	二道河	二道河	顺义
7	清河	沙子营	朝阳
8	坝河	沙窝	朝阳
9	小场沟	亮安屯闸	朝阳
10	通惠河	普济闸	朝阳
11	通惠河	通惠闸	通州

续表

序号	河流名称	断面位置	所在行政区
12	萧太后河	弘燕路（入境）	朝阳
13		马家湾闸上	朝阳
14		黑庄户	朝阳
15	通惠北干渠	通惠灌渠桥下	朝阳
16		大鲁店闸	朝阳
17	新凤河	烧饼庄闸	大兴
18	凉水河	小红门（入境）	大兴
19		旧宫桥	大兴
20		马驹桥	通州
21		许各庄	通州
22	温榆河	沙河闸	昌平
23		土沟桥	昌平
24		鲁疃闸	昌平/顺义
25		辛堡闸	顺义/朝阳
26		后苇沟	顺义/朝阳
27	北运河	北关闸	通州
28		榆林庄	通州
39		土门楼闸下	香河
30		筐儿港节制闸	武清区
31		老米店	武清区
32		屈家店闸下	北辰区
33	龙凤新河	筐儿港闸	武清区
34	北京排污河	津围桥	武清区桥
35		东堤头	北辰区

5.2.2.2 水功能区划

根据《海河流域水功能区划》，北运河干流共有水功能区 4 个：北运河北京农业用水区，北运河冀津缓冲区，北运河天津农业用水区和北运河天津工业、农业用水区。北运河支流共划分 16 个水功能区，除两个缓冲区（凤河京津缓冲区、北京排污河京津缓冲区）外，其余都是开发利用区。北运河干流及支流水功能区划分别见表 5-14 和表 5-15。

表 5-14 北运河干流水功能区划

所在省市	水功能名称	水质目标	范围 起始断面	终止断面	长度/km
北京	北运河北京农业用水区	V	榆林庄	牛牧屯	38.0
河北、天津	北运河冀津缓冲区	IV	牛牧屯	土门楼	12.5
天津	北运河天津农业用水区	III	土门楼	筐儿港节制闸	41.4
天津	北运河天津工业、农业用水区	III	筐儿港节制闸	屈家店节制闸	32.9

表 5-15 北运河支流水功能区划

所在省市	水功能名称	水质目标	起始断面	终止断面	长度/km
北京	清河北京景观用水区	IV	安河闸	清河桥	8.3
北京	清河北京农业用水区	V	清河桥	沙子营	15.7
北京	坝河北京景观用水区	IV	东直门	驼房营	10.2
北京	坝河北京农业用水区	V	驼房营	温榆河	11.4
北京	温榆河北京景观用水区	IV	沙河水库	沙子营	39.6
北京	温榆河北京农业用水区	V	沙子营	北关闸	23.8
北京	通惠河北京工业用水区	IV	东便门	高碑店闸	8.1
北京	通惠河北京景观用水区	V	高碑店闸	通济桥	12.9
北京	凉水河北京景观用水区	IV	万泉寺	大红门	7.0
北京	凉水河北京农业用水区	V	大红门	榆林庄	46.0
北京	凤河北京农业用水区	V	北野厂	凤河营	45.3
北京、天津	凤河京津缓冲区	IV	凤河营	利尚屯闸	11.0
天津	凤河天津农业用水区	IV	利尚屯闸	北京排污河	10.0
北京	北京排污河北京排污控制区	V	北京段	马头	50.0
北京、天津	北京排污河京津缓冲区	IV	马头	里老闸	10.0
天津	北京排污河天津农业用水区	IV	里老闸	东堤头	73.7

5.2.2.3 水质特征

根据2007年流域主要水系水质监测资料和水功能区划水质目标，北运河水系水质状况及主要污染指标见表5-16，其中京密引水渠、昆玉河、长河为密云水库（属潮白河水系）来水，永引为官厅水库（属永定河水系）来水，均属跨流域河流，若不计入上述水质较好河段，北运河流域基本都是劣V类水体。北运河水系水质为劣V类河段所占比例已达77.7%，水系处于严重污染状态，污染类型以有机污染为主。流域的城市中心河流除京密引水渠、长河、昆玉河、永引等流域外稀释水水质较好、水量有保证、少数河段保持Ⅲ类或更好水体质量以外，多数河段水质为劣V类，主要污染指标为氨氮和生化需氧量；排水河道——清河、坝河、通惠河及凉水河主要污染指标是高锰酸盐指数、生化需氧量和氨氮；郊区与城镇下游河道主要是高锰酸盐指数、五日生化需氧量、氨氮、石油类和阴离子表面活性剂等指标超标。

表 5-16　2007 年北运河水系水质评价结果表

河流名称	目标水质	现状水质	主要污染指标及类别
桃峪口沟	II	无水	—
京密引水渠	II	II	—
长河（含转河）	III	III	—
永引上段	III	无水	—
永引下段	III	III	COD_{Mn}（III）、BOD_5（III）、NH_3-N（III）
昆玉河	III	III	—
温榆河上段	III	劣V	COD_{Mn}（V）、BOD_5（劣V）、NH_3-N（劣V）
蔺沟	III	劣V	COD_{Mn}（劣V）、BOD_5（劣V）、NH_3-N（劣V）
东沙河	III	劣V	COD_{Mn}（V）、BOD_5（劣V₃）、NH_3-N（劣V）、LAS（劣V）
北沙河	III	劣V	DO（劣V）、COD_{Cr}（劣V）、BOD_5（劣V）、NH_3-N（劣V）、LAS（劣V）
关沟	III	III	—
南沙河	III	劣V	COD_{Mn}（劣V）、BOD_5（劣V）、NH_3-N（劣V）、LAS（劣V）
清河上段	III	劣V	BOD_5（V）、NH_3-N（劣V）
万泉河	III	劣V	DO（V）、BOD_5（劣V）、NH_3-N（劣V）
小月河	III	无水	—
坝河上段	III	劣V	COD_{Mn}（劣V）、BOD_5（劣V）、NH_3-N（劣V）、LAS（劣V）
土城沟	III	劣V	COD_{Mn}（劣V）、BOD_5（劣V）、NH_3-N（劣V）、LAS（劣V）
亮马河	III	劣V	COD_{Mn}（V）、BOD_5（劣V）、NH_3-N（劣V）
通惠河上段	III	劣V	COD_{Mn}（V）、BOD_5（劣V）、NH_3-N（劣V）、LAS（劣V）
南护城河	III	劣V	BOD_5（V）、NH_3-N（劣V）
北护城河	III	V	BOD_5（V）
二道沟	III	劣V	COD_{Mn}（V）、BOD_5（劣V）、NH_3-N（劣V）
凉水河上段	III	劣V	BOD_5（劣V）、NH_3-N（劣V）
莲花河	III	无水	—
新开渠	III	无水	—
马草河	III	劣V	BOD_5（劣V）、NH_3-N（劣V）、石油类（劣V）
丰草河	III	劣V	DO（V）、COD_{Mn}（V）、BOD_5（劣V）、NH_3-N（劣V）、石油类（劣V）、LAS（劣V）
北运河	V	劣V	COD_{Cr}（劣V）、BOD_5（劣V）、NH_3-N（劣V）、石油类（劣V）、LAS（劣V）
温榆河下段	V	劣V	BOD_5（劣V）、NH_3-N（劣V）、石油类（劣V）
清河下段	V	劣V	COD_{Mn}（劣V）、BOD_5（劣V）、NH_3-N（劣V）
坝河下段	V	劣V	COD_{Mn}（劣V）、BOD_5（劣V）、NH_3-N（劣V）、LAS（劣V）
北小河	V	劣V	COD_{Mn}（劣V）、BOD_5（劣V）、NH_3-N（劣V）、LAS（劣V）

续表

河流名称	目标水质	现状水质	主要污染指标及类别
小中河	V	劣V	COD_{Mn}（劣V）、BOD_5（劣V）、NH_3-N（劣V）、石油类（劣V）、LAS（劣V）
通惠河下段	V	劣V	BOD_5（劣V）、NH_3-N（劣V）、LAS（劣V）
凉水河中下段	V	劣V	BOD_5（劣V）、NH_3-N（劣V）、石油类（劣V）、LAS（劣V）
小龙河	V	劣V	BOD_5（劣V）、NH_3-N（劣V）、石油类（劣V）、LAS（劣V）
玉带河	V	劣V	COD_{Mn}（劣V）、BOD_5（劣V）、NH_3-N（劣V）、石油类（劣V）、LAS（劣V）
萧太后河	V	劣V	COD_{Mn}（劣V）、BOD_5（劣V）、NH_3-N（劣V）、石油类（劣V）、LAS（劣V）
通惠北干渠	V	劣V	BOD_5（劣V）、NH_3-N（劣V）、LAS（劣V）
西排干	V	劣V	DO（劣V）、COD_{Cr}（劣V）、BOD_5（劣V）、NH_3-N（劣V）、石油类（劣V）、LAS（劣V）
半壁店明渠	V	无水	—
观音堂明沟	V	劣V	DO（劣V）、COD_{Mn}（劣V）、BOD_5（劣V）、NH_3-N（劣V）、挥发酚（劣V）、LAS（劣V）
大柳树明沟	V	劣V	DO（劣V）、COD_{Mn}（劣V）、BOD_5（劣V）、NH_3-N（劣V）、LAS（劣V）
凤河	V	劣V	BOD_5（劣V）、NH_3-N（劣V）、石油类（劣V）、LAS（劣V）
新凤河	V	无水	—
黄土岗灌渠	V	劣V	DO（劣V）、COD_{Mn}（劣V）、BOD_5（劣V）、NH_3-N（劣V）、石油类（劣V）、LAS（劣V）
凤港减河	V	劣V	BOD_5（劣V）、NH_3-N（劣V）、石油类（劣V）、LAS（劣V）
港沟河	V	劣V	BOD_5（劣V）、NH_3-N（劣V）、石油类（劣V）、LAS（劣V）
北运河（牛牧屯—土门楼）	V	劣V	NH_3-N（劣V）、COD_{Mn}（劣V）、BOD_5（劣V）和COD_{Mn}（劣V）
北运河（土门楼—三岔口）	V	劣V	COD_{Mn}、BOD_5、NH_3-N
新引河（大张庄—屈家店闸）	V	劣V	COD_{Mn}、BOD_5、NH_3-N
凤河（利尚屯闸—北京排污河）	V	劣V	COD_{Mn}、BOD_5、NH_3-N
北京排污河（马头—东堤头）	V	劣V	COD_{Mn}、BOD_5、NH_3-N，As

根据北运河干流的沙河闸、鲁疃闸、辛堡闸、苇沟闸、北关闸、杨洼闸、土门楼、筐儿港闸上、老米店、屈家店等断面水质评价（图5-3～图5-5），上述断面年平均、枯水期、丰水期水质类别均为劣V类，其中NH_3-N、TN、TP水质类别均为劣V类，COD_{Mn}为劣V类或V类。年均水质浓度中TN、NH_3-N呈现类似变化趋势：2004～2006年逐渐增加，2006～2009年水质浓度急剧降低；COD_{Mn}呈现缓慢下降趋势，DO呈现逐渐增加趋势。丰水期中TN、NH_3-N呈现类似变化趋势：2004～2005年浓度降低，2005～2006年升高，2006～2008年降低；DO、TP呈现总体缓慢下降趋势；COD_{Mn} 2004～2005年升高，随后急剧降低。枯水期中TN、NH_3-N 2004～2006年浓度急剧升高，随后急剧降低；TP呈现缓慢下降趋势；COD_{Mn}呈现V形变化态势。

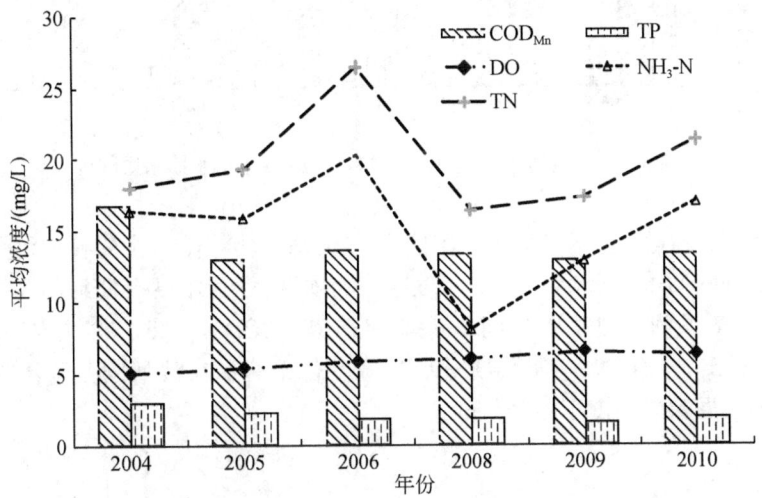

图5-3 北运河干流监测断面2004～2010年平均水质浓度

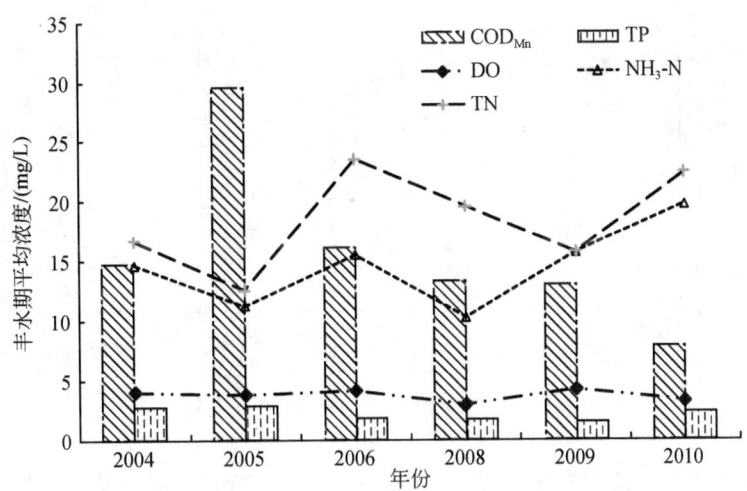

图5-4 北运河干流监测断面2004～2010年丰水期水质浓度

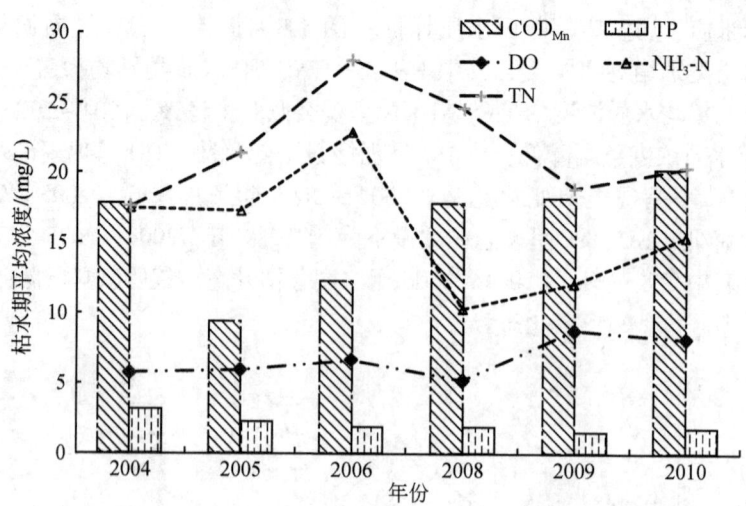

图 5-5 北运河干流监测断面 2004~2010 年枯水期水质浓度

根据沙河闸、鲁疃闸、辛堡闸、苇沟闸、北关闸、杨洼闸、土门楼、筐儿港闸上、老米店、屈家店等断面水质 2004~2010 年逐年平均浓度，DO 浓度在沙河闸—辛堡闸总体降低（图 5-6），辛堡闸—屈家店之间呈现增加趋势。COD_{Mn}、TP 浓度总体呈现降低趋势（图 5-6 和图 5-7）。NH_3-N、TN 浓度呈现类似变化趋势：在沙河闸—辛堡闸呈现上升趋势，在辛堡闸—屈家店浓度不断降低。

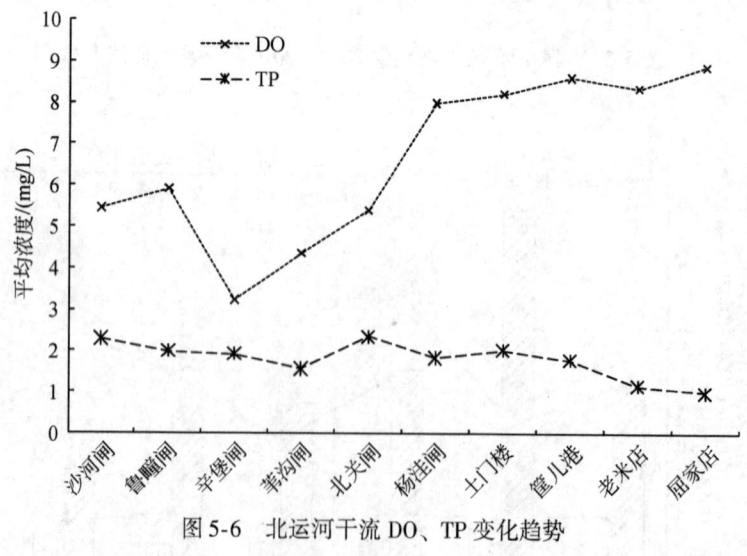

图 5-6 北运河干流 DO、TP 变化趋势

从总体趋势看，水体中的 TN、NH_3-N 浓度呈现上升趋势，TP 没有明显变化趋势，主要是流域生活污染源采取污水处理等措施，有机污染物浓度呈现不断降低态势，而氮、磷

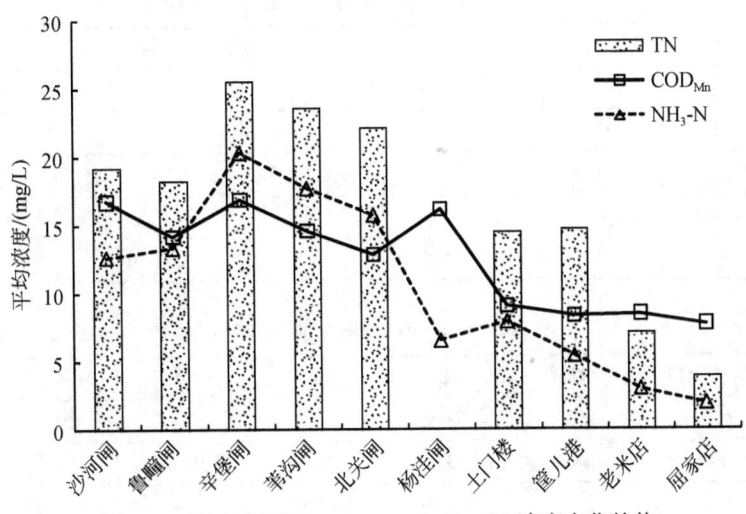

图 5-7 北运河干流 COD_{Mn}、NH_3-N、TN 浓度变化趋势

等污染物由于现有污水处理工艺限制而难以得到有效去除；同时，部分区域污水尚未得到有效收集，使得河道水体补给来源呈现多样化，导致不同区域水体水质存在较大的差异。总体而言，随着流域水污染控制力度的加大，北运河干流水质呈现好转态势，但北运河河流水污染影响因素复杂，有复杂的历史和现实成因，牵涉到经济发展、城市规划和定位、城市化和人口增长、产业结构、自然条件及生态环境变化、政策导向、公众意识等方方面面，所以北运河流域水环境的治理将是一项艰巨、复杂和长期的任务。

北运河多数河流水质较差，均是劣Ⅴ类或Ⅴ类水质，主要影响指标是氨氮、化学需氧量、总氮、总磷等指标。部分河流水系水质较好，主要饮用水源（京密引水渠、十三陵水库等）以及部分位于北运河上游农村区域的部分河流，水质主要为Ⅱ～Ⅲ类。北运河干流水质评价表明，干流上游水质较差，随着下游再生水、污水处理厂出水等水源补给，河流水质逐渐得到改善、流量不断增加，使得下游河流的水生态环境得到一定程度改善，水生态环境明显好于上游断面。

5.2.3 河流水生态

5.2.3.1 水生态调查结果

根据对北运河春、夏、秋、冬四季监测，春季发现 6 门 30 种浮游植物；夏季 7 门 38 种浮游植物；秋季 6 门 23 种浮游植物；冬季浮游植物 6 门 27 种浮游植物（表 5-17）。不同季节物种数量存在一定差异，蓝藻门、绿藻门在春季、夏季数量明显高于秋季、冬季，硅藻门、裸藻门差别较小，隐藻门、甲藻门比较单一。总体上浮游植物密度春季>夏季>冬季>秋季，生物量夏季>冬季>秋季>春季（表 5-18，表 5-19）。

表 5-17 北运河浮游植物物种数量

季节	蓝藻门	绿藻门	硅藻门	裸藻门	隐藻门	甲藻门	金藻门	合计
春季	9	12	2	5	1	1	—	30
夏季	11	15	4	5	1	1	1	38
秋季	6	7	5	3	1	1	—	23
冬季	10	9	1	4	2	1	—	27
平均	9	11	3	4	1	1	1	30

表 5-18 北运河浮游植物密度特征　　　　　　　　　　（单位：万个/L）

季节	蓝藻门	绿藻门	硅藻门	裸藻门	隐藻门	甲藻门	合计
春季	67.82	187.02	82.95	64.38	42.01	121.36	565.54
夏季	146.09	94.90	83.09	37.16	10.69	11.26	383.19
秋季	17.14	27.17	9.03	19.69	—	—	73.03
冬季	38.76	91.34	3.72	26.72	17.60	4.04	182.18
平均	67.45	100.11	44.70	36.99	23.43	45.55	318.23

表 5-19 北运河浮游植物生物量特征　　　　　　　　　　（单位：mg/L）

季节	蓝藻门	绿藻门	硅藻门	裸藻门	隐藻门	甲藻门	合计
春季	0.11	1.62	1.62	0.58	0.22	0.18	4.33
夏季	0.952	0.696	0.696	0.572	6.988	0.107	10.01
秋季	0.050	0.048	0.048	0.113	5.061	0.067	5.39
冬季	0.23	0.15	0.15	0.31	5.81	0.03	6.68
平均	0.34	0.63	0.63	0.39	4.52	0.10	6.17

春季采集到 37 种浮游动物，夏季 57 种浮游动物，秋季 31 种浮游动物，冬季 34 种浮游动物（表 5-20）。密度最高的是轮虫，其次是枝角，浮游动物总体密度夏季>春季>冬季>秋季（表 5-21），生物量夏季>春季>冬季>秋季（表 5-22）。

表 5-20 北运河浮游动物物种

季节	原生动物	轮虫	枝角类	桡足类	合计
春季	7	19	8	3	37
夏季	1	30	17	9	57
秋季	9	14	5	3	31
冬季	8	20	2	4	34
平均	6	21	8	5	40

表 5-21　北运河浮游动物密度特征　　　　　　　　　　（单位：个/L）

季节	原生动物	轮虫	枝角类	桡足类	合计
春季	297	928	457	184	1866
夏季	40	2458	794	187	3479
秋季	83	82	31	48	244
冬季	126	373	23	44	566
平均	137	960	326	116	1539

表 5-22　北运河浮游动物生物量特征　　　　　　　　　（单位：mg/L）

季节	原生动物	轮虫	枝角类	桡足类	合计
春季	0.018	4.126	29.345	7.697	41.186
夏季	0.0004	4.611	42.822	9.876	57.3094
秋季	1.224	1.664	3.909	2.909	9.706
冬季	0.011	15.736	2.723	4.401	22.871
平均	0.313	6.534	19.700	6.221	32.768

春季采集到 6 种底栖动物，夏季 16 种底栖动物，秋季 11 种底栖动物，冬季 10 种底栖动物（表 5-23）。物种数量夏季>秋季>冬季>春季，其中水生昆虫夏季最高，其他季节物种数量急剧降低，软体动物秋季、冬季高于春季、夏季。密度寡毛类>水生昆虫>软体动物，季节变化春季>夏季>秋季>冬季；生物量软体动物>寡毛类>水生昆虫，季节变化夏季>春季>冬季>秋季（表 5-24，表 5-25）。

表 5-23　北运河底栖动物物种

断面	寡毛类	水生昆虫	软体动物	合计
春季	3	1	2	6
夏季	6	8	2	16
秋季	5	1	5	11
冬季	4	1	5	10
平均	5	3	4	12

表 5-24　北运河底栖动物密度特征　　　　　　　　　　（单位：个/m²）

断面	寡毛类	水生昆虫	软体动物	合计
春季	4110	308	80	4498
夏季	2437	1745	105	4287
秋季	1467	755	133	2355
冬季	503	78	67	648
平均	2129	722	96	2947

表 5-25　北运河底栖动物密度特征　　（单位：g/m²）

断面	寡毛类	水生昆虫	软体动物	合计
春季	22.54	1.23	101.06	124.83
夏季	13.06	7.24	159.60	179.9
秋季	6.92	6.97	48.42	62.31
冬季	2.87	0.31	56.12	59.3
平均	11.35	3.94	91.30	106.59

春季监测出附着藻类4门13种浮游植物，秋季4门13种浮游植物，冬季4门9种浮游植物（表5-26）。物种春季>秋季>冬季，密度裸藻门>硅藻门>蓝藻门>绿藻门（表5-27），生物量裸藻门>硅藻门>蓝藻门>绿藻门（表5-28）。

表 5-26　北运河附着藻类物种

断面	蓝藻门	绿藻门	硅藻门	裸藻门	合计
春季	4	5	2	2	13
秋季	3	4	3	3	13
冬季	2	1	3	3	9
平均	3	3	3	3	12

表 5-27　北运河干流附着藻类密度　　（单位：个/L）

断面	蓝藻门	绿藻门	硅藻门	裸藻门	合计
春季	12 172	2 450	17 018	1 083	32 723
秋季	3 169	1 656	18 246	5 009	28 080
冬季	5 800	4 000	12 357	96 500	118 657
平均	7 047	2 702	15 873	34 197	59 819

表 5-28　北运河干流附着藻类生物量　　（单位：mg/L）

断面	蓝藻门	绿藻门	硅藻门	裸藻门	合计
春季	0.001	0.010	0.042	0.024	0.077
秋季	0.003	0.002	0.188	0.102	0.295
冬季	0.089	0.024	0.048	2.323	2.484
平均	0.031	0.012	0.093	0.816	0.952

根据《北京鱼类志》（1984）记载，北京有鱼类8个目、15个科、58个属、73种，没有国家级保护鱼类。由于多种原因，鱼类资源明显减少，很多过去记录较常见或能见到的种类目前已很难见到或数量明显减少。

5.2.3.2 水生态评价结果

根据营养状态指数评价法，春季河流评价断面 TST 指数属于富营养型。夏季 TST 指数比较高，属于富营养型，部分断面在 100 以上；秋季 TST 指数也属于富营养型，但相对夏季来说较低；冬季 TST 指数多数断面属于富营养型。

北运河流域 Shannon-Weaver 多样性指数评价表明，浮游植物多样性指数在流域分布没有明显规律，春季高于冬季，但低于夏季、秋季，春季流域平均为 1.86（表 5-29）。夏季除北关分洪闸、北运河苏庄断面等多样性指数为 0 外，其他断面多样性指数在 1.5 以上，流域多样性指数平均为 2.16，但总体上北京和天津段多样性较高。秋季多样性指数整体上低于夏季，流域平均为 1.70，总体趋势表现为河北段多样性较高。冬季多样性指数整体低，流域平均为 1.04。流域底栖动物多样性指数在夏季最高，而冬季最低，夏季>秋季>春季>冬季。底栖动物多样性指数春季流域平均为 0.24，空间上呈现出北京段高于河北段、天津段；夏季平均为 1.34，呈现出河北段高于北京、天津段；秋季平均为 1.31，呈现出河北段高于北京、天津段；冬季平均为 0.13，呈现出北京段高于河北、天津段。流域春季浮游动物生物多样性指数为 0.68；夏季流域分布没有明显规律，流域平均为 2.69；秋季普遍比夏季低，流域平均为 1.16；冬季多样性指数普遍较低，流域平均为 0.27。

表 5-29 北运河断面 Shannon-Weaver 多样性指数

季节	区域	浮游植物	浮游动物	底栖动物	平均
春季	北京	2.05	0.94	0.34	1.11
	河北	1.83	0	0.07	0.63
	天津	1.7	1.1	0.3	1.03
	流域	1.86	0.68	0.24	0.93
夏季	北京	2.53	2.47	1.43	2.14
	河北	1.66	2.9	1.68	2.08
	天津	2.3	2.7	0.9	1.97
	流域	2.16	2.69	1.34	2.06
秋季	北京	1.68	0.94	1.23	1.28
	河北	1.83	1.35	1.59	1.59
	天津	1.6	1.2	1.1	1.30
	流域	1.70	1.16	1.31	1.39
冬季	北京	1.23	0.51	0.3	0.68
	河北	0.7	0	0	0.23
	天津	1.2	0.3	0.1	0.53
	流域	1.04	0.27	0.13	0.48

续表

季节	区域	浮游植物	浮游动物	底栖动物	平均
平均	北京	1.87	1.21	0.83	1.30
	河北	1.51	1.06	0.84	1.14
	天津	1.72	1.31	0.6	1.21
	流域	1.70	1.19	0.76	1.22

流域颤蚓类指数监测评价结果表明（表5-30），指数在空间上河北区域较高，北京、天津整体较低，表明北京、天津区域水质较好。流域整体指数冬季<秋季<夏季<春季，主要是与水温、污水排放等因素有关：冬季河道径流主要为再生水和部分污水，再生水比例较高，水温较低，不利于颤蚓类生长；春季颤蚓类开始生长、发育等，再生水等由于绿化、灌溉等使用量增加，使得污水成分比例升高，水质逐步恶化；夏季、秋季主要由于暴雨径流冲刷等作用，以及径流补给量增加，使得污水比例降低，水质得到一定程度改善。

表5-30 北运河断面颤蚓类指数评价

区域	春季	夏季	秋季	冬季	平均
北京	61.45	38.13	41.80	36.94	44.58
河北	99.12	98.58	57.00	0.00	63.68
天津	76.78	24.51	51.78	48.68	50.44
流域	79.11	53.74	50.19	28.54	52.90

5.3 流域水环境主要驱动因素

城市化是衡量一个国家和地区经济、社会、文化、科技水平的重要标志，也是衡量国家和地区社会组织程度和管理水平的重要标志。然而，城市化带来丰硕成果的同时，也产生严重的城市化环境问题，包括暴雨径流污染、河流人工化、水生态退化等。2010年全国城市地下水水质监测表明，水质优良级的监测点占全部监测点的10.2%，良好级的监测点比例为27.6%，较好级的监测点比例为5.0%，较差级的监测点比例占40.4%，极差级的监测点比例为16.8%。全国重点城市年取水总量220.3亿t，其中达标水量168.5亿t，占76.5%；不达标水量51.8亿t，占23.5%。根据《全国水资源综合规划》成果，1980年以来我国工业及城镇废污水排放量年均增长率为6%左右。由于点源污染不断增加而废污水达标和处理程度低（2006年全国城市污水处理率为57%，县城仅为23%），非点源污染日渐严重但缺乏有效的防治，进入我国江河湖库水体的污染物不断增加，如海河区、太湖流域、辽河流域污径比分别高达50%、44%和38%，部分河流（段）甚至高达100%。许多河流（段）污染物入河量远远超过水体容纳能力，水环境污染十分严重。在全国主要江河湖库划定的6834个水功能区中，有33%的水功能区化学需氧量或氨氮现状污染物入河量超过了纳污能力，污染物入河量为纳污能力的 4~5 倍，部分河流（段）高达 13 倍，造成水体质量不断恶化，湖泊和水库富营养化问题突出，部分水体使用功能部分或全部丧失。

人类活动对城市化河流主要影响的研究主要体现在河流水文情势、水质、河道形态、水生态等方面，下面主要分析北运河流域城市化发展过程中的河流水环境演变特征，识别主要影响因素。

5.3.1 不同水源补给影响

5.3.1.1 降雨

北运河流域降雨量呈减少趋势，1999 年以来遭遇连续干旱，近年平均（1999~2011年）降雨量仅 434.5 mm，比多年平均减少 25%（表 5-31）。降雨量呈现年际变化大、丰枯年份可连续发生的特点。1956~1979 年多年平均降雨量 624.7 mm，而 1980~2000 年多年平均降雨量 532.5 mm，比多年平均（1956~2000 年）减少 8%。

表 5-31 北运河流域多年（1956~2011 年）平均降雨量

流域分区	最大年降雨量/mm	出现年份	最小年降雨量/mm	出现年份	多年平均降雨量/mm 1956~2000年	1956~1979年	1980~2000年	1999~2011年
山区	992	1956	339.2	1997	570.9	618	517.1	—
平原	1072.4	1959	325.2	1999	584.9	626.7	537.1	—
全流域	1007	1959	343.1	1965	581.7	624.7	532.5	434.5

基于 SWAT 模型，现状情景土地利用下的不同水文年（枯水年、平水年、丰水年、特枯水年）下的天然径流估算结果见表 5-32，可以看出主要分布在凉水河、凤河、北运河干流等区域。

表 5-32 北运河流域不同水文年天然径流 （单位：亿 m³）

子流域	丰水年	平水年	枯水年	特枯水年
东沙河	0.55	0.39	0.28	0.19
北沙河	1.35	0.97	0.67	0.45
南沙河	0.83	0.58	0.33	0.21
蔺沟	0.82	0.58	0.33	0.21
清河	0.80	0.57	0.39	0.24
坝河	0.90	0.63	0.45	0.28

续表

子流域	丰水年	平水年	枯水年	特枯水年
小中河	1.06	0.71	0.45	0.29
温榆河干流	1.20	0.82	0.51	0.33
通惠河	1.17	0.81	0.59	0.36
凉水河	2.59	1.83	1.21	0.77
凤河	1.94	1.45	0.86	0.56
凤港减河	0.55	0.39	0.21	0.14
龙河	1.04	0.79	0.54	0.28
龙凤河	0.70	0.53	0.34	0.20
北运河干流	1.58	1.16	0.85	0.50
流域	17.08	12.22	8.01	5.01

5.3.1.2 水源补给特征

北运河来水由污水与雨洪水组成，随着降雨量逐渐减少及废污水排放量增加，来水组成中污水量呈增加趋势，现状径流中污水及再生水来水量比例较高。流域用水量总体呈现不断降低趋势，排水量呈现不断增加趋势（图5-8），2002年达到最高值，随后呈现不断降低趋势，主要与再生水回用等有关。同时，工业、生活排水比例以及水处理比例呈现不同特征（图5-9）：污水处理比例呈现不断增加趋势，由1994年的7.84%增加到2005年的60%；工业废水排放比例呈现不断降低趋势，生活污水排放量呈现不断增加趋势。随着区域社会、经济以及环境的不断发展，工业污水排放量将进一步降低，生活污水排放量和污水处理比例将进一步增加。

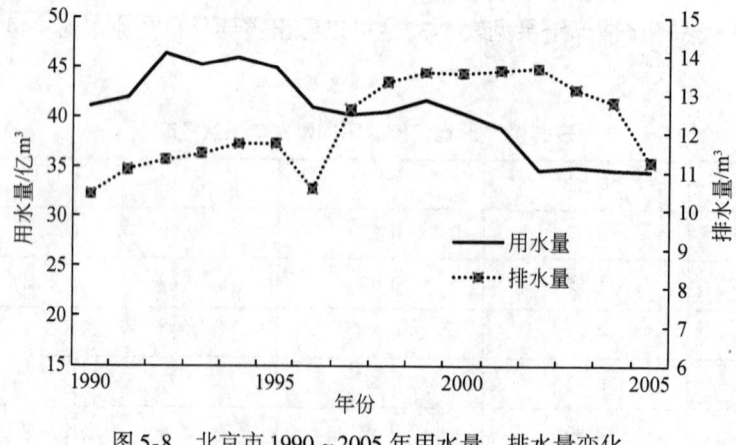

图5-8 北京市1990~2005年用水量、排水量变化

流域北京区域多年平均（1956~2000年）天然径流量为4.81亿 m^3。1999年以来北

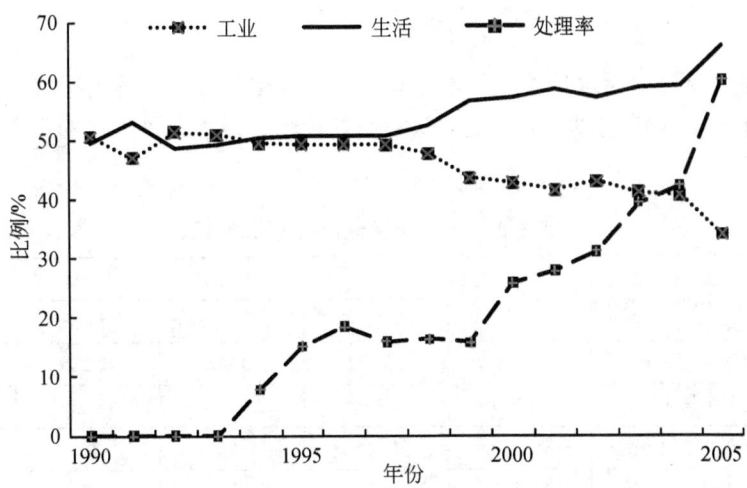

图 5-9 北京市 1990~2005 年工业、生活排水及处理水量变化

运河水系北京区域降雨量大幅度减少，径流量也大幅度衰减。1999~2007 年北运河沙河闸以上、沙河闸—北关闸、北关闸—市界河段平均来水量见表 5-33。

表 5-33 1999~2007 年北运河平均来水量 (单位：亿 m³/a)

断面名称		年总量	来水组成		年内分配	
			雨洪量	污水量	汛期	非汛期
沙河闸	沙河闸入库	0.616	0.277	0.339	0.33	0.286
	沙河闸下泄	0.433	0.2	0.233	0.265	0.168
鲁疃河		0.793	0.28	0.513	0.438	0.355
葛渠老河湾		2.418	0.405	2.013	1.076	1.342
北关分洪枢纽	北关闸上	3.930	0.62	3.31	1.63	2.3
	拦河闸	2.950	0.465	2.485	1.32	1.63
	分洪闸	0.980	0.155	0.825	0.31	0.67
杨洼闸		4.470	0.67	3.8	1.99	2.48

随着降雨量的变化，北运河水资源呈逐渐减少趋势。沙河闸近年入库量比多年平均减少 30%~40%。温榆河北关闸闸上多年平均（1975~2005 年）实测水量 3.93 亿 m³，与多年平均来水量相差不大（减少 5%），主要是北关闸污水量变化较大的缘故。北关闸多年平均污水量 2.0 亿 m³，而近年平均 3.3 亿 m³，增加 65%。沙河闸多年（1986~2005 年）平均入库水量中污水量所占比例为 20% 左右，其中 1999~2005 年平均入库水量中污水量所占比例为 55% 左右。随着清河、坝河等主要排水河道的汇入，污水量相对较多，温榆河北关闸多年（1975~2005 年）平均污水量占总水量 50% 左右，其中 1999~2005 年平均污水量占 84%。

5.3.1.3 关键断面水资源台账

基于径流、排污口污水排放、污水处理厂出水等相关资料，得到流域不同水文期（枯水年、平水年、丰水年、特枯年）的关键断面的径流、污水、再生水的水资源台账（表5-34）。

表5-34 北运河关键断面水资源台账 （单位：万 m³）

水文年	断面	上游来水	区间来水 天然径流	区间来水 再生水	区间来水 污水	供水/分洪
特枯年	沙河闸—北关闸	7 414	12 539	43 385	12 285	6 550
	北关闸—杨洼闸	68 039	7 380	21 900	11 550	12 000
	杨洼闸—土门楼闸	96 030	1 365	0	18	6 233/2 202
	土门楼闸—筐儿港	88 597	16 071	—	57	6 027/9 629
	筐儿港—屈家店	87 089	—	1 582	215	1 659
	屈家店	84 247	—	—	—	—
枯水年	沙河闸—北关闸	9 950	20 265	43 385	12 285	6 550
	北关闸—杨洼闸	78 239	11 785	21 900	11 550	12 000
	杨洼闸—土门楼闸	11 0636	2 053	—	18	6 233/10 044
	土门楼闸—筐儿港	96 048	26 214	—	57	6 128/18 408
	筐儿港—屈家店	96 664	—	1 582	215	2 862
	屈家店	92 240	—	—	—	—
平水年	沙河闸—北关闸	12 523	30 569	43 385	12 285	6 550
	北关闸—杨洼闸	91 177	17 896	21 900	11 550	12 000
	杨洼闸—土门楼闸	129 684	3 956	—	18	6 233/21 125
	土门楼闸—筐儿港	105 919	44 376	—	57	6 060/50 529
	筐儿港—屈家店	106 979	—	1 582	215	2 823
	屈家店	102 665	—	—	—	—
丰水年	沙河闸—北关闸	21 223	44 302	43 385	12 285	6 550
	北关闸—杨洼闸	113 867	25 494	21 900	11 550	12 000
	杨洼闸—土门楼闸	160 246	5 556	—	18	6 233/28 737
	土门楼闸—筐儿港	130 578	59 860	—	57	6 110/50 529
	筐儿港—屈家店	132 348	—	1 582	215	2 490
	屈家店	128 879	—	—	—	—

从总体上来看，目前北运河水系地表水资源的变化呈现三大趋势：一是水资源量锐减；二是来水中污水量逐年增加；三是北运河上游至下游来水中污水比例逐年增加。

5.3.1.4 不同水源水质比较

根据流域内的十三陵水库（天然径流）、城区暴雨径流监测、污水处理厂出水等水质资料（表5-35），十三陵水库水质评价表明，全年、丰水期、枯水期水质类别均是Ⅱ~Ⅲ类，其中丰水期水质较高，但是水体中COD_{Mn}浓度较高；污水处理厂出水在全年、丰水期、枯水期均属于劣Ⅴ类，污染物浓度远远高于十三陵水库；城区暴雨径流中的COD_{Mn}、$NH_3\text{-}N$、$NO_3\text{-}N$、TP、TN浓度均高于十三陵水库、污水处理厂出水。以十三陵水库水质浓度为基准，污水处理厂出水与十三陵水库相同的污染物浓度相比，比例最高的是$NH_3\text{-}N$（109倍左右），最低的是COD_{Mn}（5.5倍），暴雨径流中倍数最高的是TN（200倍左右），最低的是$NO_3\text{-}N$（5.4倍）。

表5-35 北运河不同补给水源水质比较

水体	时期		COD_{Mn}	BOD_5	$NH_4\text{-}N$	$NO_3\text{-}N$	$NO_2\text{-}N$	TP	TN	水质类别
十三陵水库	全年	均值	3.00	1.30	0.22	0.41	0.017	0.03	0.75	—
		类别	Ⅱ类	Ⅰ类	Ⅱ类	—		Ⅲ类	Ⅲ类	Ⅲ类
	丰水期	均值	3.07	1.00	0.11	0.25	0.021	0.02	0.49	—
		类别	Ⅱ类	Ⅰ类	Ⅰ类	—		Ⅱ类	Ⅱ类	Ⅱ类
	枯水期	均值	2.40	1.47	0.28	0.50	0.01	0.03	0.90	—
		类别	Ⅱ类	Ⅰ类	Ⅱ类	—		Ⅲ类	Ⅲ类	Ⅲ类
污水处理厂	全年	均值	16.43		23.93	2.90	0.39	1.06	14.60	—
		类别	劣Ⅴ类	—	劣Ⅴ类	—		劣Ⅴ类	劣Ⅴ类	劣Ⅴ类
	丰水期	均值	41.53		11.46	5.65	0.682	0.92	15.20	—
		类别	劣Ⅴ类	—	劣Ⅴ类	—		劣Ⅴ类	劣Ⅴ类	劣Ⅴ类
	枯水期	均值	10.90		28.47	1.78	0.30	0.80	15.90	—
		类别	Ⅴ类	—	劣Ⅴ类	—		劣Ⅴ类	劣Ⅴ类	劣Ⅴ类
暴雨径流	城区	均值	59.59		10.99	2.21		1.52	150.68	—
		类别	劣Ⅴ类	—	劣Ⅴ类	—		劣Ⅴ类	劣Ⅴ类	劣Ⅴ类

根据流域主要水源补给特征，随着污水收集处理率的不断增加，再生水补给比例将不断增加，以满足水体的景观、娱乐等功能需求，而再生水中氮、磷等生源要素去除比例较低，使得缓流水体多发生富营养化。因此，需要进一步加大污水处理比例和优化再生水厂的处理工艺，减少水体中氮、磷等营养物质的浓度，促进水体流动，形成污染物控制、水力阈值调控的富营养化控制技术。

5.3.2 流域人口经济与水质响应

北运河流域北京区域是北京市人口最为集中的区域，给流域水环境造成了严重影响，尤其是河流水质（图5-10）。选取能反映人口对流域水质整体影响效果的干流北运河榆林庄闸水质作为流域水质代表。

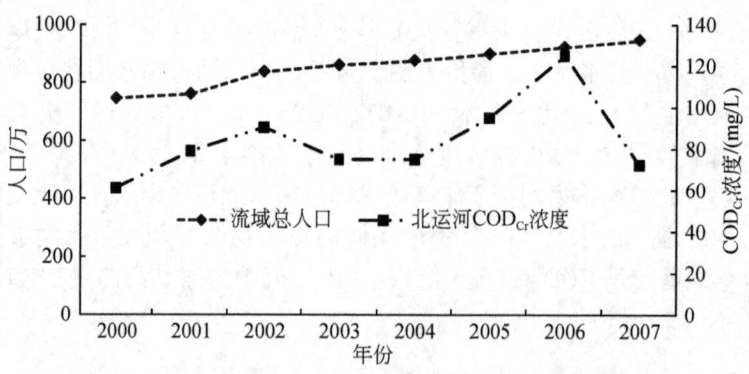

图 5-10　流域北京区域人口与水体 COD_{Cr} 浓度年际变化曲线

2000~2006 年流域人口数与北运河水质 COD_{Cr} 浓度走势大体相当（图 5-10），表明流域内人口增长对水系水质变化影响很大，通过排水等活动影响河流水质。北运河流域第一产业产值和水质 COD_{Cr} 浓度走势在 2002 年后明显相反，说明第一产业在北运河水质污染中并不是重要影响因素（图 5-11）。

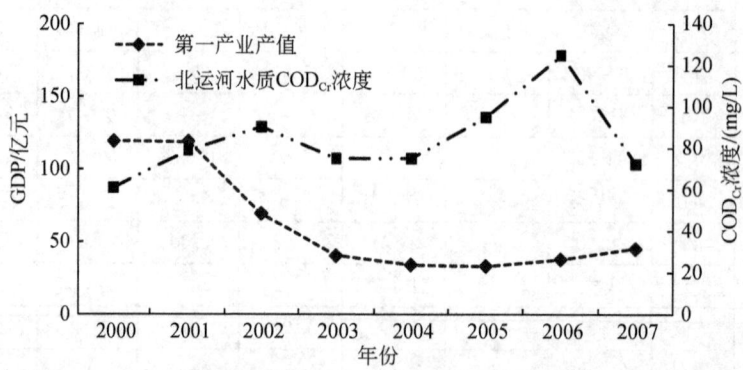

图 5-11　北运河流域北京区域第一产业产值与水质 COD_{Cr} 浓度变化曲线

从北运河流域第二产业产值和北运河水质 COD_{Cr} 浓度的走势看，2002 年前两者走势比较吻合，说明第二产业对流域内河流水质影响比较突出，而 2003 年后走势并不一致，说明随着第二产业产值增加缓慢以及工业污水和建筑废水收集、处理力度不断增加，其对水质影响减小（图 5-12）。

2003 年前第三产业对流域河流水质影响并不突出（图 5-13），可能与第二产业在 2003 年前对流域内河流水质影响占主导地位有关。从 2003 年开始，两者走势基本相同，说明第三产业是流域内河流水质影响的重要因素，主要是因为生活污水、污水处理厂废水、饮食业废水等排放增加，并且收集程度不足、污水处理比例较低和深度不足等。

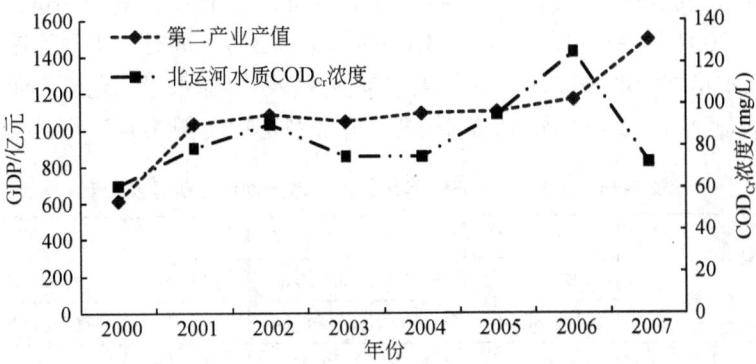

图 5-12　北运河流域北京区域第二产业产值与水质 COD_{Cr} 浓度变化曲线

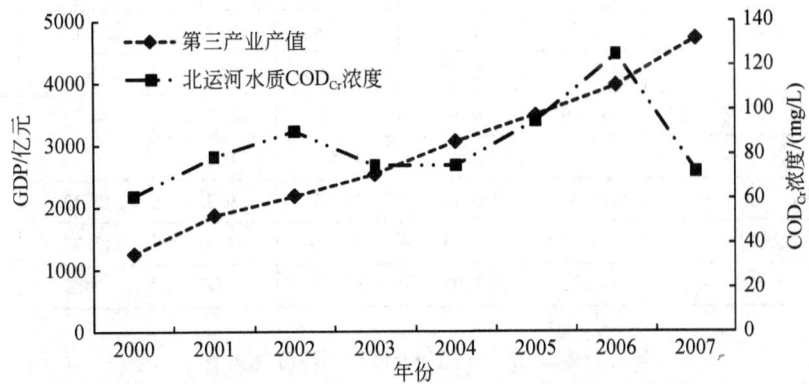

图 5-13　北运河流域北京区域第三产业产值与水质 COD_{Cr} 浓度变化曲线

5.3.3　流域土地利用对水环境影响

5.3.3.1　径流量变化

流域 2000 年、2008 年土地利用类型及面积见表 5-36。随着流域城市化发展，尤其是北京、天津区域，流域内耕地、园地、林地、草地、工矿仓储用地、特殊用地等土地利用类型面积呈现不断降低的变化趋势，其中耕地、园地、林地、草地、工矿仓储用地的面积 2008 年比 2000 年分别减少 675.41 km²、1.68 km²、34.38 km²、2.10 km²、8.02 km²，分别占 2000 年相应类型土地面积的 16.3%、38.0%、2.4%、68.2%、25.2%。流域内的住宅用地、公共管理与公共服务用地、水域及水利设施用地、其他土地均呈现增加趋势，其中住宅用地、公共管理与公共服务用地、交通运输用地、水域及水利设施用地类型用地面积分别增加 633.42 km²、54.06 km²、13.19 km²、13.78 km²，占 2000 年流域相应土地利用类型面积比例分别为 34.7%、125.5%、97.8%、10.9%。在相同的降雨情景下，流域径流量呈现增加趋势，在 2000 年土地利用、2008 年土地利用情景下，根据 2006 年、2007

年降雨模式进行径流模拟,得出 2008 年土地利用情景下的径流量分别增加 0.49、0.82,约占 2006 年、2007 年径流量的 5.4%、10.5%(表5-37)。同时,不同子流域增加的比例也不相同,其中增加幅度超过 10% 的子流域包括南沙河、凉水河、龙河,而东沙河、通惠河等呈现降低态势,主要与区域土地利用变化等关系密切(图5-14)。

表 5-36　2000 年、2008 年北运河流域土地利用类型及面积

类型	2000 年 面积/km²	2000 年 比例/%	2008 年 面积/km²	2008 年 比例/%	面积变化/km²	动态度/%
耕地	4139.88	53.91	3464.47	45.12	-675.41	-2.04
园地	4.45	0.06	2.77	0.04	-1.68	-4.74
林地	1411.46	18.38	1377.08	17.93	-34.38	-0.30
草地	3.08	0.04	0.98	0.01	-2.10	-8.53
工矿仓储用地	31.78	0.41	23.76	0.31	-8.02	-3.15
住宅用地	1826.87	23.79	2460.29	32.04	633.42	4.33
公共管理与公共服务用地	43.09	0.56	97.15	1.27	54.06	15.68
特殊用地	0.82	0.01	0.54	0.01	-0.28	-4.27
交通运输用地	13.49	0.18	26.68	0.35	13.19	12.22
水域及水利设施用地	125.16	1.63	138.94	1.81	13.78	1.38
其他土地	78.81	1.03	86.23	1.12	7.42	1.18

表 5-37　北运河流域天然径流变化　　　　　　　　　　(单位:亿 m³)

子流域	2000 年土地利用情景 2006 年降雨模式	2000 年土地利用情景 2007 年降雨模式	2008 年土地利用情景 2006 年降雨模式	2008 年土地利用情景 2007 年降雨模式
东沙河	0.26	0.28	0.26	0.27
北沙河	0.70	0.78	0.73	0.82
南沙河	0.52	0.36	0.58	0.41
蔺沟	0.43	0.20	0.46	0.21
清河	0.44	0.30	0.46	0.34
坝河	0.55	0.30	0.58	0.36
小中河	0.65	0.24	0.67	0.29
温榆河干流	0.76	0.43	0.77	0.48
通惠河	0.64	0.48	0.62	0.47
凉水河	1.01	1.14	1.17	1.45
凤河	0.93	0.97	0.97	1.05
凤港减河	0.29	0.38	0.30	0.40
龙河	0.49	0.19	0.54	0.29
龙凤河	0.40	0.52	0.45	0.53
北运河干流	1.01	1.26	1.02	1.27
流域	9.07	7.82	9.56	8.64

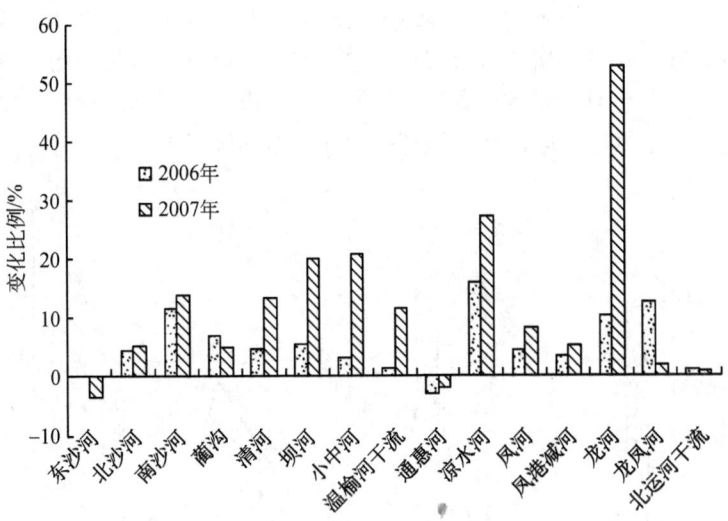

图 5-14 不同土地利用类型下的径流变化特征

5.3.3.2 水质变化

北运河流域主要的水质监测断面位于沙河、通惠河、凉水河、凤港减河、萧太后河、新凤河、北运河干流等。根据上述河流主要监测断面水质变化（表5-38），可以看出城市化程度最小的京密引水渠中的多数污染物浓度最低，而已经高度城市化区域的亮马河、通惠河污染物浓度高于京密引水渠（不包括TN），目前处于城市化发展阶段的凉水河、清河、萧太后河等污染物浓度明显高于前者，北运河断面（榆林庄）是北京城市化区域的综合响应，水体中的污染物浓度与目前高速城市化区域的河流相类似。

表 5-38 不同河流污染物浓度特征 （单位：mg/L）

站名	DO	NH$_3$-N	BOD$_5$	TP	TN
萧太后河	2.77	24.28	25.33	2.77	30.60
凤港减河	7.14	17.54	25.71	2.35	25.90
北运河	10.50	16.20	8.57	2.27	21.17
凉水河	10.43	15.97	8.55	2.27	21.17
清河	5.17	13.32	9.57	0.78	27.77
亮马河	9.80	2.82	—	0.72	5.20
京密引水渠	5.57	0.31	—	0.05	11.33
通惠河	5.55	4.41	2.72	1.34	25.92

根据北运河流域主要水系内的土地利用类型变化特征（2000年和2008年），各水系流域内表征城市化的城镇住宅用地面积均呈现不断增加的变化趋势（图5-15），可以看出，面积增加呈现出凉水河>龙河>温榆河干流>坝河>凤河>南沙河>清河>北运河干流>东

沙河>通惠河>北沙河>小中河，面积变化比例呈现出凉水河>坝河>龙河>温榆河干流>清河>南沙河>凤河>北运河干流>东沙河>通惠河>北沙河>小中河等。城镇面积变化主要与北京、天津区域的城市发展规划关系密切，其中的凉水河流域包括北京的大兴新城、丰台新城、通州新城等；温榆河干流包括海淀、昌平，是城市化高速度发展的区域；通惠河、小中河等流域是北京主城区，城市化面积有所增加，但程度有限。

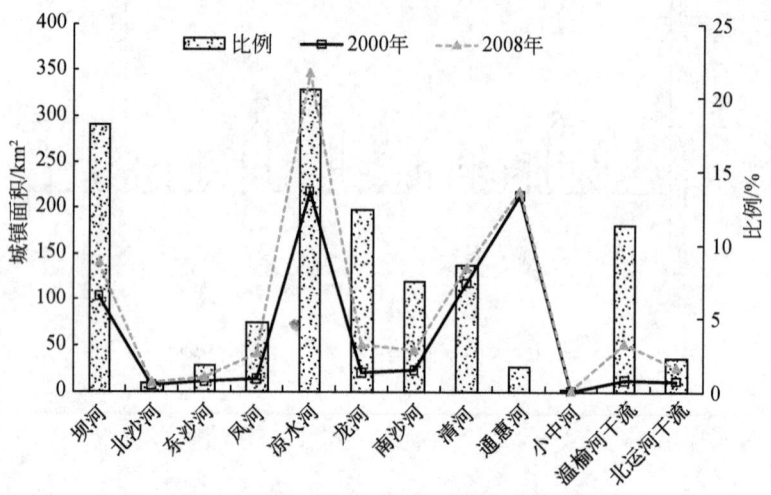

图 5-15　北运河城镇住宅用地面积变化特征

北运河主要河流中除清河、坝河、通惠河等位于城区外，其他位于城市近郊和远郊区，河流接纳居民生活污染和工农业产生的点源、非点源污染。选取泗上断面（上游主要为耕地）和羊坊闸断面（上游主要为城镇建设用地）水质指标进行对比（图5-16）。除2004年外，泗上断面总磷浓度都高于羊坊闸断面，一定程度上反映不同土地利用类型对河流污染物贡献，也说明温榆河上段虽然整体污染不太严重，但应防止农业非点源影响。

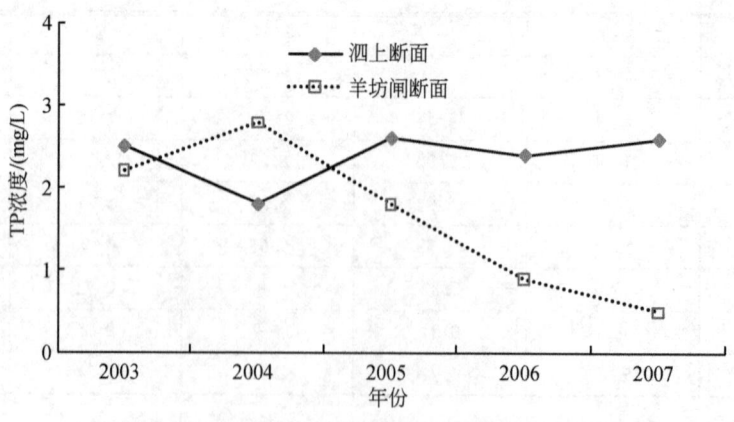

图 5-16　泗上断面和羊坊闸断面总磷浓度对比图

在相同城镇建设用地的情况下，由于人类活动强度的差异，某些污染物浓度也有明显差异。选取清河羊坊闸和小中河南法信桥断面的COD_{Cr}和NH_3-N浓度进行对比分析。断面上游土地均以建设用地为主，但羊坊闸上游多为居民居住及第三产业用地，而南法信桥断面上游为多个工业区（牛栏山工业区、宏大工业区、林河工业开发区、双河工业区等）。南法信桥断面COD_{Cr}浓度明显高于羊坊闸断面（图5-17），反映出工业区用地对河流中COD_{Cr}指标贡献较大。对于NH_3-N而言，羊坊闸断面多年平均浓度高于南法信桥断面，说明居民生活用地对河流中NH_3-N指标贡献要大于工业用地。

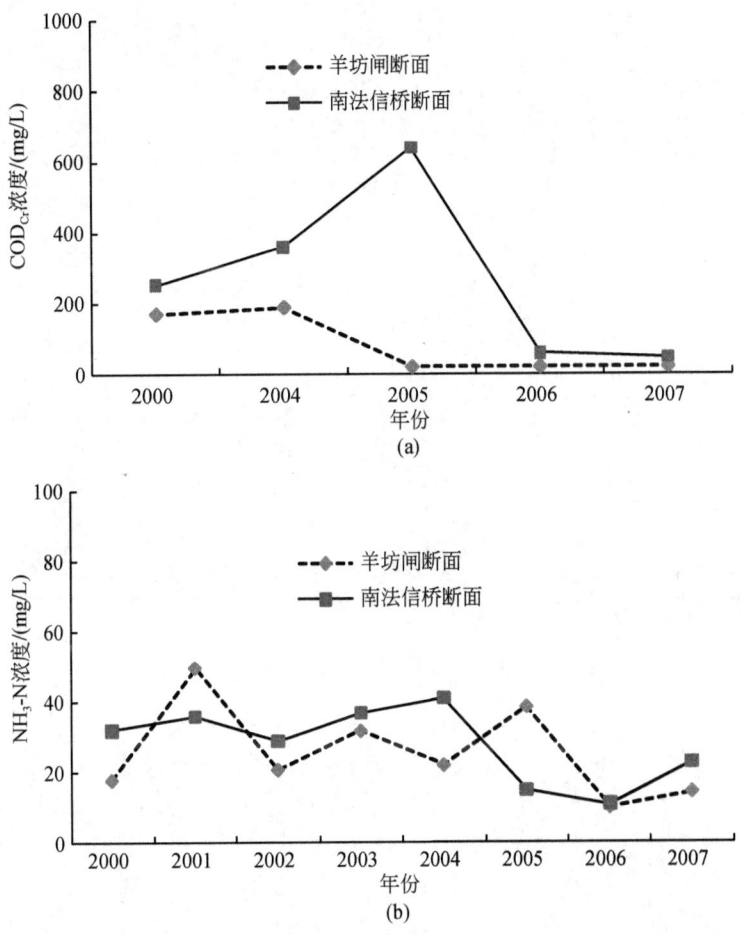

图5-17 羊坊闸断面和南法信桥断面COD_{Cr}和NH_3-N浓度对比图

5.3.4 小结

从流域不同区域水质监测断面数据可以看出，北运河多数河流水质较差，均是劣V类或V类水质，主要影响指标是氨氮、化学需氧量、总氮、总磷等。部分河流、水系水质较好，主要饮用水源（京密引水渠、十三陵水库等）以及部分位于北运河上游农村区域的部分河流水质主要为Ⅱ~Ⅲ类。北运河干流水质评价表明，干流上游水质较差，随着下游再生水、污水处理厂出水等水源补给，河流水质逐渐得到改善，同时流量不断增加，使得下游河流的水生态环境得到一定程度的改善，水生态环境明显好于上游断面。不同时期的水质评价表明，不同断面受补给来源、污染源、闸坝调控等因素的影响，不同指标呈现不同的变化态势，使得全年、丰水期、枯水期水质变化没有明显的、统一的趋势。多数断面水质评价表明，随着流域污染治理的加强，河流主要污染物浓度得到一定程度的控制，部分断面主要污染物浓度呈现明显的降低趋势，溶解氧浓度呈现逐步上升的变化趋势。

第 6 章　流域水环境保护整体战略及对策

6.1　流域污染源控制方案

海河流域污染源控制任务十分艰巨。流域污染源控制包括点源控制、面源控制及风险污染源控制。其中点源控制重点实现行业废水、工业园（化工、制药等）废水、城市污水处理厂排水、规模化畜禽养殖废水等废污水达标排放；面源控制重点截控分散畜禽养殖排污、农田面源污染、农村面源污染等；风险污染源控制重点针对化工、重金属、采矿业等高风险污染源行业。

6.2　流域水环境演变态势与流量保障方案

6.2.1　海河流域水系结构演变

海河流域是我国七大流域之一，河流总长度 1.61 万 km，拥有集水面积超过 500 km² 的河流 113 条。流域河道呈扇形分布，具有水系分散、河系复杂、支流众多、过渡带短、源短流急的特点。海河流域由滦河、海河、徒骇马颊河三大水系组成。

从河流水系空间分布上看，海河流域河流廊道/流态非连续性突出，呈三段式分布特点，即山区水库段、中部平原段和下游滨海段，防洪与水资源开发利用等大量水利工程建设是流域水系格局演变的主要动力。海河流域水系格局演变过程可以分为三个阶段：第一阶段为 1950~1960 年，以防洪除涝为主，沿燕山山脉—太行山山脉修建了上千座水库，包括大、中、小型水库 1879 座，总库容 320 亿 m³，其中大型 36 座、中型 136 座、小型水库 1707 座。蓄水塘坝 1.7 万座。此外，还开挖大型减河，如永定新河、潮白新河、独流减河、子牙新河、漳卫新河等，山区水库段、中部平原段、下游滨海段的流域三段式格局基本形成。第二阶段为 20 世纪 70 年代，人口快速增长，农业发展加快，中部平原地区地表水资源严重不足，开始大规模打井开采地下水，并在下游提水灌溉，修建大量沟渠水利工程，流域水系空间格局形成。第三阶段为 20 世纪 80 年代以后，流域中部京津冀都市圈基本形成，城市水资源供需矛盾突出，建设引滦入津入唐、引黄济冀、引青济秦等一批调水工程。这一时期是海河流域河流问题最为突出的时期，河流断流严重，平原河流水污染严重，地下水漏斗扩大且污染凸显，流域水体生态系统退化，水生态功能基本丧失。

6.2.2 海河流域水资源演变态势

海河流域总体上属于资源型缺水地区。多年统计流域水资源总量为 372 亿 m³，人均总水资源占有量 305 m³，仅为全国平均的 1/7、世界平均的 1/27。海河流域多年平均地表水资源量为 220 亿 m³，折合年径流深为 69.1 mm。其中山区 167 亿 m³，折合年径流深为 88.1 mm；平原 53.2 亿 m³，折合年径流深为 41.2 mm。流域径流具有地区分布不均的特点，流域各河径流变化剧烈，大部分河流有 1/2~4/5 的年径流量集中在 6~9 月，7 月、8 月间形成夏汛，月径流量可占全年的 1/4~2/5。年际变化更为悬殊，丰水年和枯水年的径流量相差 5 倍。

从空间分布上看，由于降水空间分布不均等因素，流域水资源状况在时空上呈现高度异质性。海河流域多年平均降水量 539 mm，其中山区 527 mm、平原 556 mm。降水地区差异较大，沿燕山、军都山、太行山迎风坡有一条大于 600 mm 的多雨带，降水依次沿弧形山脉向两侧减少，海河流域中部平原区降水量相对较少，造成城市群极大用水需求与水资源供应不足的巨大矛盾。在时间分布上，汛期（6~9 月）降雨占年降雨总量的 70%~85%，其中北部地区在 80% 以上，南部地区在 70%~80%。海河流域水资源总体不足和时空分布的高度异质性对流域水系统格局、经济社会发展产生了深刻的影响。

从水资源利用趋势上看，综合近 30 年来的数据分析，海河流域总供水量在 344 亿~403 亿 m³ 间变化（图 6-1）。地下水一直是海河流域的主要供水水源，其供水量及供水比重均呈稳定增长趋势，从 1980 年的 205 亿 m³ 增加到 2008 年的 238 亿 m³。地表水资源供水量不仅与当年降雨丰枯条件有关，还受到上年水库蓄水多少的影响，地表水供水呈稳定下降趋势，多年平均为 46 亿 m³，而城市污水再生利用量呈逐渐增长趋势。同时，流域用水总量结构发生变化，城镇用水总量呈现增加态势，从 1980 年的 55 亿 m³ 增加到 2008 年

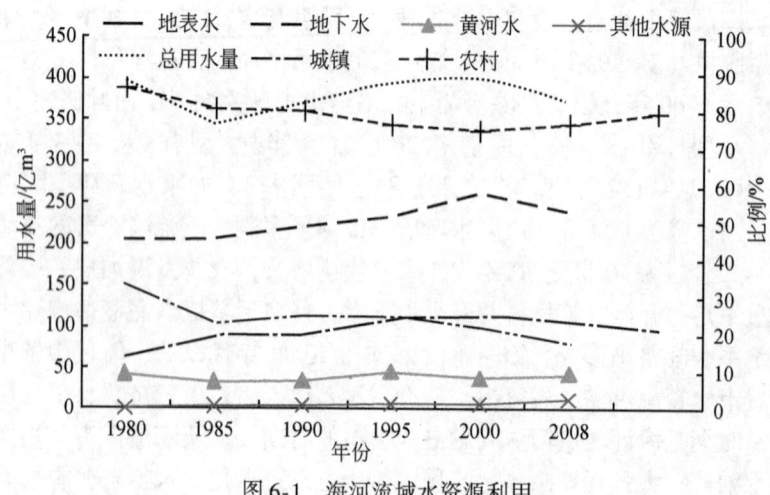

图 6-1 海河流域水资源利用

的88亿 m^3，比例从14%增加到24%；农村用水量受天然来水、种植结构和节水措施等因素影响，比例从1980年的86%降低到2008年的76%。

海河流域气候变化和下垫面变化已经造成降水和产流能力进一步减少，流域供水、需水矛盾日益突出。从20世纪50年代开始，流域降水量和水资源量总体上处于逐步减少的趋势。受气候变化的影响，流域平均降水量从1956~1979年的560 mm下降到2001~2007年的478 mm；流域平均地表水资源量从1956~1979年的平均288亿 m^3 下降到2001~2007年的平均106亿 m^3，流域平均水资源总量从421亿 m^3 下降到245亿 m^3。流域不同时期的降雨量、水资源量对比见图6-2。

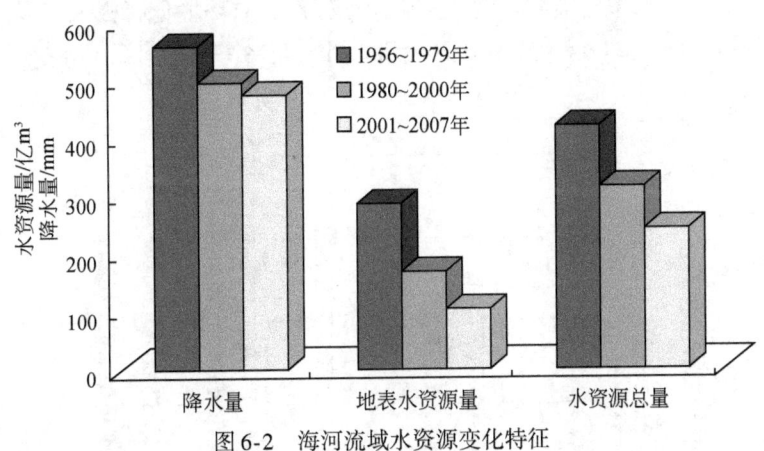

图6-2 海河流域水资源变化特征

从流域现状开发利用程度来分析，1995~2007年，地表水资源量年平均为148亿 m^3，年均地表水供水量为99亿 m^3，地表水开发利用率约为67%，远远超过了国际公认40%的合理上限；平原区年平均浅层地下水资源量为141亿 m^3，平均年开采量为172亿 m^3，浅层地下水开发利用率为122%。平原浅层地下水总体上处于严重超采状态。另外，平原地区还开采深层承压水，平均每年约为39亿 m^3。海河流域多年平均水资源总量为291亿 m^3，当地水资源利用量（不含引黄和深层承压水开采量）为316亿 m^3，流域水资源开发利用率约为108%。

由于流域经济社会的快速发展，在海河流域中部平原区，近20个大中城市如北京、天津、石家庄、唐山、张家口、德州、阳泉、邯郸、朔州、沧州、邢台、鹤壁等城市化进程不断加快，流域中部的京津冀都市圈基本形成，人口大量集中于该区域，城市用水需求巨大。1980~2007年，流域城镇人口从2289万人增加到6514万，随着流域城镇人口和城镇居民生活水平的提高，城镇生活及环境用水量急剧增加，由1980年的9.63亿 m^3 增加到2007年的44.06亿 m^3，城镇生活及环境用水量占总用水量的比例由2.4%提高到10.9%。

6.2.3 河流环境流量演变态势

随着流域降雨及下垫面条件变化以及城市群、农业等用水量急剧增加，挤占河流环境流量，造成河道干涸、断流，主要河流大多成为季节性河流，部分河流入海流量急剧降低，造成河道淤积等。根据海河水利委员会统计，在流域一级、二级、三级支流的近1万km的河长中，已有约4000 km河道长年干涸。干涸河道主要有永定河三家店以下、大清河南系各水库以下、子牙河山前各水库以下、黑龙港水系及南运河、漳卫新河等。一些河道虽然有水，但主要由城市废污水和灌溉退水组成，基本无天然径流，在中下游城市形成了10多条"龙须沟"式的污水河。"有河皆干，有水皆污"已成为海河流域的一个突出问题。主要排污河有北京的龙凤新河，天津的大沽排污河和北塘排污河，沧州的沧浪渠，保定的府河，石家庄的洨河，大同的御河、卫河新乡段、南运河德州段等。上述河流中生物绝迹，水质极差，水中污染物浓度远高于国家标准，对环境危害极大。以河道断流和干涸两个指标分析滦河等21条天然河流3664 km河道变化情况见图6-3。

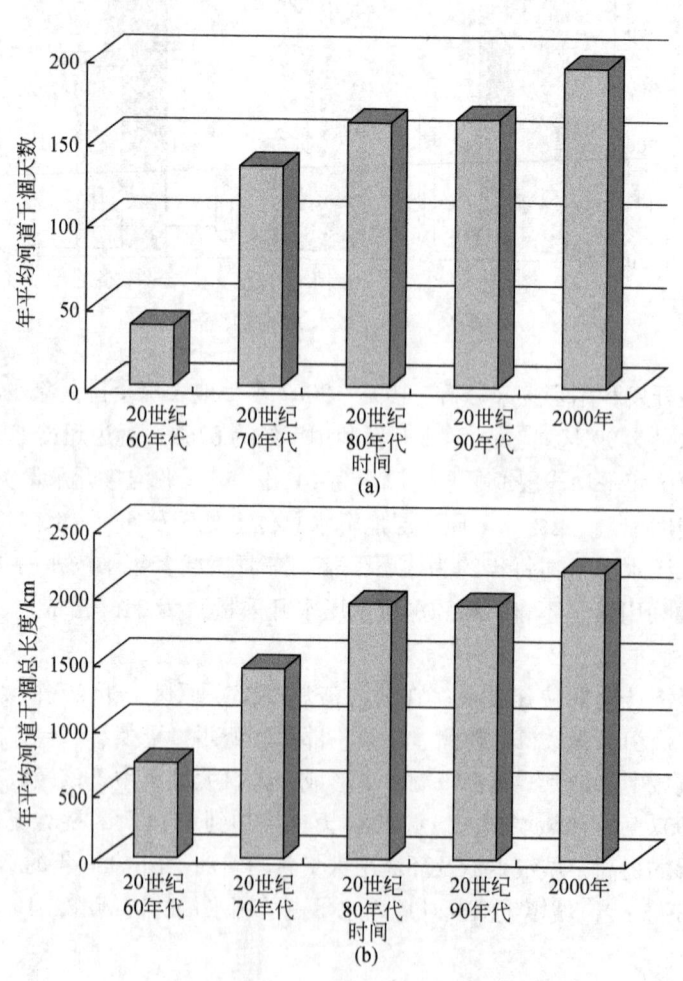

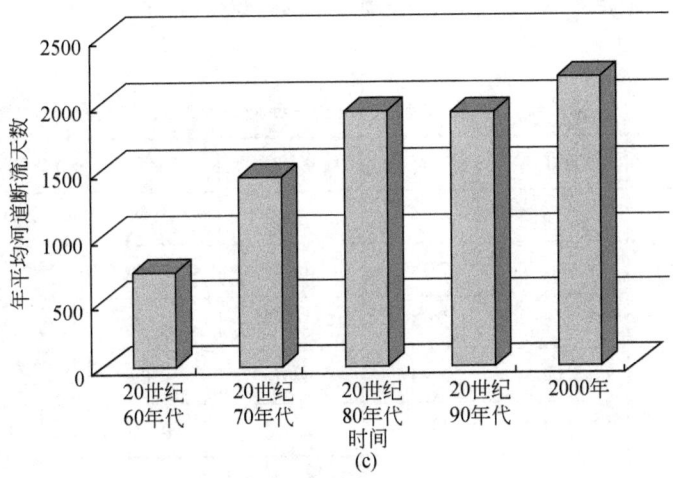

图 6-3　海河流域平原河流断流统计

同时，随着流域用水总量、围垦等活动的不断影响，流域主要湿地存在补水不足、水面面积急剧降低、生物多样性减少等问题。根据海河流域 12 个主要湿地面积变化可以看出（图 6-4），湿地面积由 20 世纪 50 年代的 2694 km² 下降到 2000 年的 538 km²，减少 80% 左右。

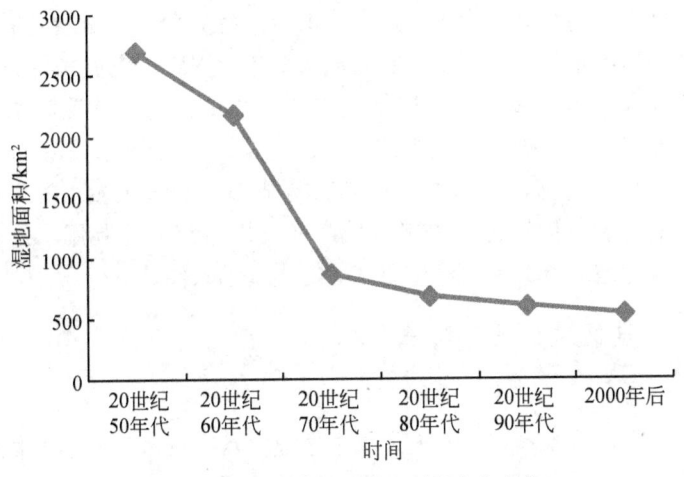

图 6-4　海河流域平原湿地面积变化态势

统计表明，从 20 世纪 50 年代开始，海河流域入海水量总体上呈现逐渐减少的趋势，特别是枯水年份更为严重。20 世纪 50 年代（1956~1960 年）流域年均入海水量为 207.08 亿 m³，60 年代（1960~1970 年）流域年均入海水量为 160.8 亿 m³，70 年代（1970~1980 年）流域年均入海水量为 110.3 亿 m³，80 年代（1980~1990 年）流域年均入海水量为 26.6 亿 m³，90 年代（1990~2000 年）流域年均入海水量为 54.8 亿 m³。流域主要河流入海水量统计见表 6-1。由于入海径流减少，主要入海河流河口相继建闸拒咸蓄淡，引起闸下大量海相泥沙淤积。据统计，闸下总淤积量达 9500 万 m³。海河流域骨干行洪河道泄洪能力衰减 40%。

表 6-1　20 世纪海河流域和主要河口年均入海水量　　　（单位：亿 m³）

年代	滦冀沿海	海河北系	海河南系	徒骇马颊河	滦河	海河干流	漳卫新河
50	67.1	47.5	90.8	1.68	60.8	47.7	7.7
60	42.7	24.1	77.4	16.6	35.2	37.2	12.9
70	42.3	25.6	30.5	11.9	35.2	37.2	12.9
80	10.7	8.08	3.44	4.41	9.0	0.6	0.5
90	21.8	13.3	10.2	9.47	18.7	2.3	1.7

6.2.4　流域环境流量保障方案

海河流域是水资源短缺地区，经济社会发展要与当地水资源承载能力相协调。流域在发展和建设中应以供定需、量水而行。在经济规模、城市布局和人口发展等经济社会发展规划中，要充分考虑当地水资源条件，适时调整经济布局和产业结构。根据海河流域的水资源条件，在流域范围内总体上应努力建设节水型社会。大力发展能耗低、水耗小、排污少的第三产业和高新技术产业；严格控制高耗水型产业发展；积极采用高新技术和先进适用技术对现有水耗大、排污多的行业进行节水技术改造；高度重视污水处理和再生水回用；积极推广旱作农业。根据《全国主体功能区规划》、《全国水资源综合规划》、《海河流域水资源综合规划》、《海河流域综合规划》等成果，基于区域水资源赋存条件和区域主体功能区规划的发展方向定位，提出区域产业发展重点，控制用水总量和提高用水效率，保障区域河流生态基流，为河流生态恢复提供基础条件。

6.2.4.1　重点区域产业发展布局

（1）北京市

北京市是我国先进技术和高技术人才集中之地，具有技术实力强的优势，目前重化工业在经济中占较大比例，金属冶炼、石油加工等传统制造业依然是重要支柱工业。由于产业结构不合理、能源利用的低效率以及粗放型增长机制，水资源已经成为北京市经济发展的"瓶颈"。同时，区县常住人口、流动人口规模不断扩大，土地、水等资源约束的刚性增强；另外，城市水质状况未从根本上改善，环境污染问题依然严峻，可持续发展面临挑战。因此，转变经济增长方式，实现集约化和节约化发展，是北京市"十二五"期间区域经济发展的重点内容。应重点发展高科技产业，成为国家高科技科研和产业化的中心，严格控制新建高耗水型大企业，逐步将现有的电力、化工、冶金、石油等水耗大、排污多的行业以及农副产品加工等初加工品生产转移到具有相对生产优势的地区。积极采用高新技术和先进适用技术对现有水耗大、排污多的电力、化工、冶金、机械、石油等行业进行节水技术改造。大力发展节水型农业，重点发展低耗水、优质高效农业。大幅度压缩水田面积，适当减少灌溉面积。适度控制城市规模，限制人口的快速增长。通过大力推进节水、水库优化调度、扩大利用再生水、境外调水等措施，实现境内五大水系连通和充分收集雨水目标，率先达到水资源的优化配置；实现污水资源化利用目标，率先达到国际领先利用水平；实现生态清洁小流域治理目标，率先达到国际先进水平；实现最严格的水资源管理目标，率先建成统筹城乡的高标准节水型社会；实现应用推广高新技术目标，率先完成科技水务体系建设。

(2) 天津市

天津市水资源条件很差，供水以外调水为主，且时空分布很不均匀，水资源开发利用难度较大，属于典型的重度资源型缺水地区。天津市作为我国北方重要的经济中心和环渤海地区的经济中心，水资源利用效率总体较高，但也存在不均衡问题，主要表现在地区、行业用水效率与节水情况存在很大差异：工业用水效率较高，而农业效率相对较低，2003年天津市农业水综合利用系数为 0.61，农业节水灌溉面积仅占有效灌溉面积的 49.3%；城区用水效率较高，而郊区县用水效率相对要低；公共供水效率较低，城市公共供水管网漏失率高达 16%。区域应大力发展电子等高新技术产业，成为国家高科技科研和产业化基地；滨海地区适度发展汽车、石油化工、海洋化工、电力等产业，以充分利用海水进行冷却。严格控制新建高耗水型大企业，并严格限制利用非本地区优势资源且水耗大、排污多的冶金、造纸（含制浆）等行业发展。积极采用高新技术和先进适用技术对现有水耗大、排污多的化工、机械、冶金、电力、造纸等行业进行节水技术改造。大力发展节水型农业，重点发展低耗水、优质高效农业。适当压缩耗水较多的小麦面积，适度发展耗水较少的棉花、油料、牧草等经济作物面积。适度控制城市规模，限制人口的快速增长。力争到 2020 年，基本建设成节水型社会。2015 年，全市外调水、地下水和地表水用水总量控制在 27.4 亿 m^3 以内，其中深层地下水开采量控制在 2.1 亿 m^3 以内；万元工业增加值取水量降至 10 m^3 以下，农业灌溉水有效利用系数提高到 0.7 以上；主要水功能区达标率提高到 40% 以上；整体节水水平居全国前列，实现与发展阶段相适应的人水和谐。鼓励合理利用再生水、雨洪水等非常规水资源实施河湖、湿地补水；在城市景观河道因地制宜地推广实施生物床等人工净化措施，定期实施人工增殖放流，恢复河流自我净化修复能力；监测评估重要湖泊生态水位水量保障情况，开展重要河湖健康评估工作。

(3) 河北山前平原区

河北山前平原区位于太行山前，包括石家庄、保定、邢台、邯郸等城市。它们作为河北经济中心，应大力发展电子等高新技术产业，适度发展纺织、机械、建材等产业；严格控制新建耗水型大企业，并严格限制利用非本地区优势资源且水耗大、排污多的造纸（含制浆）、石油化工等行业的发展；积极采用高新技术和先进适用技术对现有水耗大、排污多的电力、化工、造纸、冶金、纺织等行业进行节水技术改造；积极推广旱作农业，重点发展低耗水、优质高效农业；适当压缩高耗水农业，适度发展耗水较少的棉花、油料、牧草等经济作物面积。南水北调通水后，加快城市化进程。

(4) 河北东部平原区

河北东部平原区包括黑龙港、运东等地区，分布有沧州、衡水、泊头等中小城市，是海河流域水资源最紧缺的地区，也是以农业为主的经济落后地区。水资源短缺、水环境恶化已严重制约当地的经济社会发展。适当控制经济的发展，减缓城市化进程；严格限制新建耗水型大企业，并严格限制利用非本地区优势资源且水耗大、排污多的造纸（含制浆）等行业的发展；积极采用高新技术和先进适用技术对现有水耗大、排污多的化工、造纸、石油、电力、机械等行业进行节水技术改造；要积极采用海水利用技术，以补充本区水资源不足；大力发展旱作农业，重点发展低耗水、优质高效农业；禁止发展水田，适当压缩耗水较多的农作物种植面积，适度发展耗水较少的棉花、油料、牧草等经济作物面积。南水北调通水后，加速城市化进程，大力发展第三产业。加快工业化进程，在滨海地区重点发展电力、石油、化工等产业，充分利用海水进行冷却，以节约淡水资源。

(5) 冀东沿海平原区

冀东沿海平原区包括河北唐山、秦皇岛两市的平原地区，水资源条件相对较好，经济比较发达。要加快城市化进程，适度发展电力、冶金、化工、建材等产业，其中电力、冶金、化工等行业应设在滨海地区，以充分利用海水进行冷却。积极采用高新技术和先进适用技术，对现有水耗大、排污多的冶金、造纸、化工、电力、煤炭等行业进行节水技术改造，并严格限制利用非本地区优势资源且水耗大、排污多的造纸（含制浆）、石油等行业的发展。大力发展节水型农业，重点发展低耗水、优质高效农业。适当减少水田面积，并在节水灌溉的前提下适度增加灌溉面积。

(6) 鲁北平原区

鲁北平原区是海河流域的主要引黄供水区之一，水资源条件相对较好。应当加快城市化进程。为充分利用海水进行冷却，可在滨海地区适度发展电力、化工等产业。积极采用高新技术和先进适用技术对现有水耗大、排污多的电力、造纸、化工等行业进行节水技术改造，并严格限制利用非本地区优势资源且水耗大、排污多的造纸（含制浆）等行业的发展。积极推广旱作农业，重点发展低耗水、优质高效农业。适当减少水田面积，并在节水灌溉的前提下适度增加灌溉面积。

(7) 豫北平原区

豫北平原区是海河流域的主要引黄供水区之一，水资源条件相对较好。应当加快城市化进程，大力发展能耗低、水耗小、排污少的电子等高新技术产业，适度发展机械、化工、食品、轻纺、建材等产业。积极采用高新技术和先进适用技术对现有水耗大、排污多的电力、造纸、化工、纺织、冶金等行业进行节水技术改造，并严格限制利用非本地区优势资源且水耗大、排污多的造纸（含制浆）等行业的发展。积极推广旱作农业，适当减少水田面积，重点发展低耗水、优质高效农业。

(8) 海河流域山区

海河流域山区包括海河、滦河水系的山西全部以及河北、河南、内蒙古的山区，是海河流域水源区。该区域是我国重要的煤电能源基地，而经济相对落后，要继续加强能源基地建设和煤化工产业发展，大力发展第三产业，重点培育旅游业等水耗小、排污少的新兴产业。积极采用高新技术和先进适用技术对现有水耗大、排污多的电力、煤炭、化工、冶金、机械等行业进行节水技术改造，并严格限制利用非本地区优势资源且水耗大、排污多的造纸（含制浆）等行业的发展。大力调整农业生产结构和山区土地利用结构，坡耕地退耕还林种草，恢复植被，发展生态农业，建立山区生态经济。发展集雨节灌工程，致力于解决山区群众基本生活、牲畜饮水和灌溉用水。南水北调通水后，可通过全流域水权的再分配增加山区的供水量，加快城市化进程。

6.2.4.2 强化流域水权分配，建立用水总量控制和定额管理制度

水权配置原则是首先要保障人的基本生活用水，再按照水源地优先、粮食安全优先、用水效益优先、投资能力优先、用水现状优先、生态环境需求优先等原则，将水权分配给各地区、各单位。需要根据流域水资源综合规划、流域综合规划等成果，编制跨省河流水量分配方案，明确省（区、市）的水权，且将其明细到地区部门、单位，明确流域内地区、部门、单位用水户使用水资源量。目前，海河流域制定了跨省河流水量分配方案的有滦河干流潘家口、大黑汀两水库和漳河侯壁、匡门口至岳城水库、永定河干流，方案实施促进流域内相关区域水资源有序开发，有效地保障了引滦入津供水安全和漳河上游地区的团结稳定，充分体现了团结治水、协作开发的管理机制，促进了和谐社会建设，对流域水资源合理配置和可持续利用起到了保驾护航的作用。鉴于大部分跨省河流水权分配问题没有解决，当前应尽快对流域内跨省河流逐条进行分析，制订省际水量分配方案，进行地表水水权的分配，是流域水资源管理的重点之一，也是落实最严格水资源管理制度的需求。在南水北调工程通水后，还应对相关跨省河流水量分配方案进行必要的修订，重新分配水权。

海河流域水资源供需矛盾日益突出，水资源开发利用率已达108%，大大超出水资源承载力。海河流域在国家总体发展战略中的重要地位将进一步凸显，流域东部京津冀都市圈一体化快速推进，天津滨海新区、河北曹妃甸循环经济示范区提速发展，中部国家粮食生产核心区抓紧建设，西部推进山西资源型经济转型综合配套改革试验区和国家能源基地建设，流域水资源配置将面临着更大挑战。要加强用水总量控制管理，确定流域内各省级行政区域地表水和地下水用水总量；按照"农业用水不增加、工业新增用水从严控制、生活用水厉行节约"的原则确定新增用水分类评估指标；完成流域取水许可总量控制指标方案，明确流域内主要河流、水库节点省界控制指标，确定南水北调通水后各省份地下水压采总量，逐步建立超采区、未超采区地下水水位控制指标，明确地下水利用效率和水质保护指标；开展用水定额评估，加强对建设项目节水"三同时"制度落实情况的监管，加强对重点用水户取用水情况的检查；把水资源论证作为项目审批、核准和开工建设的前置条件，把水资源管理红线指标作为水资源论证的前置条件，把好新上项目准入关。完善与最严格水资源管理制度相适应的流域水资源监控体系，加快流域水资源管理系统建设，推进省际断面水量下泄和生态用水监督管理，规范水资源及其开发利用的统计与信息发布。

6.3 流域主要河流生态修复方案

由于流量不足、水污染和河流人工化，海河流域平原河流生态系统发生严重退化，生物量锐减，生物多样性降低。永定河下游等一些断流干涸严重的河流生态系统完全退化；生态基流不足或闸坝水库调节力度大的河流，如北运河河流生态系统逐渐"湖库化"，河流连通性很差；水量充沛的河流（段）因为水污染严重（如卫河）或天然生境破坏难以维持健康的河流生态系统。

6.3.1 流域整体恢复布局

（1）流域上游建立以水源地为核心的生态保护屏障

海河流域89%的水源地分布于流域上游，目前89%的水源地水质达到地表饮用水标准。保护和恢复这些水源地水质，不仅是为了保障海河流域供水安全，同时也是保持和维护以水源地为核心的流域上游水生态屏障的必然要求。为此应尽快划定水源地保护区，加强水源地上游城市及工业重点污染源治理，限期关闭所有入河排污口，加强面污染源治理和控制，继续开展水土保持水源涵养工程建设。加强内陆河湿地生态系统监测和水源涵养工作，保持流域内陆河良好生态系统。

（2）流域中游保护重点湿地水域生态系统

目前流域中游现存湿地102个，其中滨海湿地1个、河流湿地57个、湖泊湿地10个、沼泽湿地2个、库塘湿地32个。维护湿地现有水域，改善湿地水质，是实现"湿润海河、清洁海河"，保持和改善流域水生态环境的关键和重要组成部分。近期应紧紧围绕白洋淀、衡水湖等重点湿地和京杭大运河等骨干河段开展湿地生态修复工作。

（3）流域下游保护和改善环渤海湾生态带

海河流域海岸线总长920 km，沿线分布有入海河口12个，面积超过2000 hm^{2}的滨海湿地7处，湿地总面积25万 hm^2。保护好环渤海湾滨海湿地生态带对恢复和改善流域生态系统将起到至关重要的作用。应重点做好滦河、永定新河、海河、漳卫新河河口以及七里海、南北大港等滨海湿地保护工作，控制入海污染物排放总量。

6.3.2 典型河流恢复

6.3.2.1 北运河

北运河是海河北系的一条重要河流，发源于北京市境内燕山南麓，河长186 km，流域面积6214 km^2。1949年后在北运河流域修建中小型水库14座，干流上建有9座橡胶坝，防洪、节制闸17座，其中上游先后兴建了十三陵、桃峪口等10座中小型水库；1970年开始，自沙河镇以下进行了干流河道疏挖筑堤，梯级建闸，蓄水灌溉。北运河流域水源主要包括天然径流、污水和再生水，水源补给已经呈现明显的多水源补给特征。其中，北京区域是北运河水源的主要补给区域，主要是城市再生水和污水补给，而天然径流严重不足。随着经济的发展，流域内用水量和排水量逐渐增加，河道水体污染严重，水生态系统退化明显。流域内所有河道水体（包括干流和支流）水质全部为劣Ⅴ类水体。随着下游河道流量的不断增加，以及污染处理力度的加大，河流水质逐渐得到改善。水质是制约北运河流域生态环境改善和流域生态健康发展的重要制约问题。水库、闸坝等主要水利工程在有效调控水资源，保障防洪安全、水资源补给等功能的同时，造成生态基流保障不足、水体自净能力急剧下降等环境问题。

6.3.2.2 子牙河

子牙河水系位于海河流域中南部，由滏阳河和滹沱河两大河系组成。子牙河水系西起太行山，东至渤海，南临漳卫河，北界大清河，跨越山西、河北、天津3省市，全长730余千米，流域面积7.87万 km²。子牙河水系上游建有东武仕、朱庄、临城、岗南和黄壁庄5座大型水库、13座中型水库和44座小型水库，总库容41亿 m³。中下游建有艾辛庄、献县、穿运、海口等主要枢纽。共有5条主要行洪河道，即滹沱河、滏阳新河、子牙新河、北澧河、子牙河。河系上有永年洼、大陆泽、宁晋泊、献县泛区等蓄滞洪区，对保护下游天津市、华北油田等重要设施至关重要。

流域内水资源极度匮乏，多年平均自产水资源量35.64亿 m³，其中山区水资源量21.42亿 m³、平原区水资源量14.22亿 m³。子牙河水系径流补给主要来自降水，年均径流量约43.9亿 m³，90%形成于山区。由于上游地区大规模的蓄水工程建设，上游洪水下泄很少，特别是近10年来未形成洪水，虽然有个别年份利用其调水，但季节性较强，加之本地区降雨偏少，自产水难以形成径流，平原地区河流几乎全年无水。子牙河多年平均河道干涸300天以上。子牙河水系水质污染严重。子牙河水系滏阳河上共有曲周、艾辛庄和小范桥3个国控断面，有张庄桥、苏里、后西吴桥、大石桥、南刘庄、高庄、献县闸等省控断面。2007~2009年子牙河水系主要河流化学需氧量浓度呈大幅度下降趋势，但总体仍为重度污染，主要污染物为化学需氧量和氨氮，2009年各水质控制断面化学需氧量均为150 mg/L左右。

子牙河水系主要环境问题是生态水量不足、水质污染严重以及结构性污染突出。

6.3.2.3 恢复方案

河流生态系统作为流域重要的栖息地和物种资源库，其生态状况直接影响流域生态安全，已经成为流域主体功能区划、城市总体规划等必须考虑的影响因素，可通过采取水质保护、水资源保护、土地利用开发限制等保护河流生态系统的栖息环境，促进河流生态系统恢复，实现社会经济环境的可持续发展。基于流域水资源的承载能力、水环境容量、水生态环境条件，提出河流水资源开发利用红线、纳污能力等河流生态基本要求，通过水资源配置、污染控制、生态修复等综合措施，恢复或重建河流生态系统栖息地环境，并实施人工增殖放流等措施，促进区域河流生态恢复，以实现河流生态功能，满足区域规划目标需求。为全面落实上述措施，实现规划目标，需要建立一个系统的水资源、水环境、水生态保护信息管理体系和决策支持系统，为水生态保护与利用的管理决策提供及时、准确、科学的依据。加强流域机构的管理和仲裁权威，使流域机构在对流域水资源、水环境、水生态保护与利用等方面的决策、协调处理上有更大的执行能力；流域机构应加强对上述问题的应变和决断能力，努力解决好水生态需水量的上下游合理分配和水生态需水水价的政策和制定问题，上游入下游的入境水质要有相应标准要求，要由相关部门研究制定和协调实施，形成一套高效的管理体制。

从海河流域的现状看，水量不足、水污染和生境破坏是海河流域平原河流生态恶化的主要问题，进行生态修复应该从这3个方面入手。为有针对性地解决问题，按照修复技术的功能，可将其分为水量调整、水质净化和生境改善3类（表6-2）。

表6-2 海河流域平原河流生态修复方法分类

水量调整方法	水质净化方法	生境改善方法
河道补水技术	河道补水技术 人工增养技术	河道补水技术 河道防渗技术
河道防渗技术	底泥疏浚技术 化学修复技术	水生动植物修复技术 生态护岸
生态系统构建技术	微生物修复技术	河漫滩或河岸带修复
	水生动植物修复技术	河道内栖息地修复技术
	人工湿地技术	
	生态护岸河道空间再造	河道空间再造技术

根据海河流域综合规划等成果，流域水生态总体修复目标是：通过实施南水北调和水资源优化配置，改善河流水质，恢复河流水体连通功能、水质净化功能、生境维持功能、景观环境功能，提高生物多样性，实现水清岸绿、人水和谐和河流健康。按以流域为整体、河系为单元、山区重点保护、平原区域修复的方针，构建流域水生态保护与修复体系，重点恢复河流生态功能。

山区河流以河道生态激流保护和水源地保护为主线，维持河流水体连通、水质净化和生境维持功能，重点控制污染源和面源治理，实施水源地水源涵养，提高水体自净能力，强化城市河段景观功能，维持河流天然水文特性和生物多样性。平原河流和湿地以生态补水、水质改善和生境恢复为主线，恢复河流水系连通、净化水质、改善生境，维持河口最小入海水量，实施生态水量调度，改善河道基流，保障湿地生态水量；提高城市段河流水质和改善河流生境。

在流域重点河流水系中，针对面临的主要环境问题，采取不同的生态恢复措施（表6-3）。

表 6-3　海河流域河流生态修复模式

恢复类型	修复模式	河流生态现状			修复技术
		水量	水质	生境	
管理保护	管理保护模式	满足生态基流	达标	良好	加强保护管理
直接恢复	生境恢复模式	满足生态基流	达标	破坏	生境恢复技术
	水质改善技术		提高自净能力达标		
			不达标	良好	水质净化技术
	强化净化模式		不达标	破坏	水质净化+生境恢复技术
补水修复	直接补水模式	不满足生态基流	达标	良好，补水后自然修复	水量调控技术
			补水稀释后可达标		
	水量-生境改善模式		达标	破坏	水量调整，生境恢复技术
			补水稀释后达标		
			提高自净能力后达标		
	水量-水质改善模式		不达标	良好	水量调整，水质净化技术
	复合模式		不达标	破坏	水量调整，水质净化技术+生境恢复技术
生态系统替代	生态系统替代模式	常年断流、河道沙化，现有经济条件难以满足生态需水			构建新的生态系统

6.4　流域水环境保护对策

(1) 节水减污

实行水资源开发利用控制红线、用水效率控制红线、水功能区限制纳污控制红线3条红线的管理制度。大力推进农业节水、工业节水、生活节水，降低水资源消耗。加大农业节水减污力度，调整种植结构、建立节水灌溉设施和耕作方式，降低农业耗水。加大高耗水行业的淘汰力度，积极推进工业节水，提高工业用水重复利用率。大力倡导城市建设和生活节水，调整城市地面建设和绿化方式，增加透水性地面，选择耐旱或者本地乡土树种、草种，降低绿化用水消耗。推广节水龙头、马桶等民用节水技术、设备，降低生活用水消耗强度等。

全过程控制，加大工业污染治理力度，减少水污染物排放量。严格环境准入，严格限制高耗水、水污染物负荷高的项目建设。不断收严水污染排放标准和淘汰标准，加大污染重、规模小的造纸、纺织、化肥、食品加工等产业的淘汰力度。加强清洁生产审核，不断推进清洁生产。加强末端治理，在污染严重、水资源缺乏的地区要实施深度治理。

(2) 提高城镇污水处理水平

强化生活污水收集处理。加快城市污水处理设施及其配套管网的建设，加强污水处理厂建设工作，同时推进重点建制镇的污水处理厂建设。对污水处理厂实行提标改造，加大再生水设施和配套管网建设，促进新、老污水处理厂实现稳定达标。有条件的地方结合湿地等生态恢复工程，对污水进行深度处理。对污水处理厂强化污泥安全处置方案，全面启动污泥安全处置方案。

(3) 开展城市水系环境综合整治

集中力量，重点突破，全力改善优先控制单元河段水环境质量，将优先控制单元作为流域污染防治重点，制定污染防治方案，落实治理责任。针对北京、天津、石家庄、德州等重点城市，开展城市河段水综合整治，促进河流水系生态恢复，增加环境基流，逐步消除城市劣V类水体，改善城市水系景观。

(4) 加强水环境监管

加强水质监控系统、污染源监控系统、水污染预警系统建设，建立点面结合的排污监控体系和长短结合的污染预警体系。充分发挥污染源在线监测系统和水质自动监测系统的作用，以入河排污口为纽带，研究建立污染源与水体环境质量对应关系的方法和步骤，建立污染源监督管理和水质监测分析之间的动态关联，实现污染源—入河排污口—断面水质的一体化管理。

优化水质监测断面（点位）布局。地级以上城市初步建立饮用水源地水质全指标监测分析体系。完善建立跨省界自动监测体系、重点源在线监控系统、流域区域协同的环境风险防范与应急处置体系，促进跨界水质有所改善。

加大环境监管执法能力建设。各省需对监测、监管、风险应急能力等方面内容进行细化。

(5) 强化环境法治，依法追究责任

建立问责制，对因决策失误造成重大环境事故、严重干扰正常环境执法的领导干部和公职人员，要追究责任。建立排污单位环境责任追究制度。排污单位要认真落实规划要求，明确单位水环境保护职责。政府明令关停单位要按时完成，限期治理单位要认真落实整改措施，实施清洁生产单位要按同行业高标准严格执行，存在污染隐患单位要及时采取防范措施。对造成环境危害的单位要依法追究责任，依法进行环境损害赔偿。坚决遏制超标排放等违法现象。每年开展环保专项执法检查，结果向社会公布，接受群众监督。

(6) 加强科研力度，提供决策支持

加强海河流域社会经济发展与水环境保护综合研究，为流域水污染防治和水环境保护提供决策支持，不断提高流域水污染治理效率与水平。选择典型区域进行排污许可证发放试点。研究农业面源污染的影响及控制措施，选择代表性区域进行示范。

(7) 鼓励公众参与，保护环境权益

加强环境宣传与教育，调动全社会的积极性推动规划任务的实施。要通过设置热线电话、公众信箱、开展社会调查或环境信访等途径获得各类公众反馈信息，及时解决群众反映强烈的环境问题。环保、水利、建设、卫生等部门密切配合，建立环境信息共享与公开制度。公民、法人或其他组织受到水污染威胁或损害时，可通过民事诉讼提出污染补偿等要求，使合法的环境权益得到保障。

参 考 文 献

安新县地方志编撰委员会.2000.安新县志.北京：新华出版社.
北京市北运河管理处，北京市城市河湖管理处.2003.北运河水旱灾害.北京：中国水利水电出版社.
北京市统计局.2009.北京市2008年统计年鉴.北京：中国统计出版社.
蔡端波，肖国华，赵春龙，等.2010.白洋淀底栖动物组成及对水质的指示作用.河北渔业，3：27-28.
曹玉萍，王伟，张永兵.2003.白洋淀鱼类组成现状.动物学杂志，38（3）：65-69.
陈利顶，傅伯杰，张淑荣，等.2002.异质景观中非点源污染动态变化比较研究.生态学报，22（6）：808-816.
程朝立，赵军庆，韩晓东.2011.白洋淀湿地近10年水质水量变化规律分析.海河水利，3：10-11，18.
崔秀丽.1995.白洋淀水体富营养化污染源调查.环境科学，S1：17-18，27.
崔秀丽，侯玉聊，王军.1999.白洋淀生态演变的原因、趋势与保护对策.保定师专学报，12（2）：86-89.
邓培雁，刘威.2007.湿地退化的制度成因分析.生态经济，8：149-151.
邓培雁，刘威，陈桂珠.2005.湿地退化的经济成因分析.生态科学，24（3）：261-263，267.
第一次全国污染源普查资料编辑委员会.2011.污染源普查数据集.北京：中国环境科学出版社.
丁秋伟，黄来斌，刘佩佩，等.2011.河北省湿地功能退化及其综合治理.安徽农业科学，39：4618-4619，4755.
董淑萍.2010.南大港湿地生态脆弱性分析.南水北调与水利科技，8（5）：178-180，183.
付藏书，米同清，杨建峰.2001.衡水湖水环境污染调查及防治对策.河北环境科学，1：42-44.
付学功，李瑞森，李娜，等.2007.白洋淀水环境承载能力计算及保护措施探讨.水资源保护，23（1）：35-38.
管越强，郭云学，李博，等.2007.拒马河浮游植物群落特征及水质评价.河北大学学报（自然科学版），27（4）：401-406.
郭青海，马克明，赵景柱，等.2005.城市非点源污染控制的景观生态学途径.应用生态学报，16（5）：977-981.
国家发展和改革委员会.2012.十二五国家级专项规划汇编（第二辑）.北京：人民出版社.
海河水利委员会.2006a.北运河干流综合治理规划.
海河水利委员会.2006b.海河流域水资源质量公报（2006年全年总结）.http：//www.hwcc.gov.cn/pub2011/hwcc/wwgj/xxgb/szyzlgb/200702/t20070207_166973.htm.
海河水利委员会.2007.海河流域水资源质量公报（2007年全年总结）.http：//www.hwcc.gov.cn/pub2011/hwcc/wwgj/xxgb/szyzlgb/200803/t20080303_190137.htm.
海河水利委员会.2008.海河流域水资源质量公报（2008年全年总结）.http：//www.hwcc.gov.cn/pub2011/hwcc/wwgj/xxgb/szyzlgb/200910/t20091022_217897.htm.
海河水利委员会.2009.海河流域水资源质量公报（2009年全年总结）.http：//www.hwcc.gov.cn/pub2011/hwcc/wwgj/xxgb/szyzlgb/201001/t20100128_313317.htm.
海河水利委员会.2010.海河流域水资源质量公报（2010年全年总结）.http：//www.hwcc.gov.cn/pub2011/hwcc/wwgj/xxgb/szyzlgb/201103/t20110305_329076.htm.
海河水利委员会.2011.海河流域水资源质量公报（2011年全年总结）.http：//www.hwcc.gov.cn/pub2011/hwcc/wwgj/xxgb/szyzlgb/201203/t20120309_341311.htm.
海河水利委员会.2012.海河流域水资源质量公报（2012年全年总结）.http：//www.hwcc.gov.cn/pub2011/

hwcc/wwgj/xxgb/szyzlgb/201302/t20130201_355278.htm.

海河水利委员会.2013a.海河流域2012年省界水体水环境质量状况通报.http：//www.hwcc.com.cn/pub2011/hwcc/wwgj/xxgb/zyhhszxx/sjsz/201301/t20130110_354490.htm［2013-04-21］.

海河水利委员会.2013b.海河流域省界水体水环境质量状况通报.http：//www.hwcc.com.cn/pub2011/hwcc/wwgj/xxgb/zyhhszxx/sjsz/［2013-04-21］.

海河水利委员会.2013c.海河流域重点水功能区水质状况通报（2012年全年总结）.http：//www.hwcc.com.cn/pub2011/hwcc/wwgj/xxgb/zyhhszxx/zdsgnq/［2013-04-21］.

韩顺正.1992.三江平原芦苇资源与管理措施.地理科学，12（001）：78-85.

郝书君，张宏.2012.邱庄水库水环境保护和治理策略探讨.闵北水利，5：15.

何杉，马增田.1997.白洋淀水质预测.水电站设计，13（3）：30-38.

滑丽萍，华珞一，王学东，等.2006.芦苇对白洋淀底泥重金属污染程度的影响效应研究.水土保持学报，4：102-105.

黄璘.2005.国外畜禽养殖业环境管理措施.山东饲料，4：38.

江波，欧阳志云，苗鸿，等.2011.海河流域湿地生态系统服务功能价值评价.生态学报，8：2236-2244.

黎杰.2011.海河流域浮游动物多样性研究.华中农业大学硕士学位论文.

李凤超，辛丽君，曹卫荣，等.2008.有机氯污染物在白洋淀PFU微型生物群落的富集.四川动物，27（5）：800-801.

李贵宝，李建国，毛占坡，等.2005.白洋淀非点源污染的生态工程技术控制研究.南水北调与水利科技，3（1）：41-43，56.

李建国，李贵宝，崔慧敏，等.2004.白洋淀芦苇湿地退化及其保护研究.南水北调与水利科技，2（3）：35-38.

李经纬.2008.白洋淀水环境质量综合评价及生态环境需水量计算.河北农业大学硕士学位论文.

李靖洁.2011.官厅水库流域水污染控制对策研究.河北科技大学硕士学位论文.

李青山，张华鹏，崔勇等.2004.湿地功能研究进展.科学技术与工程，19（3）：972-976.

李英华，崔保山，杨志峰.2004.白洋淀水文特征变化对湿地生态环境的影响,自然资源学报，19（1）：62-68.

刘芳.2004.芦苇湿地对污水中氮磷的净化能力研究.河北农业大学硕士学位论文.

刘静.2004.密云水库浮游生物与富营养化控制因子研究.首都师范大学硕士学位论文.

刘静，杜贵森，刘晓端，等.2004.密云水库的浮游生物群落.西北植物学报，24（8）：1485-1488.

刘立华.2005.白洋淀湿地水资源承载力及水环境研究.河北农业大学硕士学位论文.

刘培斌.2010.官厅水库流域水生态环境综合治理总体规划研究.北京：中国水利水电出版社.

刘霞.2001.密云水库水体富营养化研究.首都师范大学硕士学位论文.

刘秀业，王良臣.1981.海河水系鱼类资源调查.淡水鱼业，2：36-43.

刘振杰.2004.河北衡水湖湿地水环境分析及综合防治对策.中国农业大学硕士学位论文.

龙丽民，赵红杰，武建双.2006.洋淀水资源问题及保护对策.安徽农业科学，34（6）：1188-1189.

吕晓平.1996.中国水禽湿地保护区的保护与发展//林业部野生动物与森林植物保护司.湿地保护与合理利用：中国湿地保护研讨会文集.北京：中国林业出版社.

马寨璞，赵建华，康现江，等.2007.白洋淀水循环特点及其对生态环境的影响.海洋与湖沼，38（5）：405-410.

毛战坡，尹澄清，单宝庆，等.2006.农业非点源污染物在水塘景观系统中的空间变异性研究.水利学报，37（6）：727-733.

聂大刚.2008.白洋淀退化湿地的土壤酶特征及其与环境因子关系研究.中国科学研究院硕士论文.
聂大刚,王亮,尹澄清,等.2009.白洋淀湿地磷酸酶活性及其影响因素.生态学杂志,4:698-703.
秦保平,翟德华,袁倩,等.1998.海河水生生态的研究.城市环境与城市生态,11(1):48-51.
任宪韶.2007.海河流域水资源评价.北京:中国水利水电出版社.
任宪韶,户作亮,曹寅白.2008.海河流域水利手册.北京:中国水利水电出版社.
沈会涛,刘存歧.2008.白洋淀浮游植物群落及其与环境因子的典范对应分析.湖泊科学,20(1):773-779.
宋芬.2011.海河流域浮游植物生物多样性研究.华中农业大学硕士学位论文.
宋中海.2005.白洋淀流域水文特征分析.河北水利,9:10-11.
天津市统计局.2009.天津市2008年统计年鉴.北京:中国统计出版社.
汪雯,黄岁樑,张胜红,等.2009.海河流域平原河流生态修复模式研究 I:修复模式.水利水电技术,40(4):14-19.
王大力,尹澄清.2000.植物根孔在土壤生态系统中的功能.生态学报,20(5):869-874.
王国祥,成小英,濮培民.2002.湖泊藻型富营养化控制技术、理论及应用.湖泊科学,14(3):273-282.
王鸿媛.1984.北京鱼类志.北京:北京出版社.
王亮.2010.白洋淀湿地营养物质时空分布规律及退化表征初步研究.中国科学研究院博士论文.
王少明,于雅萍,马龙.2010.海河流域典型水源地供水水质现状及保护.中国农村水利水电,(12):83-85.
王所安,顾景龄.1981.白洋淀环境变化对鱼类组成和生态的影响.动物学杂志,(4):8-11.
王学东,华珞,王殿武,等.2007.芦苇型水陆交错带苇田退化及利用对土壤水分的影响.首都师范大学学报(自然科学版),28(5):76-78.
温志广.2003.白洋淀湿地生态环境面临的危机及解决措施.环境保护,9:33-35.
文丽青.1995.白洋淀水生态环境的变迁及环境影响因素.环境科学,S1:16,50-52.
谢成章,张友德,徐冠军.1993.荻和芦的生物学.北京:科学出版社.
谢松,贺华东.2010."引黄济淀"后河北白洋淀鱼类资源组成现状分析.科技信息,(9):17.
谢扬.2003.中国城镇化战略发展研究:《中国城镇化战略发展研究》总报告摘要.城市规划,27(2).
徐卫华,欧阳志云,Iris V D,等.2005.白洋淀地区近16年芦苇湿地面积变化与水位的关系.水土保持学报,19(4):181-184.
许木启,朱江,曹宏.2001.白洋淀原生动物群落多样性变化与水质关系研究.生态学报,21(7):1114-1120.
杨会利.2007.河北省典型滨海湿地演变与退化状况研究.河北师范大学硕士学位论文.
尹澄清.1995.内陆水-陆地交错带的生态功能及其保护与开发前景.生态学报,15(3):331-335.
尹澄清,兰智文.1995.白洋淀水陆交错带对陆源营养物质的截留作用初步研究.应用生态学报,6(001):76-80.
尹澄清,邵霞.1999.白洋淀水陆交错带土壤对磷氮截留容量的初步研究.生态学杂志,18(005):7-11.
尹澄清,毛战坡.2002.用生态工程技术控制农村非点源水污染.应用生态学报,13(2):229-232.
袁军,吕宪国.2004.湿地功能评价研究进展.湿地科学,2(2):153-160.
翟玉荣.2010.衡水湖污染现状及防治对策.衡水学院学报,12(1):69-71.
张恒嘉.2008.我国雨水资源化概况及其利用分区.灌溉排水学报,27(5):125-127.
张明阳,王克林,何萍,等.2005.白洋淀流域景观空间格局变化研究.资源科学,27(2):134-140.
张素珍,王金斗,李贵宝.2006.安新县白洋淀湿地生态系统服务功能评价.中国水土保持,7:12-15.

张素珍, 田建文, 李贵宝. 2007. 白洋淀湿地面临的生态问题及生态恢复措施. 水土保持通报, 27 (3): 146-150.

张晓龙, 李培英. 2004. 湿地退化标准的探讨. 湿地科学, 2 (1): 36-41.

张笑归, 刘树庆, 窦铁岭, 等. 2006. 白洋淀水环境污染防治对策. 中国生态农业学报, 14 (2): 27-31.

张义科, 田玉梅, 张雪松. 1995. 白洋淀浮游植物现状. 水生生物学报, 19 (4): 317-326.

张宗祜, 李烈荣. 2005a. 中国地下水资源北京卷. 北京: 中国地图出版社.

张宗祜, 李烈荣. 2005b. 中国地下水资源河北卷. 北京: 中国地图出版社.

张宗祜, 李烈荣. 2005c. 中国地下水资源天津卷. 北京: 中国地图出版社.

赵芳. 1995. 白洋淀大型水生植物资源调查及对富营养化的影响. 环境科学, S1: 21-23.

赵萌, 王秀琳, 秦秀英, 等. 2001. 密云水库水生生物调查. 中国水产科学, 1: 53-58.

赵翔, 崔保山, 杨志峰. 2005. 白洋淀最低生态水位研究. 生态学报, 25 (5): 1033-1040.

郑葆珊, 范勤德, 戴定远. 1960. 白洋淀鱼类. 天津: 河北人民出版社.

中国环境保护部. 2013. 2011 年环境统计年报. http: //zls. mep. gov. cn/hjtj/nb/2011nb/ [2013-04-20].

钟海秀. 2004. 漳泽水库的藻类植物及其营养型评价. 山西大学硕士学位论文.

Fisher J, Acreman M. 2004. Wetland nutrient removal: A review of the evidence. Hydrology and Earth System, 8 (4): 673-685.

Klaus S M, Wolfgang O, Klaus J. 2004. Effects of water level variations on the dynamics of the reed belts of Lake Constance. Ecohydrology & Hydrobiology, 4 (4): 469-480.

Li F, Shen Y, Wang X, et al. 2005. Monitoring organochlorine pesticides and polychlorinated biphenyls in Baiyangdian Lake using microbial communities. Journal of Freshwater Ecology, 20 (4): 751-756.

Liu C L, Xie G D, Huang H Q. 2006. Shrinking and drying up of Baiyangdian Lake Wetland: A natural or human cause? Chinese Geographical Science, 16 (4): 314-319.

Magurran A. 1988. Ecological diversity and its measurement. Princeton, NJ: Princeton University Press.

Maltby E, Hogan D, McInnes R. 1996. Functional analysis of European wetland ecosystems—Phase 1. European Commission, Office for Official Publications of the European Communities. Luxembourg.

McCarthy J, Canziani O, Leary N. 2001. Climate change 2001: Impacts, adaptation, and vulnerability. Contribution of Working Group II to the 3rd Assessment Report of the Intergovernmental Panel on Climate Change. Cambridge: Cambridge Univ. Press: 641-692.

Redfield A. 1958. The biological control of chemical factors in the environment. American Scientist, 46 (3): 205-221.

Scheffer M. 1998. Ecology of Shallow Lakes. Dordrecht, The Netherlands: Kluwer Academic Publishers.

Smith R, Ammann A, Bartoldus C, et al. 1995. An approach for assessing wetland functions using hydrogeomorphic classification, reference wetlands, and functional indices. US Army Corps of Engineers Waterways Experiment Station, Technical Report TR-WRP-DE-10. Vicksburg: 72.

Verhoeven J, Arheimer B, Yin C, et al. 2006. Regional and global concerns over wetlands and water quality. Trends. Ecol. Evol., 21 (2): 96-103.

Wagner I, Marsalek J, Breil P. 2008. Aquatic habitats in sustainable urban water management: Science, policy and practice. New York: Taylor & Francis.

Wang W, Wang D, Yin C. 2002. A field study on the hydrochemistry land/inland water ecotones with reed domination. Acta Hydrochimica Et. Hydrobiologica, 30 (2-3): 117-127.

Wang W, Yin C. 2008. The boundary filtration effect of reed-dominated ecotones under water level fluctuations.

Wetlands Ecology and Management, 16 (1): 65-76.

Xu M, Zhu J, Huang Y, et al. 1998. The ecological degradation and restoration of Baiyangdian Lake, China. Journal of Freshwater Ecology, 13 (4): 433-446.

Yin C, Lan Z. 1995. The nutrient retention by ecotone wetlands and their modification for Baiyangdian Lake restoration. Water Science and Technology, 32 (3): 159-167.

Yin C, Yang C, Shan B, et al. 2001. Non-point pollution from China's rural areas and its countermeasures. Water Science and Technology, 44 (7): 123-128.

索引

B
白洋淀湿地	118
北运河	146

C
产业结构调整	52

D
点源污染	16

F
非点源污染	20
富营养化评价方法	69

G
工业污染源	16

H
河流环境流量演变态势	183
河流生态修复方案	190
河流水环境诊断	69
河流水系	4

J
经济发展	12

L
流域环境流量保障方案	186
流域纳污现状及趋势分析	80
流域水环境保护对策	193
流域水生态现状及演变态势	106
流域水系结构演变	181
流域水资源演变态势	182
流域污染负荷特征	36
流域污染物负荷演变态势	48
流域污染源排放影响因素	50
流域污染源特征	16
流域主要水源地水环境现状及演变态势	95

Q
驱动因素	146

S
社会经济发展	50
生活污染源	16
生物多样性	120
水功能区	54
水环境特征	146
水文地质	10
水源地水质现状评价	98
水质评价方法	69
水质现状及变化趋势分析	70
水质响应	173

Z
自然环境	1
总氮	22
总磷	23

其他
COD_{Cr}	16
$NH_3\text{-}N$	16